橡胶配方设计经纬
——基础设计篇

张芬厚　著

U0387386

化学工业出版社

·北京·

本书收集作者六十多年间试验过的、有价值的生产配方 626 例，主要对橡胶制品基础配方（硫化、防护、补强、黏合体系）、单一胶种配方、并用橡胶配方进行了介绍。其中，基础配方中包括各种橡胶硫化、防护、补强、黏合体系试验配方等。该书每例配方占一页，且每例配方都附有相应的产品性能和制造工艺，清晰明了。

本书全部配方都经作者亲身操作，极具实用性、可操作性，对从事配方研究、产品开发的技术人员有较高的参考价值。

图书在版编目（CIP）数据

橡胶配方设计经纬. 基础设计篇/张芬厚著. —北京：化学工业出版社，2017.3
ISBN 978-7-122-28875-2

Ⅰ.①橡… Ⅱ.①张… Ⅲ.①橡胶制品-配方-设计
Ⅳ.①TQ330.6

中国版本图书馆 CIP 数据核字（2017）第 008680 号

责任编辑：赵卫娟　高　宁　　　　　　　装帧设计：关　飞
责任校对：宋　玮

出版发行：化学工业出版社（北京市东城区青年湖南街 13 号　邮政编码 100011）
印　　装：北京虎彩文化传播有限公司
787mm×1092mm　1/16　印张 24¾　字数 603 千字　2017 年 4 月北京第 1 版第 1 次印刷

购书咨询：010-64518888　　　　　售后服务：010-64518899
网　　址：http://www.cip.com.cn
凡购买本书，如有缺损质量问题，本社销售中心负责调换。

定　　价：98.00 元　　　　　　　　　　　　　　　版权所有　违者必究

序

　　橡胶行业是国民经济中的一个重要部门,与工业、农业、交通运输、人民生活都有密切的关系。各行业的发展都离不开橡胶产品。

　　我国橡胶工业从 1915 年在广州创办广东兄弟树胶创制公司起至今已逾 100 年。全行业员工经过 100 年打拼,使我国年耗胶量和轮胎产量这两项表征行业实力的重要指标超过美国,进入国际橡胶大国行列。

　　为了纪念这件具有历史意义的大事,由中国化工学会橡胶专业委员会牵头,在全行业大力支持下,2015 年在广州举办了我国橡胶行业百年庆典,与会领导殷切希望全行业员工继续努力,使我国尽快由橡胶大国进入橡胶强国行列,实现"橡胶强国梦"的首要条件是依靠科技进步。

　　本书作者长期在北京橡胶工业研究设计院从事橡胶加工应用技术研究工作,担任院原材料室主任多年。他对各类橡胶实用配方作过系统研究,对配方设计技术有许多宝贵的知识和经验,在本书中有详尽论述。

　　本书最大的特点是有很强的实用性。适合橡胶企业、科研单位、高等院校和中职院校读者选用。相信本书的出版发行将会对促进我国橡胶行业的快速发展起到积极作用。

原化工部北京橡胶工业研究设计院院长、总工程师

2016 年 11 月

前　言

　　随着国民经济，特别是汽车工业的高速发展，对橡胶制品的需求以惊人的速度增长，同时也对橡胶工业提出了更高的要求。由于橡胶制品特有的高弹性及优良的物理机械性能，其作为各种机械、车辆、设备的配套元件及日常生活用品，是一种不可替代的主要产品，发挥着越来越大的作用，应用范围也日益广泛。其产品性能和质量直接影响到主机及相关机械的使用性能和使用寿命，特别是一些与安全有关的产品，如汽车刹车皮膜、皮碗，在汽车行驶中发挥着至关重要的作用。产品结构、胶料配方、生产工艺、原材料质量均是影响产品性能和质量的主要因素；而胶料配方和生产工艺又是最为关键的两个因素。只有好的配方和合理的制造工艺才能生产出高性能、高质量的产品。

　　笔者从事橡胶研究工作六十余年，一直从事橡胶加工应用技术方面的研究。接触过多种橡胶产品和各种类别的橡胶，在橡胶配方、制造工艺、制品开发等方面积累了较丰富的经验和大量的配方、工艺资料。现将其中有价值的配方、工艺整理成册，供广大同行参考及应用，以发挥其应有的作用。

　　本书最大特点是突出了实用性。与目前许多由文献报道汇编而成的橡胶配方手册不同，本书中所列出的每个配方都经过实际配方试验和性能检验，胶料性能数据真实、准确、可靠，且每个配方都附有制造工艺，具有可操作性。另外，与产品有关的配方有相当一部分已用于产品中，具有一定的可靠性。因此本书对从事配方研究、产品开发的技术人员有较高的参考价值；特别对于中小企业，缺乏试验条件的单位，可从中选择合适的配方，直接套用，或稍加调整即可使用，节省了时间、精力，可快速进行新产品开发，非常方便、实用。由于配方是笔者长期研究工作积累，有部分原材料可能目前已不常用，但可以选用目前相应常用原材料取代，仍有很大的实用参考价值。

　　本书在编写过程中，曾得到张涛和陈运熙二位教授级高工的热忱指导，并对此书进行了精心的审核与修正。在此表示衷心感谢。

著者

2016 年 11 月

目　录

第 1 篇　基础配方

第 6 章　丁苯胶（SBR）　　　/ 96

第 7 章　顺丁胶（BR）　　　/ 111

第 3 篇　并用橡胶配方

第 30 章　氯化聚乙烯/橡胶　／367

第 31 章　再生胶/烟片胶　／374

编写说明

　　编排顺序按橡胶制品基础配方、单一胶种配方、并用橡胶配方分为三大部分，共计 31 章、626 个配方。每部分按胶种、产品类别和胶料性能分类编排，包括不同配合体系（硫化、防护、补强、黏合体系等）配方、单一胶种配方、多胶种并用配方。每例配方都附有性能和制造工艺。

　　本书中配方原材料均以"质量份"计算，原材料的代号一律按橡胶工业惯用的符号，物理性能系按国家有关标准进行检测；配方试验中混炼统一采用 KX-160 开放式炼胶机；硫化时间均指 2mm 厚的强力片正硫化所需时间。硫化模单位压力如无特殊说明，均为 3～6MPa。物理性能一般取正硫化一点数据，个别配方取两个硫化点数据；海绵胶配方混炼、填胶量大小、硫化、工艺较复杂，影响因素较多，虽有工艺条件，但很难表达全面，仅供参考，海绵硬度使用 XHS-W 型硬度计测量。

橡胶配方设计原则

一、橡胶配方的组成

橡胶配方中包含多种成分，这些成分也称为配合剂。每种成分在胶料中发挥着不同的作用。正是由于多种配合剂的协同作用才使胶料具有特定的物理机械性能和加工性能。胶料配方由以下几部分组成。

(1) 生胶 为配方的主体材料，可以是单一胶种，也可以是两种或两种以上的胶种并用，或为橡塑共混料。生胶的品种和在配方中的含量决定了胶料最基本的特性。例如配方中生胶为天然橡胶，则此配方胶料具有优良的拉伸强度、伸长率、撕裂强度及优异的弹性；生胶为丁腈橡胶，则该配方胶料具有优良的耐油性能等。

(2) 硫化体系 包括硫化剂、促进剂和活性剂。硫化剂如硫黄、过氧化物、硫黄给予体等，在配方中的功能是使橡胶大分子之间产生交联，形成网状三维结构，使橡胶具有较高的强度、弹性等物理机械性能；促进剂在配方中的作用是加快硫化速率、缩短硫化时间，其品种有噻唑类、次磺酰胺类、秋兰姆类、胍类和硫脲类等；活性剂的作用是增加促进剂的活性，也称为助促进剂。主要品种是金属氧化物如氧化锌和有机酸如硬脂酸等。硫化剂、促进剂、活性剂三者协同作用使胶料达到充分硫化而具有一定的物理机械性能。

(3) 补强填充体系 补强剂包括各种类型的炭黑、白炭黑，在胶料中起补强作用。可使胶料拉伸强度、定伸应力、硬度等力学性能得到明显的提升；填充剂如陶土、碳酸钙、硅粉等在胶料中主要是起填充、降低成本的作用，对物理机械性能贡献较小。

(4) 防护体系 在配方中的主要功能是防止橡胶制品在储存、使用过程中受光、热、空气中氧化作用产生降解，或进一步交联、硬化等老化现象。其主要品种有各种胺类和取代酚。

(5) 加工助剂 包括各种操作油、塑解剂、均匀剂、分散剂、增塑剂、润滑剂、增黏剂等。在配方中的功能主要是增加胶料易加工性、降低能耗、促进物料分散、增加胶料流动性、调节硫化胶硬度等作用。例如各种石油系软化剂、合成酯类、脂肪酸皂素、石油树脂烷基酚醛树脂类、芳香二硫化物、五氯硫酚等。

(6) 黏合体系 其功能是增加橡胶与骨架材料如钢丝帘线、纤维、织物之间的黏合。如间苯二酚-甲醛、白炭黑体系、钴盐体系、间苯二酚乙醛树脂（RE）体系或间苯二酚甲醛树脂与钴盐并用体系等。

(7) 其他组分 如着色剂、偶联剂、防静电剂、发泡剂、溶剂等。

二、橡胶配方设计原则

一般而言，配方设计可遵循下面原则进行。

（1）根据产品的使用条件，如环境温度、介质、受力情况及其他特殊需求，首先选择合适的胶种及配合剂以求得到最佳物理机械性能。

（2）配方设计时要考虑到加工工艺的可行性，如胶料混炼的易操作性、物料易分散性、胶料流动性、挤出产品表面光洁度等。

（3）在保证胶料性能及工艺可行的前提下，尽可能降低材料成本，加快硫化速率，提高生产效率。

（4）应尽量避免使用有毒及污染环境的原材料，以减少环境污染和保护操作人员健康。

（5）必须考虑到各种配合剂之间的相互作用。某些配合剂之间可产生协同效应，如促进剂 D 可增强防老剂 MB 的防护功能，而过氧化物在硫化温度下极易与含活泼氢物质反应而被消耗，因而在使用过氧化物硫化时，应尽可能避免使用含活泼氢配合剂，如胺类防老剂、硬脂酸等。

总之，在配方设计时应统筹考虑到胶料物理机械性能、加工性能及材料成本的最佳平衡，同时要考虑到环保、安全等因素。

三、橡胶配方表示方法

橡胶配方有以下四种表示方法。

（1）以生胶或生胶代用品 100 份为基准，其他配合剂都以相应的质量份表示。称为基本配方，是最常用的表达方式。

（2）根据实际生产用量和炼胶机容量计算出的质量配方，称为实际生产配方。此种配方是根据基本配方经换算而得出，是在实际生产中常用的表达方式。

（3）配方中生胶及其他配合剂都以质量分数表示。

（4）配方中生胶及其他配合剂都以体积分数表示。

以上四种配方表示方法常用的是前两种。配方设计者一般先提出基本配方，再按基本配方根据炼胶机容量计算出实际生产配方，实际操作是按实际生产配方进行。从基本配方也可推算出质量分数配方或体积分数配方。本书所收集的配方均以基本配方形式列出。

随着时代发展，研究人员采用数理统计、计算机优选配方，为配方设计提供了便利条件，比传统的配方试验更快捷、方便、科学。

四、几种主要橡胶代号

书中几种主要橡胶代号及含义如下。

NR——天然橡胶

SBR——丁苯橡胶

BR——顺丁橡胶

IIR——丁基橡胶

IR——异戊橡胶

EPDM——三元乙丙橡胶

CR——氯丁橡胶

NBR——丁腈橡胶

HNBR——氢化丁腈橡胶

MVQ——甲基乙烯基硅橡胶

FKM——氟橡胶

ACM——聚丙烯酸酯橡胶

CSM——氯磺化聚乙烯橡胶

AU——聚氨酯橡胶

HIPS——高苯乙烯树脂

PVC——聚氯乙烯

PTFE——聚四氟乙烯

第 1 篇
基础配方

　　该部分共分 4 章、327 例配方。配方按硫化、防护、补强、黏合四个配合体系编排，系统地列出了四种体系在不同胶种的配合特点，及不同配合体系对胶料性能的影响。该配方对从事科研、教学、配方研究和新产品开发的有关人员有较好的指导作用和参考价值。

第1章
硫化体系

1.1 不同促进剂、硫黄在 NR 中的硫化作用

表 1-1 促进剂 M、D、DM、TT 在 NR 中的硫化作用

配方编号 基本用量/g 材料名称	S-1	S-2	S-3	S-4
烟片胶 1#	100	100	100	100
硬脂酸	0.5	0.5	0.5	0.5
氧化锌	5	5	5	5
硫黄	3	3	3	3
促进剂 M	0.7	—	—	—
促进剂 D	—	0.7	—	—
促进剂 DM	—	—	0.7	—
促进剂 TT	—	—	—	0.7
合计	109.2	109.2	109.2	109.2

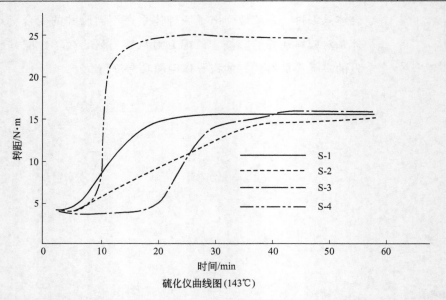

硫化仪曲线图(143℃)

圆盘振荡硫化仪 (143℃)	t_{10}	7 分	6 分	19 分	8 分 30 秒
	t_{90}	21 分 30 秒	42 分	38 分	12 分

混炼工艺条件:胶＋硬脂酸＋促进剂＋氧化锌＋硫黄——薄通 8 次下片通用
辊温:60℃±5℃

表 1-2　促进剂 DM、NOBS、CZ 在 NR 中的硫化作用

基本用量/g　　材料名称	配方编号	S-5	S-6	S-7	S-8
烟片胶 3#（1段）		100	100	100	100
石蜡		1	1	1	1
硬脂酸		2.5	2.5	2.5	2.5
防老剂 4010NA		1	1	1	1
防老剂 RD		1.5	1.5	1.5	1.5
氧化锌		8	8	8	8
高耐磨炉黑（N-330）		25	25	25	25
快压出炉黑（N-550）		55	55	55	55
促进剂 DM		0.6	—	—	—
促进剂 NOBS		—	0.6	—	—
促进剂 CZ		—	—	0.6	0.6
硫黄		2.6	2.6	2.6	—
不溶性硫黄		—	—	—	2.6
合计		197.2	197.2	197.2	197.2
硫化条件（148℃）/min		15	15	15	15
邵尔 A 型硬度/度		79	79	79	80
拉伸强度/MPa		22.1	22.6	22.7	22.7
拉断伸长率/%		317	312	276	297
定伸应力/MPa	100%	6.8	6.9	8.0	8.9
	300%	18.1	20.7	—	—
拉断永久变形/%		18	16	16	20
无割口直角撕裂强度/（kN/m）		76	72	72	72
回弹性/%		40	42	41	40
阿克隆磨耗/cm³		0.166	0.158	0.157	0.131
试样密度/（g/cm³）		1.23	1.23	1.23	1.23
B 型压缩永久变形（压缩率25%）/%	室温×24h	10	11	11	11
	70℃×24h	30	31	27	29
热空气加速老化（100℃×72h）	拉伸强度/MPa	15.2	146	14.2	13.9
	拉断伸长率/%	131	122	102	114
	性能变化率/% 拉伸强度	−31	−35	−37	−39
	伸长率	−59	−61	−63	−62
圆盘振荡硫化仪（148℃）	M_L/N·m	12.32	11.51	11.63	11.02
	M_H/N·m	36.42	37.95	39.02	38.09
	t_{10}	2分33秒	3分25秒	3分47秒	3分34秒
	t_{90}	12分04秒	11分27秒	10分40秒	10分46秒

混炼工艺条件：胶＋RD（80℃±5℃）降温＋硬脂酸＋石蜡4010NA＋氧化锌促进剂＋炭黑＋不溶性硫黄——薄

通 8 次下片备用

辊温：55℃±5℃

表 1-3 促进剂 CZ、DZ、DTDM 在 NR 中的硫化作用

基本用量/g 材料名称	配方编号	S-9	S-10	S-11	S-12	S-13
烟片胶 3#（1 段）		100	100	100	100	100
石蜡		1	1	1	1	1
硬脂酸		2.5	2.5	2.5	2.5	2.5
防老剂 RD		1.5	1.5	1.5	1.5	1.5
防老剂 4010NA		1	1	1	1	1
氧化锌		8	8	8	8	8
高耐磨炉黑（N-330）		25	25	25	25	25
快压出炉黑（N-550）		55	55	55	55	55
促进剂 CZ		1.8	1.8	—	—	2.5
促进剂 DZ		—	—	1.8	2.5	—
促进剂 DTDM		—	2.5	2.5	1.5	1.5
硫黄		0.6	0.6	0.6	0.6	0.6
合计		196.4	198.9	198.9	198.6	198.6
硫化条件（148℃）/min		12	15	20	20	12
邵尔 A 型硬度/度		76	80	79	80	80
拉伸强度/MPa		20.7	21.2	21.4	21.5	21.9
拉断伸长率/%		374	326	286	326	295
定伸应力/MPa	100%	4.7	7.2	7.3	7.7	7.8
	300%	17.2	20.2	—	21.0	—
拉断永久变形/%		12	10	10	9	10
无割口直角撕裂强度/(kN/m)		70	80	82	73	81
回弹性/%		37	40	42	40	38
阿克隆磨耗/cm³		0.284	0.174	0.143	0.177	0.184
试样密度/(g/cm³)		1.21	1.22	1.21	1.21	1.21
B 型压缩永久变形（压缩率 25%）/%	室温×24h	14	10	10	11	12
	70℃×24h	21	20	27	29	18
热空气加速老化（100℃×72h）	拉伸强度/MPa	18.6	16.5	15.1	18.0	17.1
	拉断伸长率/%	237	167	172	172	167
	性能变化率/% 拉伸强度	−10	−22	−29	−16	−22
	伸长率	−27	−49	−40	−47	−43
圆盘振荡硫化仪（148℃）	M_L/N·m	10.32	9.19	9.31	9.67	9.26
	M_H/N·m	36.06	38.59	37.69	36.73	37.74
	t_{10}	4 分 26 秒	6 分 01 秒	7 分 08 秒	6 分 45 秒	4 分 58 秒
	t_{90}	7 分 47 秒	9 分 45 秒	15 分 53 秒	14 分 27 秒	8 分 19 秒

混炼工艺条件：胶＋RD（75℃±5℃）降温＋硬脂酸＋石蜡 4010NA＋氧化锌 促进剂＋炭黑＋硫黄 DTDM——薄通 8 次下片备用

辊温：55℃±5℃

表 1-4 在纯 NR 胶配方中不同硫黄用量在不同硫化温度下的胶料温度

配方编号 基本用量/g 材料名称	S-14	S-15	S-16	S-17	S-18	S-19	S-20
烟片胶 1#	100	100	100	100	100	100	100
硬脂酸	2	2	2	2	2	2	2
促进剂 DZ	1.2	1.2	1.2	1.2	1.2	1.2	1.2
氧化锌	6	6	6	6	6	6	6
硫黄	0	1	2	3	5	7.5	10
合计	109.2	110.2	111.2	112.2	114.2	116.7	119.2
平板表面实际温度/℃	胶料测得实际温度/℃						
132	132	132.5	132.5	133	133	134	134
143	143	144	145.5	146.5	147	148	149
152.5	152.5	154.5	155.5	156.5	159.5	162	173
162	162	164.5	166.5	168	172	176	192

测温说明:

1. 测温线分上、中、下三点,中心是 2 条线测温。

2. 平板表面达到实际温度平衡后放测温模具加试料。

3. 温度达到最高点时,待温度下降到平板表面给定温度平衡为止。

4. 测温模表面单位压力:1.5~2.0MPa/cm²。

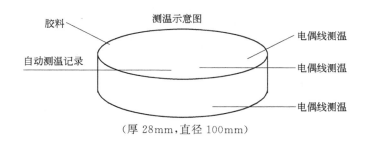

测温示意图

(厚 28mm,直径 100mm)

混炼工艺条件:胶+硬脂酸+DZ+氧化锌+硫黄——薄通 6 次下片备用

辊温:60℃±5℃

1.2 不同硫化剂、促进剂在 NR/BR 和 NR/SBR 中的硫化作用

表 1-5 促进剂 TT 不同用量对 NR/BR 胶料硫化的作用

基本用量/g　　　　配方编号 材料名称	S-21	S-22	S-23
烟片胶 1#（1 段）	30	30	30
顺丁胶（北京）	70	70	70
石蜡	1	1	1
硬脂酸	2.5	2.5	2.5
防老剂 4010NA	1.5	1.5	1.5
氧化锌	5	5	5
芳烃油	5	5	5
中超耐磨炉黑（鞍山）	50	50	50
促进剂 DZ	2.5	2.5	2.5
促进剂 TT	0.01	0.1	0.3
硫黄	0.8	0.8	0.8
合计	168.31	168.4	168.6
硫化条件（143℃）/min	60	45	20
邵尔 A 型硬度/度	65	65	66
拉伸强度/MPa	21.3	19.7	18.1
拉断伸长率/%	493	501	403
300%定伸应力/MPa	11.6	11.7	13.1
拉断永久变形/%	9	7	6
无割口直角撕裂强度/(kN/m)	70	61	55
回弹性/%	45	47	50
圆盘振荡硫化仪（143℃）　t_{10}	39 分	28 分 10 秒	12 分 30 秒
t_{90}	64 分 40 秒	45 分 30 秒	19 分 40 秒

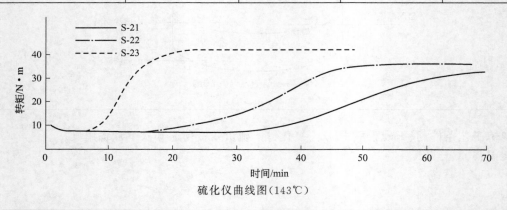

硫化仪曲线图（143℃）

混炼工艺条件：1.7cm³ 小密炼混炼，胶＋小料＋炭黑＋油——排料

混炼温度：120℃±5℃

辊温：60℃±5℃

开放式炼胶机＋DZ、TT＋硫黄——薄通 6 次下片备用

表 1-6 促进剂 DZ 不同用量对 NR/BR 胶料硫化的作用

材料名称 \ 基本用量/g \ 配方编号	S-24	S-25	S-26
烟片胶 1#（1 段）	30	30	30
顺丁胶（北京）	70	70	70
石蜡	1	1	1
硬脂酸	2.5	2.5	2.5
防老剂 4010NA	1.5	1.5	1.5
氧化锌	5	5	5
芳烃油	5	5	5
中超耐磨炉黑（鞍山）	50	50	50
促进剂 DZ	0.7	1.5	2.5
促进剂 DTDM	1.5	1.5	1.5
硫黄	0.8	0.8	0.8
合计	168	168.8	169.8
硫化条件（143℃）/min	65	65	65
邵尔 A 型硬度/度	62	66	68
拉伸强度/MPa	22.0	20.6	18.6
拉断伸长率/%	501	410	380
300% 定伸应力/MPa	9.8	11.9	14.6
拉断永久变形/%	10	5	3
圆盘振荡硫化仪（143℃） t_{10}	30 分 30 秒	34 分 15 秒	34 分
圆盘振荡硫化仪（143℃） t_{90}	64 分 30 秒	69 分 30 秒	68 分 10 秒

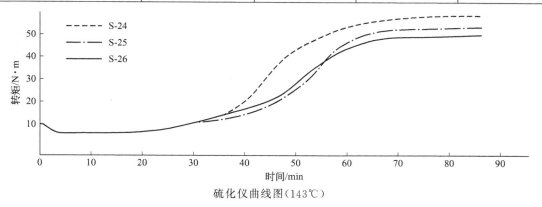

硫化仪曲线图（143℃）

混炼工艺条件：NR＋BR＋硬脂酸＋石蜡/4010NA＋氧化锌/DZ＋炭黑/油＋DTDM/硫黄——薄通 6 次下片备用

辊温：50℃±5℃

表 1-7　促进剂 DTDM 不同用量对 NR/BR 胶料硫化的作用

材料名称　　　基本用量/g		S-27	S-28	S-29
烟片胶 1#(1 段)		30	30	30
顺丁胶(北京)		70	70	70
石蜡		1	1	1
硬脂酸		2.5	2.5	2.5
防老剂 4010NA		1.5	1.5	1.5
促进剂 NOBS		1.2	1.2	1.2
氧化锌		5	5	5
芳烃油		5	5	5
中超耐磨炉黑(鞍山)		50	50	50
硫黄		0.8	0.8	0.8
硫化剂 DTDM		0.05	0.7	1.5
合计		167.05	167.7	168.5
硫化条件(143℃)/min		40	40	40
邵尔 A 型硬度/度		59	62	65
拉伸强度/MPa		22.0	21.6	19.5
拉断伸长率/%		586	478	381
定伸应力/MPa	300%	7.6	10.1	13.8
	500%	16.8	—	—
拉断永久变形/%		14	9	7
无割口直角撕裂强度/(kN/m)		64	59	54
回弹性/%		41	47	46
屈挠龟裂/万次		50(无,无,无)	50(无,无,无)	50(无,无,无)
屈挠龟裂(100℃×48h)/万次		50(无,无,无)	50(1,无,1)	50(1,1,2)
圆盘振荡硫化仪(143℃)	t_{10}	27 分 30 秒	26 分 10 秒	23 分 10 秒
	t_{90}	40 分 45 秒	38 分 50 秒	35 分 40 秒

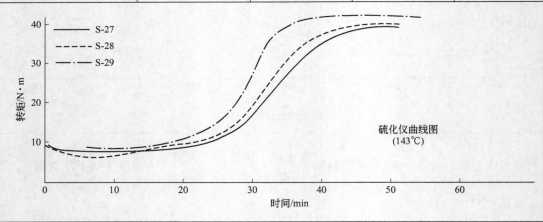

混炼工艺条件:胶＋小料＋炭黑＋油——排料(1.7cm³ 小密炼机)

混炼温度:120℃±5℃

辊温:60℃±5℃

开炼机＋NOBS＋DTDM、硫黄——薄通 6 次下片备用

| 表 1-8 | 硫黄不同用量对 NR/BR 胶料硫化的作用 |

配方编号 基本用量/g 材料名称		S-30	S-31	S-32	S-33
烟片胶 1#(1 段)		50	50	50	50
顺丁胶(北京)		50	50	50	50
石蜡		1	1	1	1
硬脂酸		2.5	2.5	2.5	2.5
防老剂 4010NA		1.5	1.5	1.5	1.5
防老剂 H		0.3	0.3	0.3	0.3
促进剂 DZ		2	2	2	2
氧化锌		5	5	5	5
芳烃油		5	5	5	5
低结构高耐磨炉黑		35	35	35	35
中超耐磨炉黑		15	15	15	15
硫化剂 DTDM		1.6	1.6	1.6	1.2
硫黄		0.5	0.8	1.2	0.8
合计		169.4	169.7	170.1	169.3
硫化条件(143℃)/min		25	20	20	20
邵尔 A 型硬度/度		56	58	60	61
拉伸强度/MPa		23.0	24.8	22.8	23.0
拉断伸长率/%		591	566	509	531
定伸应力/MPa	300%	6.5	8.0	9.1	9.8
	500%	19.8	22.1	22.3	22.6
拉断永久变形/%		11	10	9	10
热空气加速老化 (100℃×48h)	拉伸强度/MPa	21.6	20.8	18.0	19.1
	拉断伸长率/%	501	450	357	430
	性能变化率/%	拉伸强度	−6	−16	−21	−17
		伸长率	−10	−20	−30	−19
圆盘振荡硫化仪 (143℃)	t_{10}	10 分 15 秒	9 分	11 分 20 秒	9 分 10 秒
	t_{90}	19 分 50 秒	17 分 15 秒	15 分 30 秒	17 分 20 秒

混炼工艺条件:NR+BR+硬脂酸+ 石蜡　防老剂 H
　　　　　　　　　　　　　　DZ　+ 炭黑　DTDM
　　　　　　　　　　　　4010NA　氧化锌　　油　硫黄 ——薄通 6 次下片备用

辊温:50℃±5℃

表 1-9 CZ、DM、TT 在颗粒胶/溶聚丁苯胶中的硫化作用

配方编号 基本用量/g 材料名称		S-34	S-35	S-36	S-37	S-38	S-39
颗粒胶 1#（薄通 5 次）		85	85	85	85	85	85
溶聚丁苯胶		15	15	15	15	15	15
石蜡		0.5	0.5	0.5	0.5	0.5	0.5
硬脂酸		1.5	1.5	1.5	1.5	1.5	1.5
促进剂 CZ		1.7	1.5	1.2	0.6	0.6	0.6
促进剂 DM		0.6	1.2	0.6	1.7	1.2	1.2
促进剂 TT		0.4	0.3	0.1	0.4	0.5	0.1
氧化锌		5	5	5	5	5	5
机油 10#		14	14	14	14	14	14
碳酸钙		145	145	145	145	145	145
陶土		20	20	20	20	20	20
通用白炭黑		6	6	6	6	6	6
钛白粉		6	6	6	6	6	6
乙二醇		1	1	1	1	1	1
群青		0.1	0.1	0.1	0.1	0.1	0.1
水果型香料		0.08	0.08	0.08	0.08	0.08	0.08
硫黄		1.7	1.7	1.7	1.7	1.7	1.7
合计		303.58	303.85	302.78	303.58	303.18	302.78
硫化条件(143℃)/min		9	9	9	8	8	9
邵尔 A 型硬度/度		69	68	68	67	66	67
拉伸强度/MPa		8.8	8.6	9.2	9.0	9.0	9.2
拉断伸长率/%		459	455	496	484	490	493
300%定伸应力/MPa		4.0	4.2	4.2	4.1	3.9	4.1
拉断永久变形/%		32	31	32	32	33	31
无割口直角撕裂强度/(kN/m)		26	26	27	26	25	28
回弹性/%		62	61	60	60	59	59
热空气加速老化 (70℃×96h)	拉伸强度/MPa	8.0	7.7	9.0	7.4	7.8	8.1
	拉断伸长率/%	416	395	421	426	421	455
	性能变化率/% 拉伸强度	−9	−10	−2	−17	−13	−5
	伸长率	−9	−13	−15	−12	−14	−8
圆盘振荡硫化仪 (143℃)	M_L/N·m	4.0	3.6	3.4	3.3	3.7	3.2
	M_H/N·m	63.9	67.4	67.8	64.1	64.0	64.2
	t_{10}	5 分 48 秒	5 分 24 秒	5 分 24 秒	4 分 28 秒	4 分 48 秒	5 分
	t_{90}	6 分 48 秒	6 分	6 分 36 秒	5 分 24 秒	5 分 30 秒	6 分 24 秒

混炼工艺条件：颗粒胶＋丁苯胶＋石蜡硬脂酸＋促进剂氧化锌＋填料机油＋乙二醇群青＋香料硫黄——薄通 6 次

下片备用

辊温：50℃±5℃

1.3 不同硫化剂、促进剂在 NBR/高苯乙烯中的硫化作用

表 1-10　DM 不同用量对 NBR/高苯乙烯胶料硫化的影响

材料名称 \ 基本用量/g \ 配方编号		S-40	S-41	S-42	S-43
丁腈胶 220S(日本)		93	93	93	93
高苯乙烯 860(日本)		7	7	7	7
硫黄		1.5	1.5	1.5	1.5
硬脂酸		1	1	1	1
防老剂 4010NA		1	1	1	1
防老剂 4010		1.5	1.5	1.5	1.5
氧化锌		5	5	5	5
邻苯二甲酸二辛酯(DOP)		10	10	10	10
通用炉黑		25	25	25	25
中超耐磨炉黑		35	35	35	35
促进剂 TT		0.07	0.07	0.07	0.07
促进剂 DM		2.5	3	3.5	4
合计		182.57	183.07	183.57	184.07
硫化条件(153℃)/min		15	15	15	15
邵尔 A 型硬度/度		81	81	81	82
拉伸强度/MPa		21.8	22.0	23.0	23.3
拉断伸长率/%		636	612	585	527
定伸应力/MPa	100%	3.2	3.4	3.8	4.2
	300%	10.9	12.0	13.1	13.8
拉断永久变形/%		27	22	21	18
无割口直角撕裂强度/(kN/m)		64	63	64	63
回弹性/%		10	10	9	9
脆性温度(单试样法)/℃		−19	−20	−20	−19
B 型压缩永久变形	室温×22h	24	23	22	21
(压缩率 25%)/%	70℃×22h	34	31	28	28
耐液压油	质量变化率/%	−1.89	−1.95	−1.87	−1.99
(70℃×72h)	体积变化率/%	−2.25	−2.34	−2.20	−2.35
热空气加速老化 (70℃×96h)	拉伸强度/MPa	22.4	22.4	22.1	23.4
	拉断伸长率/%	551	525	510	505
	性能变化率/%　拉伸强度	+3	+2	−4	+1
	伸长率	−13	−14	−13	−4
圆盘振荡硫化仪 (153℃)	M_L/N·m	10.90	11.27	10.96	10.74
	M_H/N·m	32.13	34.27	33.31	34.59
	t_{10}	2 分 45 秒	2 分 57 秒	3 分	3 分 04 秒
	t_{90}	10 分 45 秒	12 分 46 秒	12 分 06 秒	10 分 33 秒

混炼工艺条件:高苯乙烯(80℃±5℃)压透明＋NBR(降温)＋硫黄＋$\dfrac{硬脂酸}{4010NA}$＋$\dfrac{4010}{氧化锌}$＋

$\dfrac{DOP}{炭黑}$＋促进剂——薄通 8 次下片备用

辊温:45℃±5℃

表 1-11 CZ 不同用量对 NBR/高苯乙烯胶料硫化的影响

材料名称 / 基本用量/g	配方编号	S-44	S-45	S-46	S-47
丁腈胶 220S(日本)		93	93	93	93
高苯乙烯 860(日本)		7	7	7	7
硫黄		1.5	1.5	1.5	1.5
硬脂酸		1	1	1	1
防老剂 4010NA		1	1	1	1
防老剂 4010		1.5	1.5	1.5	1.5
氧化锌		5	5	5	5
邻苯二甲酸二辛酯(DOP)		10	10	10	10
通用炉黑		25	25	25	25
中超耐磨炉黑		35	35	35	35
促进剂 TT		0.07	0.07	0.07	0.07
促进剂 CZ		2.5	3	3.5	4
合计		182.57	183.07	183.57	184.07
硫化条件(153℃)/min		10	10	10	10
邵尔 A 型硬度/度		80	81	82	82
拉伸强度/MPa		22.5	22.4	22.8	22.0
拉断伸长率/%		486	447	440	403
定伸应力/MPa	100%	4.3	4.5	4.7	5.0
	300%	15.7	16.5	17.0	17.7
拉断永久变形/%		16	14	13	13
无割口直角撕裂强度/(kN/m)		65	58	58	55
回弹性/%		11	11	10	10
脆性温度(单试样法)/℃		−20	−19	−22	−21
B 型压缩永久变形 (压缩率25%)/%	室温×24h	14	15	15	15
	70℃×24h	33	30	31	29
耐液压油 (70℃×72h)	质量变化率/%	−1.63	−1.65	−1.66	−1.71
	体积变化率/%	−1.91	−1.90	−2.10	−2.07
热空气加速老化 (70℃×96h)	拉伸强度/MPa	23.0	23.1	23.0	22.3
	拉断伸长率/%	438	409	413	378
	性能变化率/% 拉伸强度	+2	+3	+1	+1
	性能变化率/% 伸长率	−10	−9	−6	−6
圆盘振荡硫化仪 (153℃)	M_L/N·m	11.68	11.59	11.09	11.09
	M_H/N·m	36.82	37.50	37.24	38.76
	t_{10}	2分26秒	2分25秒	2分24秒	2分27秒
	t_{90}	7分11秒	7分38秒	7分10秒	7分40秒

混炼工艺条件:高苯乙烯(80℃±5℃)压透明+NBR(降温)+硫黄+$\dfrac{硬脂酸}{4010NA}$+$\dfrac{4010}{氧化锌}$+

$\dfrac{DOP}{炭黑}$+促进剂——薄通8次下片备用

辊温:45℃±5℃

表 1-12　DCP、TT 不同用量对 NBR/高苯乙烯胶料硫化的影响

材料名称 配方编号 基本用量/g		S-48	S-49	S-50	S-51	S-52	S-53
丁腈胶 240S(日本)		92	92	92	92	92	92
高苯乙烯 860(日本)		8	8	8	8	8	8
硬脂酸		1	1	1	1	1	1
防老剂 4010NA		1	1	1	1	1	1
防老剂 4010		1.5	1.5	1.5	1.5	1.5	1.5
促进剂 DM		1.5	1.5	1.5	1.5	1.5	1.5
氧化锌		7	7	7	7	7	7
邻苯二甲酸二辛酯(DOP)		7	7	7	7	7	7
中超耐磨炉黑		65	65	65	65	65	65
促进剂 TT		1.5	1.2	0.9	0.6	0.3	—
硫化剂 DCP		1	1.5	2	2.5	3	3.5
合计		186.5	186.7	186.9	187.1	187.3	187.5
硫化条件(153℃)/min		25	30	35	35	35	35
邵尔 A 型硬度/度		76	77	77	76	76	77
拉伸强度/MPa		15.0	17.7	19.0	19.9	21.3	22.2
拉断伸长率/%		533	504	458	413	364	362
定伸应力/MPa	100%	2.3	2.7	2.9	3.4	3.9	4.0
	300%	7.3	9.9	11.8	14.5	17.2	18.3
拉断永久变形/%		25	21	16	12	10	9
撕裂强度/(kN/m)		42.2	44.0	42.0	42.9	42.3	42.3
回弹性/%		28	28	28	29	29	30
耐 10# 机油 (70℃×72h)	质量变化率/%	6.48	6.43	6.52	6.07	6.02	8.00
	体积变化率/%	9.62	9.09	9.20	8.33	8.51	10.88
B 型压缩永久变形 (压缩率 25%)/%	室温×22h	24	19	15	16	15	15
	70℃×22h	34	27	22	19	16	17
热空气加速老化 (70℃×96h)	拉伸强度/MPa	15.3	17.9	18.2	20.4	22.6	21.9
	拉断伸长率/%	537	510	432	401	360	346
	性能变化率/% 拉伸强度	+2	+1	−4	+3	+6	−1
	伸长率	+1	+1	−6	−3	−1	−4
圆盘振荡硫化仪 (153℃)	M_L/N·m	16.85	17.38	18.02	17.75	18.37	18.33
	M_H/N·m	28.92	30.85	32.54	34.12	35.77	36.35
	t_{10}	3 分 25 秒	3 分 29 秒	3 分 30 秒	3 分 35 秒	3 分 47 秒	3 分 33 秒
	t_{90}	23 分 21 秒	28 分 06 秒	30 分 45 秒	32 分 10 秒	32 分 37 秒	33 分 44 秒

混炼工艺条件:高苯乙烯(80℃±5℃)压透明＋NBR(降温)＋硫黄＋$\dfrac{硬脂酸}{4010NA}$＋氧化锌＋$\dfrac{4010}{DM}$

$\dfrac{DOP}{炭黑}$＋$\dfrac{TT}{DCP}$——薄通 8 次下片备用

辊温:45℃±5℃

表 1-13 硫黄不同用量对 NBR/高苯乙烯胶料硫化的影响

基本用量/g 配方编号 材料名称	S-54	S-55	S-56	S-57
丁腈胶 240S(日本)	92	92	92	92
高苯乙烯 860(日本)	8	8	8	8
硫黄	3	2.5	2.0	1.0
硬脂酸	1	1	1	1
防老剂 4010NA	1	1	1	1
防老剂 4010	1.5	1.5	1.5	1.5
氧化锌	7	7	7	7
邻苯二甲酸二辛酯(DOP)	7	7	7	7
中超耐磨炉黑	65	65	65	65
促进剂 DM	3	3	3	3
促进剂 TT	—	—	—	0.3
合计	188.5	188.0	187.5	186.8
硫化条件(153℃)/min	10	10	10	7
邵尔 A 型硬度/度	83	82	80	75
拉伸强度/MPa	22.5	22.2	19.9	19.1
拉断伸长率/%	228	252	266	300
100%定伸应力/MPa	8.7	7.0	6.0	4.9
拉断永久变形/%	9	8	8	7
撕裂强度/(kN/m)	51.5	53.7	51.4	49.7
回弹性/%	26	26	27	27

耐 10# 机油 (70℃×72h)	质量变化率/%	4.77	5.06	5.34	6.17
	体积变化率/%	7.01	7.49	7.84	8.86
B 型压缩永久变形 (压缩率 25%)/%	室温×22h	8	9	10	10
	70℃×22h	18	16	15	14
热空气加速老化 (70℃×96h)	拉伸强度/MPa	21.6	21.7	21.1	17.8
	拉断伸长率/%	197	228	246	260
	性能变化率/% 拉伸强度	−4	−2	+6	−7
	伸长率	−14	−10	−8	−13
圆盘振荡硫化仪 (153℃)	M_L/N·m	20.37	20.07	20.37	20.34
	M_H/N·m	45.75	43.24	41.84	41.93
	t_{10}	1分48秒	1分45秒	1分48秒	1分29秒
	t_{90}	7分56秒	7分42秒	6分10秒	4分48秒

混炼工艺条件:高苯乙烯(80℃±5℃)压透明＋NBR(降温)＋硫黄＋$\dfrac{硬脂酸}{4010NA}$＋$\dfrac{4010}{氧化锌}$＋

$\dfrac{DOP}{炭黑}$＋$\dfrac{TT}{DM}$——薄通 8 次下片备用

辊温:45℃±5℃

表 1-14 **DTDM 不同用量对 NBR/高苯乙烯胶料硫化的影响**

材料名称 \ 基本用量/g \ 配方编号	S-58	S-59	S-60	S-61
丁腈胶 220S(日本)	93	93	93	93
高苯乙烯 860(日本)	7	7	7	7
硫黄	1	1	1	1
硬脂酸	1	1	1	1
防老剂 4010NA	1	1	1	1
防老剂 4010	1.5	1.5	1.5	1.5
氧化锌	5	5	5	5
邻苯二甲酸二辛酯(DOP)	10	10	10	10
通用炉黑	25	25	25	25
中超耐磨炉黑	35	35	35	35
促进剂 CZ	1	1	1	1
硫化剂 DTDM	2.5	3	3.5	4
合计	183	183.5	184	184.5
硫化条件(153℃)/min	20	20	20	20
邵尔 A 型硬度/度	80	81	81	82
拉伸强度/MPa	22.7	22.5	22.3	23.0
拉断伸长率/%	479	459	414	407
定伸应力/MPa　100%	4.5	4.6	5.0	5.5
定伸应力/MPa　300%	16.2	16.2	17.0	18.1
拉断永久变形/%	14	14	13	13
无割口直角撕裂强度/(kN/m)	60	60	58	56
回弹性/%	11	11	10	10
脆性温度(单试样法)/℃	−21	−21	−20	−20
B 型压缩永久变形(压缩率 25%)/%　室温×22h	13	13	13	12
B 型压缩永久变形(压缩率 25%)/%　70℃×22h	38	38	39	40
耐液压油(70℃×72h)　质量变化率/%	−2.16	−2.27	−2.28	−2.38
耐液压油(70℃×72h)　体积变化率/%	−2.97	−3.13	−3.10	−3.40
热空气加速老化(70℃×72h)　拉伸强度/MPa	23.2	22.0	22.9	23.5
热空气加速老化(70℃×72h)　拉断伸长率/%	417	392	383	370
热空气加速老化(70℃×72h)　性能变化率/%　拉伸强度	+2	−2	+3	+2
热空气加速老化(70℃×72h)　性能变化率/%　伸长率	−13	−15	−8	−9
圆盘振荡硫化仪(153℃)　M_L/N·m	10.06	9.46	10.47	10.11
圆盘振荡硫化仪(153℃)　M_H/N·m	34.14	35.33	36.48	37.26
圆盘振荡硫化仪(153℃)　t_{10}	3 分 47 秒	4 分 14 秒	4 分 14 秒	4 分 43 秒
圆盘振荡硫化仪(153℃)　t_{90}	17 分 50 秒	17 分 27 秒	16 分 45 秒	15 分 52 秒

混炼工艺条件:高苯乙烯(80℃±5℃)压透明+NBR(降温)+硫黄+$\dfrac{硬脂酸}{4010NA}$+$\dfrac{4010}{氧化锌}$+$\dfrac{DOP}{炭黑}$+$\dfrac{CZ}{DTDM}$——薄通 8 次下片备用

辊温:45℃±5℃

表 1-15 DTDM 不同用量对 NBR/高苯乙烯胶料 DCP 硫化体系的硫化作用

基本用量/g 材料名称		配方编号 S-62	S-63	S-64	S-65
丁腈胶 220S(日本)		93	93	93	93
高苯乙烯 860(日本)		7	7	7	7
硬脂酸		1	1	1	1
防老剂 4010NA		1	1	1	1
防老剂 4010		1.5	1.5	1.5	1.5
促进剂 CZ		1	1	1	1
氧化锌		5	5	5	5
邻苯二甲酸二辛酯(DOP)		10	10	10	10
通用炉黑		25	25	25	25
中超耐磨炉黑		35	35	35	35
硫化剂 DCP		1.5	1.5	1.5	1.5
硫化剂 DTDM		2.5	3	3.5	4
合计		183.5	184	184.5	185
硫化条件(153℃)/min		25	25	25	25
邵尔 A 型硬度/度		77	77	78	78
拉伸强度/MPa		20.4	20.8	21.6	22.0
拉断伸长率/%		613	582	566	527
定伸应力/MPa	100%	3.0	3.3	3.4	3.7
	300%	11.5	12.6	13.0	14.3
拉断永久变形/%		21	19	16	15
无割口直角撕裂强度/(kN/m)		61	61	62	58
回弹性/%		12	12	12	12
脆性温度(单试样法)/℃		−23	−24	−23	−21
B 型压缩永久变形 (压缩率 25%)/%	室温×22h	20	19	17	17
	70℃×22h	33	33	34	34
耐液压油 (70℃×72h)	质量变化率/%	−2.97	−2.95	−2.81	−3.04
	体积变化率/%	−3.77	−3.66	−3.47	−3.80
热空气加速老化 (70℃×72h)	拉伸强度/MPa	21.0	21.3	21.4	21.8
	拉断伸长率/%	610	549	539	503
	性能变化率/% 拉伸强度	+3	+2	−1	−1
	伸长率	−1	−6	−5	−5
圆盘振荡硫化仪 (153℃)	$M_L/N \cdot m$	9.71	9.88	10.14	10.07
	$M_H/N \cdot m$	28.56	29.88	30.58	32.23
	t_{10}	5 分 50 秒	5 分 49 秒	6 分 20 秒	6 分 51 秒
	t_{90}	24 分 17 秒	21 分 35 秒	21 分 35 秒	22 分 32 秒

混炼工艺条件：高苯乙烯(80℃±5℃)压透明＋SBR(降温)＋$\dfrac{硬脂酸}{4010NA}$＋$\dfrac{4010}{氧化锌}{CZ}$＋$\dfrac{DOP}{炭黑}$

$\dfrac{DTDM}{DCP}$——薄通 8 次下片备用

辊温：45℃±5℃

表 1-16　SBR 在 NBR 中对耐油性能和硫化的影响

基本用量/g　　配方编号　材料名称	S-66	S-67	S-68	S-69	S-70	S-71
丁腈胶 220S(日本)	100	92	85	40	85	40
丁腈胶 2707(兰化)	—	—	—	52	—	45
丁苯胶(吉化)	—	8	15	8	15	15
石蜡	0.5	0.5	0.5	0.5	0.5	0.5
硬脂酸	1	1	1	1	1	1
防老剂 4010	1.5	1.5	1.5	1.5	1.5	1.5
氧化锌	5	5	5	5	5	5
邻苯二甲酸二辛酯(DOP)	4	4	4	4	4	4
通用炉黑	15	15	15	15	15	15
快压出炉黑	55	55	55	55	55	55
硫化剂 DCP	4	4	4	4	硫黄1.8	1.8
促进剂 TT	—	—	—	—	0.1	0.1
促进剂 CZ	—	—	—	—	1.7	1.7
合计	186	186	186	186	185.6	185.6
硫化条件(163℃)/min	20	20	20	20	15	10
邵尔 A 型硬度/度	84	85	86	82	85	84
拉伸强度/MPa	22.2	20.8	18.4	19.5	20.5	20.8
拉断伸长率/%	180	155	140	200	280	296
100%定伸应力/MPa	11.1	13.3	13.0	10.0	9.5	8.6
拉断永久变形/%	4	3	3	2	8	7
无割口直角撕裂强度/(kN/m)	44	38	36	45	60	60
回弹性/%	10	11	12	20	8	14
脆性温度(单试样法)/℃	−22	−23	−21	−29	−19	−22
B 型压缩永久变形 (120℃×22h)/% 　压缩率20%	4	8	10	7	15	22
压缩率25%	5	8	8	6	24	20
耐 10# 机油 (100℃×96h)　质量变化率/%	−3.18	−1.99	−0.30	−0.37	+0.23	+2.73
体积变化率/%	−3.90	−2.32	+0.18	+0.24	+0.96	+4.64
热空气加速老化 (100℃×96h)　拉伸强度/MPa	22.3	20.6	19.6	21.6	21.1	21.5
拉断伸长率/%	180	151	135	212	160	176
性能变化率/%　拉伸强度	+1	−1	+7	+11	+9	+3
伸长率	0	−3	−4	+6	−43	−41
圆盘振荡硫化仪 (163℃)　M_L/N·m	4.5	6.0	8.1	9.6	8.6	11.4
M_H/N·m	85.8	95.6	97.5	92.9	85.5	85.1
t_{10}	3 分 48 秒	3 分 48 秒	3 分 36 秒	3 分 36 秒	4 分 24 秒	3 分 36 秒
t_{90}	15 分 24 秒	17 分	16 分 12 秒	16 分 36 秒	10 分 36 秒	6 分 36 秒

混炼工艺条件:NBR+SBR+ 硬脂酸/石蜡 + 4010/氧化锌 + DOP/炭黑 +DCP——薄通 8 次下片备用

辊温:45℃±5℃

注:有硫黄配方,硫黄先加,促进剂最后加入

表 1-17　NBR 配方中不同硫化体系试验（高硬度）

材料名称　基本用量/g（配方编号）		S-72			S-73		
丁腈胶 220S(日本)		100			100		
硬脂酸		1			1		
硫黄		0.8			—		
防老剂 4010		1.5			1		
防老剂 4010NA		1			8		
氧化锌		8			8		
癸二酸二辛酯(DOS)		8			8		
高耐磨炉黑		40			40		
通用炉黑		70			70		
促进剂 CZ		1			1		
硫化剂 DTDM		2.8			2.8		
硫化剂 DCP		—			1.5		
合计		234.1			233.3		
硫化条件(153℃)/min		20	25	30	30	35	40
邵尔 A 型硬度/度		90	90	91	87	90	89
拉伸强度/MPa		19.2	20.5	20.5	19.1	19.2	19.9
拉断伸长率/%		244	264	206	297	262	273
100%定伸应力/MPa		11.0	9.7	13.0	8.5	9.8	9.0
拉断永久变形/%		6	6	6	8	8	7
撕裂强度/(kN/m)		58.7			52.1		
回弹性/%				12			13
耐 10# 机油（70℃×168h）	质量变化率/%	−1.94			−2.72		
	体积变化率/%	−2.78			−3.72		
B 型压缩永久变形（压缩率 15%）/%	70℃×22h	36			30		
	100℃×22h	68			48		
热空气加速老化（70℃×100h）	拉伸强度/MPa	22.1	20.1		20.7	21.1	
	拉断伸长率/%	158	157		221	223	
	性能变化率/% 拉伸强度	+15	−2		+8	+10	
	性能变化率/% 伸长率	−35	−41		−26	−15	
圆盘振荡硫化仪（153℃）	M_L/N·m	15.78			14.68		
	M_H/N·m	43.01			36.84		
	t_{10}	4 分 39 秒			7 分 54 秒		
	t_{90}	22 分 34 秒			32 分 30 秒		

混炼工艺条件：胶＋硫黄（薄通 3 次）＋ 硬脂酸/4010NA ＋ 4010/氧化锌 ＋ 炭黑/DOS ＋ CZ/DTDM ——薄通 8 次下片备用

辊温：45℃±5℃

注：有 DCP 配方，CZ 和氧化锌一起加，DTDM，DCP 最后加，其它条件不变

表 1-18　**NBR 不同硫化体系配方**

基本用量/g　材料名称	S-74			S-75			S-76		
丁腈胶 220S(日本)	30			30			30		
丁腈胶 240S(日本)	70			70			70		
硬脂酸	1			1			1		
防老剂 4010NA	1			1			1		
防老剂 4010	1.5			1.5			1.5		
氧化锌	8			8			8		
癸二酸二辛酯(DOS)	14			14			14		
快压出炭黑	50			50			50		
碳酸钙	8			8			8		
促进剂 CZ	3.5			2			1.5		
促进剂 TT	0.3			1			1		
硫化剂 DCP	—			1.5			—		
硫化剂 DTDM	—			2			2		
硫化剂(双二五)	—			—			3		
硫黄	0.6			—			—		
合计	187.9			190			190		
硫化条件(163℃)/min	4	7	10	7	10	15	10	15	20
邵尔 A 型硬度/度	62	62	62	63	64	64	65	65	66
拉伸强度/MPa	15.9	15.5	15.5	13.8	14.8	15.5	16.3	15.3	16.6
拉断伸长率/%	619	582	624	406	432	445	384	334	343
定伸应力/MPa　100%	1.9	1.9	1.9	2.3	2.4	2.4	3.0	3.1	3.4
定伸应力/MPa　300%	7.2	6.8	6.9	9.7	9.6	10.4	12.6	13.3	14.6
拉断永久变形/%	14	12	13	5	6	6	7	4	4
撕裂强度/(kN/m)		64.4			65.8			65.5	
回弹性/%			29			32			35
质量变化率/%　耐10#机油(100℃×48h)	-1.7			-3			-4		
质量变化率/%　耐煤气(室温×48h)	-1.0			-3			-4		
B型压缩永久变形(压缩率20%)/%　室温×48h		12			8				7
B型压缩永久变形(压缩率20%)/%　100℃×48h		38			24				14
热空气加速老化(100℃×48h)　拉伸强度/MPa	15.0	15.8		13.9	16.2		16.9	16.0	
热空气加速老化(100℃×48h)　拉断伸长率/%	517	527		291	384		348	331	
性能变化率/%　拉伸强度	-6	+2		+0.7	+9		+4	+5	
性能变化率/%　伸长率	-16	-9		-27	-11		-9	-0.9	
圆盘振荡硫化仪(163℃)　M_L/N·m		5.84			6.24			6.18	
圆盘振荡硫化仪(163℃)　M_H/N·m		26.85			30.27			33.29	
圆盘振荡硫化仪(163℃)　t_{10}		1′57″			2′41″			2′53″	
圆盘振荡硫化仪(163℃)　t_{90}		3′50″			7′24″			13′50″	

混炼工艺条件:胶 + (硬脂酸 / 4010NA / 氧化锌) + 促进剂 + (4010 / DOS) + 填料 + 硫化剂——薄通 8 次下片备用

辊温:45℃±5℃

注:有硫黄配方先加,促进剂最后加入

1.4 EPDM、IIR、AU、MVQ 不同硫化体系的效果

表 1-19 普通硫化体系对不同牌号 EPDM 的影响

配方编号 基本用量/g 材料名称	S-77	S-78	S-79	S-80
三元乙丙胶 3707	100	—	—	—
三元乙丙胶 4045	—	100	—	—
三元乙丙胶 1045	—	—	100	—
三元乙丙胶 512	—	—	—	100
通用炉黑	40	40	40	40
高耐磨炉黑	40	40	40	40
硬脂酸	1	1	1	1
促进剂 TT	1.4	1.4	1.4	1.4
促进剂 M	1.6	1.6	1.6	1.6
氧化锌	5	5	5	5
硫黄	1.3	1.3	1.3	1.3
合计	190.3	190.3	190.3	190.3
硫化条件(143℃)/min	8	8	20	8
邵尔 A 型硬度/度	82	84	82	86
拉伸强度/MPa	15.2	15.2	16.6	18.1
拉断伸长率/%	221	228	326	298
拉断永久变形/%	5	7	12	9
无割口直角撕裂强度/(kN/m)	29	29	34	33
热空气加速老化 (150℃×48h) 拉伸强度/MPa	19.6	19.4	19.2	24.7
拉断伸长率/%	116	106	192	170
性能变化率/% 拉伸强度	+29	+28	+16	+37
伸长率	−48	−54	−41	−43
圆盘振荡硫化仪 (163℃) M_L/N·m	12.3	8.7	8.9	12.6
M_H/N·m	132.0	126.0	88.5	136.2
t_{10}	2 分 15 秒	2 分 15 秒	4 分 50 秒	2 分 15 秒
t_{90}	6 分 30 秒	6 分 15 秒	18 分 45 秒	7 分

混炼工艺条件:EPDM＋炭黑＋硬脂酸＋ $\dfrac{TT}{M}$ ＋硫黄——薄通 8 次下片备用
氧化锌

辊温:50℃±5℃

表 1-20　DCP 对不同牌号 EPDM 硫化的影响

配方编号 基本用量/g 材料名称	S-81	S-82	S-83	S-84
三元乙丙胶 3707	100	—	—	—
三元乙丙胶 4045	—	100	—	—
三元乙丙胶 1045	—	—	100	—
三元乙丙胶 512	—	—	—	100
高耐磨炉黑	65	65	65	65
硬脂酸	1	1	1	1
机油 40#	10	10	10	10
氧化锌	5	5	5	5
硫黄	0.3	0.3	0.3	0.3
硫化剂 DCP	4	4	4	4
合计	185.3	185.3	185.3	185.3
硫化条件(143℃)/min	18	18	20	15
邵尔 A 型硬度/度	75	74	69	78
拉伸强度/MPa	23.1	21.0	19.1	21.5
拉断伸长率/%	253	252	292	225
拉断永久变形/%	3	5	5	5
无割口直角撕裂强度/(kN/m)	28	28	28	34
热空气加速老化 (150℃×48h) 拉伸强度/MPa	19.9	20.6	17.9	21.3
拉断伸长率/%	157	130	174	173
性能变化率/% 拉伸强度	−14	−2	−6	−1
伸长率	−38	−48	−40	−23
圆盘振荡硫化仪 (163℃) M_L/N·m	8.3	5.9	6.8	12.9
M_H/N·m	92.3	80.6	69.8	105.5
t_{10}	2 分 50 秒	3 分	3 分 30 秒	2 分 30 秒
t_{90}	15 分 15 秒	16 分 15 秒	17 分 30 秒	13 分 15 秒

混炼工艺条件:EPDM+炭黑+ $\dfrac{硬脂酸}{机油}$ + $\dfrac{氧化锌}{DCP}$ +硫黄——薄通 8 次下片备用

辊温:50℃±5℃

表 1-21 硫黄、TT、M 对不同牌号 IIR 硫化的影响

材料名称 \ 基本用量/g \ 配方编号	S-85	S-86	S-87	S-88
丁基胶 301	100	—	—	—
丁基胶 365	—	100	—	—
丁基胶 268	—	—	100	—
丁基胶 065	—	—	—	100
高耐磨炉黑	50	50	50	50
氧化锌	5	5	5	5
硬脂酸	1	1	1	1
促进剂 TT	1	1	1	1
促进剂 M	0.5	0.5	0.5	0.5
硫黄	1.75	1.75	1.75	1.75
合计	159.25	159.25	159.25	159.25
硫化条件(163℃)/min	25	25	25	25
邵尔 A 型硬度/度	71	72	70	68
拉伸强度/MPa	17.1	16.3	17.6	19.1
拉断伸长率/%	483	386	486	631
定伸应力/MPa 300%	9.6	11.9	10.1	7.0
定伸应力/MPa 500%	—	—	—	14.3
拉断永久变形/%	28	21	27	34
无割口直角撕裂强度/(kN/m)	9	10	9	9
热空气加速老化 (120℃×72h) 拉伸强度/MPa	16.1	15.1	15.4	15.2
热空气加速老化 (120℃×72h) 拉断伸长率/%	452	384	427	516
性能变化率/% 拉伸强度	−6	−7	−13	−20
性能变化率/% 伸长率	−6	−1	−12	−18
圆盘振荡硫化仪 (163℃) t_{10}	3分56秒	3分40秒	3分45秒	4分15秒
圆盘振荡硫化仪 (163℃) t_{90}	23分30秒	18分50秒	21分40秒	23分10秒

混炼工艺条件:IIR+炭黑+硬脂酸+氧化锌 促进剂+硫黄——薄通 8 次下片备用

辊温:50℃±5℃

表 1-22 硫黄不同用量在 IIR/EPDM 中的硫化作用

材料名称	基本用量/g — 配方编号	S-89		S-90		S-91	
丁基胶 268		85		85		85	
三元乙丙胶 4045		15		15		15	
中超耐磨炉黑		50		50		50	
硬脂酸		1		1		1	
机油 15#		6		6		6	
氧化锌		5		5		5	
促进剂 TT		2.5		2.5		2.5	
硫黄		0.7		1		1.3	
合计		165.2		165.5		165.8	
硫化条件		153℃× 25min	163℃× 10min	153℃× 30min	163℃× 12min	153℃× 35min	163℃× 15min
邵尔 A 型硬度/度		65	62	66	63	67	64
拉伸强度/MPa		16.2	18.0	16.3	18.3	16.9	18.6
拉断伸长率/%		612	616	556	612	520	528
定伸应力/MPa	300%	6.7	6.8	7.7	7.6	9.0	10.0
	500%	13.3	13.9	14.8	14.6	16.0	15.3
拉断永久变形/%		36	34	34	35	33	33
无割口直角撕裂强度/(kN/m)		49	49	50	49	50	49
回弹性/%		16	15	16	15	16	15
热空气加速老化（100℃×96h）	拉伸强度/MPa	14.7	16.0	14.8	16.1	15.1	16.9
	拉断伸长率/%	498	500	484	486	468	456
	性能变化率/% 拉伸强度	−14	−11	−9	−12	−11	−9
	性能变化率/% 伸长率	−19	−19	−13	−21	−13	−14
圆盘振荡硫化仪（153℃、163℃）	M_L/N·m	9.9	9.1	10.2	9.5	10.4	9.0
	M_H/N·m	40.4	41.6	43.5	44.9	46.8	46.3
	t_{10}	5分24秒	3分50秒	5分24秒	4分15秒	5分36秒	4分
	t_{90}	19分	8分50秒	25分24秒	11分	30分24秒	13分30秒

混炼工艺条件：IIR＋EPDM＋炭黑＋$\dfrac{硬脂酸}{机油}$＋氧化锌＋$\dfrac{硫黄}{TT}$——薄通 8 次下片备用

辊温：50℃±5℃

表 1-23　硫黄不同用量在 IIR/EPDM 中对硫化的作用

材料名称	基本用量/g 配方编号	S-92		S-93		S-94		S-95	
丁基胶 268(日本)		85		85		85		85	
乙丙胶 4045		15		15		15		15	
中超耐磨炉黑		50		50		50		50	
机油 15#		6		6		6		6	
硬脂酸		1		1		1		1	
氧化锌		5		5		5		5	
促进剂 TT		3		3		3		3	
硫黄		0.5		0.7		1.0		1.3	
合计		165.5		165.7		166		166.3	
硫化条件(163℃)/min		7	10	7	10	7	10	10	15
邵尔 A 型硬度/度		62	62	63	63	65	65	65	65
拉伸强度/MPa		16.6	16.2	17.9	17.6	17.9	18.0	18.2	18.2
拉断伸长率/%		632	612	596	600	572	576	568	512
定伸应力/MPa	300%	5.7	6.1	7.2	6.9	7.7	7.4	8.3	9.9
	500%	11.0	12.3	14.5	13.9	15.0	14.9	15.9	17.7
拉断永久变形/%		37	37	40	37	40	40	42	34
撕裂强度/(kN/m)			47.7		47.5		48.6		49.2
回弹性/%			15		15		15		15
热空气加速老化 (100℃×96h)	拉伸强度/MPa	14.4	14.6	15.8	15.4	16.1	15.8	16.1	15.8
	拉断伸长率/%	504	484	492	496	476	476	464	546
	性能变化率/% 拉伸强度	−10.8	−9.9	−11.7	−12.5	−10.1	−12.2	−11.5	−13.2
	伸长率	−20	−21	−17.4	−17.3	−16.8	−17.4	−18.3	−10.9
热空气加速老化 (130℃×96h)	拉伸强度/MPa	8.9	8.9	8.9	8.7	8.7	8.0	7.5	7.2
	拉断伸长率/%	340	316	316	300	312	272	276	292
	性能变化率/% 拉伸强度	−46.4	−45.1	−50.3	−50.7	−51.4	−55.6	−58.8	−60.4
	伸长率	−46.2	−48.4	−47	−50	−45.5	−52.8	−51.4	−45
圆盘振荡硫化仪 (163℃)	$M_L/N \cdot m$	9.7		9.6		9.9		10.3	
	$M_H/N \cdot m$	39.0		42.3		46.2		48.4	
	t_{10}	4 分		4 分		4 分		4 分	
	t_{90}	8 分 50 秒		10 分		11 分		12 分	

混炼工艺条件:丁基胶＋乙丙胶＋ 炭黑 机油 ＋硬脂酸＋氧化锌＋ TT 硫黄 ——薄通 8 次下片备用

辊温:50℃±5℃

表 1-24	硫黄不同用量在 AU 中的硫化作用			

配方编号 基本用量/g 材料名称	S-96	S-97	S-98	S-99
聚氨酯胶(南京)	100	100	100	100
硬脂酸锌	1	1	1	1
活性剂 NH-2	1	1	1	1
促进剂 DM	4	4	2.5	2
促进剂 M	2	2	1.5	1
促进剂 TT	—	—	—	1
中超耐磨炉黑	65	65	65	65
硫黄	2	2.5	3	2.5
合计	175	175.5	174	173.5
硫化条件(148℃)/min	10	10	10	10
邵尔 A 型硬度/度	92	92	91	90
拉伸强度/MPa	20.9	20.6	20.6	17.8
拉断伸长率/%	297	298	321	394
定伸应力/MPa 100%	13.4	13.8	11.8	9.1
定伸应力/MPa 300%	—	—	20.6	17.1
拉断永久变形/%	22	22	30	30
回弹性/%	19	20	19	20
耐汽油+苯(75:25) 质量变化率(室温×24h)/%	4.0	3.8	3.9	4.0
热空气加速老化 (150℃×48h) 拉伸强度/MPa	19.8	18.5	18.1	16.9
热空气加速老化 (150℃×48h) 拉断伸长率/%	196	194	207	240
性能变化率/% 拉伸强度	−5	−10	−12	−5
性能变化率/% 伸长率	−34	−38	−36	−39
圆盘振荡硫化仪 (148℃) M_L/N·m	9.0	8.9	9.5	8.9
圆盘振荡硫化仪 (148℃) M_N/N·m	126.8	133.0	116.6	76.8
t_{10}	4 分 24 秒	4 分 24 秒	3 分 48 秒	4 分 24 秒
t_{90}	7 分 12 秒	7 分 36 秒	6 分 24 秒	6 分 36 秒

混炼工艺条件:AU+$\dfrac{硬脂酸锌}{NH-2}$+促进剂+炭黑+硫黄——薄通 8 次下片备用

辊温:45℃±5℃

表 1-25 不同硫化剂在 MVQ 中的作用（绝缘子用）

基本用量/g　　材料名称　　配方编号	S-100	S-101	S-102	S-103	S-104	S-105
硅胶（北京）	100	100	100	100	100	100
2# 白炭黑	32	32	32	32	32	32
氧化锌	40	40	40	40	40	40
氢氧化铝（山东）	95	95	95	95	95	95
钛白粉（分析纯）	7	7	7	7	7	7
羟基硅油	5	5	5	5	5	5
酞菁蓝	0.1	0.1	0.1	0.1	0.1	0.1
硫化剂 DCP（1∶1 母胶）	3.6	1.8	0.9	—	—	—
硫化剂（双二五）	—	—	—	2	1	0.5
合计	282.7	280.9	280	281.1	280.1	279.6
硫化条件（一段，170℃）/min	10	10	10	10	10	10
邵尔 A 型硬度/度	67	67	66	65	65	65
拉伸强度/MPa	4.6	4.4	4.3	4.7	4.5	4.5
拉断伸长率/%	179	177	169	182	198	222
100% 定伸应力/MPa	3.2	3.0	2.7	3.0	2.7	2.8
拉断永久变形/%	2	2	2	3	2	3
撕裂强度/(kN/m)	12.9	12.4	13.5	12.7	13.3	13.7
回弹性/%	42	39	38	37	37	37
B 型压缩永久变形（压缩率 25%）/% 　室温×22h	14	14	15	16	15	15
B 型压缩永久变形（压缩率 25%）/% 　70℃×22h	18	18	18	21	21	19
圆盘振荡硫化仪（170℃）　M_L/N·m	7.7	7.6	7.5	7.5	7.2	8.0
圆盘振荡硫化仪（170℃）　M_H/N·m	47.2	46.0	46.0	41.5	42.3	44.0
圆盘振荡硫化仪（170℃）　t_{10}	1分26秒	1分36秒	2分	1分48秒	1分48秒	2分08秒
圆盘振荡硫化仪（170℃）　t_{90}	3分48秒	3分48秒	3分48秒	3分24秒	3分48秒	5分

填料

混炼工艺条件：胶＋ 硅油 ＋硫化剂——薄通 8 次停放一天，再薄通 8 次下片备用
　　　　　　　酞菁蓝

辊温：45℃±5℃

二段硫化条件：逐步升温到 200℃（3h 内），200℃保持 4h，二段后做物理性能试验

表 1-26 不同用量硫化剂在 MVQ 中的作用

材料名称 \ 配方编号 基本用量/g		S-106	S-107	S-108	S-109	S-110	S-111
硅胶(杨中)		100	100	100	100	100	100
2# 白炭黑		—	—	—	8	8	8
白炭黑(36-5)		38	38	38	32	32	32
羟基硅油(杨中)		5	5	5	5	5	5
钛白粉		6	6	6	6	6	6
硫化剂(双二五)		0.5	0.75	1.0	0.5	0.75	1.0
合计		149.5	149.75	150.0	151.5	151.75	152.0
硫化条件(一段,153℃)/min		30	20	20	25	20	20
邵尔 A 型硬度/度		50	50	48	52	52	50
拉伸强度/MPa		4.5	4.7	4.9	4.9	5.0	5.6
拉断伸长率/%		384	400	460	396	396	476
定伸应力/MPa	100%	1.0	1.1	0.9	0.9	1.1	1.0
	300%	3.3	3.2	2.8	3.4	3.6	3.0
拉断永久变形/%		8	7	8	7	6	6
撕裂强度/(kN/m)		16.9	17.5	17.6	17.6	17.7	18.5
回弹性/%		46	45	45	45	44	43
热空气加速老化 (180℃×96h)	拉伸强度/MPa	4.6	4.5	4.5	4.6	4.7	4.9
	拉断伸长率/%	364	352	392	328	320	400
	性能变化率/% 拉伸强度	+2	−4	−8	−6	−10	−13
	性能变化率/% 伸长率	−5	−12	−12	−17	−19	−16
圆盘振荡硫化仪 (153℃)	M_L/N·m	1.3	2.0	2.0	1.9	2.5	2.5
	M_H/N·m	40.7	38.3	45.0	45.4	46.0	45.0
	t_{10}	7分	5分24秒	5分10秒	6分12秒	5分36秒	5分12秒
	t_{90}	24分	13分12秒	12分30秒	18分	13分48秒	12分36秒

混炼工艺条件:胶＋ 填料/硅油 ＋硫化剂——薄通8次停放一天,再薄通8次下片备用

辊温:45℃±5℃

二段硫化条件:逐步升温3h到180℃,180℃保持6h,二段后做物理性能试验

表 1-27 发泡剂 AC 在 MVQ 中的作用

基本用量/g 材料名称	配方编号	S-112	S-113	S-114	S-115
硅胶(杨中)		100	100	100	100
2# 白炭黑		9	9	9	9
透明白炭黑		27	27	27	27
氧化锌		18	18	18	18
氢氧化铝		87	87	87	87
酞菁蓝		0.3	0.3	0.3	0.3
羟基硅油		5	5	5	5
硫化剂 DCP(1∶1 母胶)		1.4	1.4	1.4	1.4
发泡剂 AC		—	2	3	4
合计		247.7	249.7	250.7	251.7
硫化条件(一段,153℃)/min		20	20	20	20
邵尔 A 型硬度/度		68	68	67	68
拉伸强度/MPa		3.5	3.6	3.9	4.0
拉断伸长率/%		208	201	235	214
100% 定伸应力/MPa		2.3	2.5	2.2	2.1
拉断永久变形/%		3	3	3	1
硫化胶反弹较好顺序(1~4)		4	3	2	1
热空气加速老化 (150℃×96h)	拉伸强度/MPa	4.6	4.6	4.8	4.9
	拉断伸长率/%	177	191	182	162
	性能变化率/% 拉伸强度	+31	+28	+23	+23
	伸长率	−15	−5	−23	−21
圆盘振荡硫化仪 (153℃)	M_L/N·m	5.2	4.7	4.7	6.1
	M_H/N·m	50.9	44.3	48.7	44.0
	t_{10}	3分12秒	3分12秒	3分12秒	3分
	t_{90}	9分	9分12秒	8分48秒	8分36秒

填料

混炼工艺条件:胶＋ 硅胶 ＋DCP＋AC——薄通 10 次停放一天,再薄通 8 次下片备用
　　　　　　酞菁蓝

辊温:40℃±5℃

二段硫化条件:逐步升温 3h 到 180℃,180℃保持 5h。二段后做物理性能试验

第2章

防护体系

2.1 不同防老剂在 NR 中的防护作用

表 2-1 不同防老剂在 NR 炭黑配方中对老化的影响

材料名称 / 基本用量/g	配方编号	R-1	R-2	R-3	R-4	R-5
烟片胶 1#		100	100	100	100	100
硬脂酸		3	3	3	3	3
促进剂 DM		1	1	1	1	1
氧化锌		5	5	5	5	5
高耐磨炉黑		50	50	50	50	50
硫黄		3	3	3	3	3
防老剂 D		2	—	—	—	—
防老剂 RD		—	2	—	—	—
防老剂 BLE		—	—	2	—	—
防老剂 MD		—	—	—	2	—
防老剂 4020		—	—	—	—	2
合计		164	164	164	164	164
硫化条件(143℃)/min		25	25	25	30	20
邵尔 A 型硬度/度		70	70	70	69	69
拉伸强度/MPa		28.6	28.1	28.6	28.0	29.5
拉断伸长率/%		506	485	490	518	515
300%定伸应力/MPa		16.5	16.8	16.5	14.1	14.3
拉断永久变形/%		31	31	30	30	33
热空气加速老化 (100℃×48h)	拉伸强度/MPa	15.1	21.8	20.8	20.0	21.2
	拉断伸长率/%	238	300	285	350	310
	性能变化率/% 拉伸强度	−47	−22	−27	−29	−28
	性能变化率/% 伸长率	−53	−38	−42	−32	−40
门尼焦烧 t_5(120℃)		12 分	13 分	11 分	18 分	14 分 10 秒
圆盘振荡硫化仪 (143℃)	t_{10}	4 分 30 秒	4 分 35 秒	4 分	5 分 30 秒	3 分 45 秒
	t_{90}	19 分 10 秒	19 分	18 分	26 分	15 分 10 秒

混炼工艺条件:胶＋硬脂酸＋ 防老剂 DM 氧化锌 ＋炭黑＋硫黄——薄通 4 次,下片备用

辊温:60℃±5℃

注:RD 要在辊温 80℃±5℃先加入,降温加其它材料

表 2-2 **不同防老剂并用在 NR 炭黑配方中对老化的影响**

配方编号 基本用量/g 材料名称	R-6	R-7	R-8
烟片胶 1#	100	100	100
硬脂酸	3	3	3
促进剂 DM	1	1	1
氧化锌	5	5	5
高耐磨炉黑	50	50	50
硫黄	3	3	3
防老剂 4010NA	1	1	1
防老剂 D	1.5	—	—
防老剂 RD	—	1.5	—
防老剂 MD	—	—	1.5
合计	164.5	164.5	164.5
硫化条件(143℃)/min	20	20	20
邵尔 A 型硬度/度	69	70	70
拉伸强度/MPa	29.3	29.8	29.1
拉断伸长率/%	546	548	600
定伸应力/MPa 300%	13.0	14.1	12.6
定伸应力/MPa 500%	26.0	28.0	25.1
拉断永久变形/%	36	37	39
热空气加速老化 (100℃×48h) 拉伸强度/MPa	21.1	22.1	23.6
热空气加速老化 (100℃×48h) 拉断伸长率/%	330	350	378
性能变化率/% 拉伸强度	−28	−26	−21
性能变化率/% 伸长率	−40	−37	−36
圆盘振荡硫化仪 (143℃) t_{10}	3 分 20 秒	3 分 30 秒	4 分 40 秒
圆盘振荡硫化仪 (143℃) t_{90}	14 分 40 秒	15 分 35 秒	20 分 30 秒

防老剂

混炼工艺条件:胶＋硬脂酸＋　DM　＋炭黑＋硫黄——薄通 4 次,下片备用

氧化锌

辊温:60℃±5℃

注:1. 4010NA 和硬脂酸一起加入

2. RD 要在 80℃±5℃ 先加入,降温后加其它材料

表 2-3　不同防老剂在 NR 钢丝黏合胶中对老化的影响

材料名称 \ 基本用量/g	配方编号 R-9	R-10	R-11	R-12	R-13	R-14
烟片胶 1#（1 段）	100	100	100	100	100	100
黏合剂 RE	2	2	2	2	2	2
硬脂酸	2.5	2.5	2.5	2.5	2.5	2.5
氧化锌	6	6	6	6	6	6
中超耐磨炉黑	25	25	25	25	25	25
四川槽黑	13	13	13	13	13	13
松焦油	4	4	4	4	4	4
促进剂 DZ	1.4	1.4	1.4	1.4	1.4	1.4
黏合剂 A	3	3	3	3	3	3
不溶性硫黄	3	3	3	3	3	3
防老剂 D	2.5	—	—	—	—	—
防老剂 DR	—	2.5	—	—	—	—
防老剂 BLE	—	—	2.5	—	—	—
防老剂 MB	—	—	—	2.5	—	—
防老剂 4010	—	—	—	—	2.5	—
防老剂 4010NA	—	—	—	—	—	2.5
合计	162.4	162.4	162.4	162.4	162.4	162.4
硫化条件（138℃）/min	45	45	45	60	45	45
邵尔 A 型硬度/度	70	70	68	67	69	69
拉伸强度/MPa	31.5	33.0	31.5	32.5	32.0	32.1
拉断伸长率/%	620	630	600	630	600	601
定伸应力/MPa 300%	9.5	10.8	10.6	8.9	11.5	12.0
定伸应力/MPa 500%	22.0	23.5	23.8	17.5	24.0	24.0
拉断永久变形/%	38	40	39	42	39	41
回弹性/%	46	45	46	44	47	46
镀黄铜钢丝黏合抽出法/(N/mm)	68	81	75	67	68	72
100℃×48h 黏合抽出法/(N/mm)	52	54	48	47	49	51
热空气加速老化（100℃×48h）拉伸强度/MPa	18.1	21.3	20.0	22.6	20.5	21.0
热空气加速老化（100℃×48h）拉断伸长率/%	320	339	330	351	330	323
性能变化率/% 拉伸强度	−43	−36	−37	−31	−36	−35
性能变化率/% 伸长率	−48	−46	−50	−44	−45	−46
门尼焦烧（120℃）t_5	21 分	45 分	35 分	45 分	37 分	35 分
门尼焦烧（120℃）t_{35}	43 分	55 分	50 分	56 分	46 分	50 分
圆盘振荡硫化仪（138℃）t_{10}	19 分	19 分	18 分	21 分	16 分	16 分
圆盘振荡硫化仪（138℃）t_{90}	40 分	38 分	36 分	49 分	37 分	36 分

混炼工艺条件：1.7cm³ 小密炼机，胶＋硬脂酸＋防老剂＋$\dfrac{RE}{\dfrac{炭黑}{油}}$——排料
氧化锌

开炼机压炼：胶温 80℃内＋黏合剂 A＋$\dfrac{DZ}{不溶性硫黄}$——薄通 4 次下片备用

辊温：115℃±5℃

2.2 不同防老剂在 BR、SBR、NR/BR、NR/SBR 中的作用

表 2-4 不同防老剂在 **BR** 中的防老化作用

基本用量/g 材料名称	配方编号	R-15	R-16	R-17	R-18	R-19	R-20
顺丁胶(北京)		100	100	100	100	100	100
硬脂酸		2.5	2.5	2.5	2.5	2.5	2.5
促进剂 CZ		0.8	0.8	0.8	0.8	0.8	0.8
氧化锌		5	5	5	5	5	5
中超耐磨炉黑(鞍山)		50	50	50	50	50	50
硫黄		1.6	1.6	1.6	1.6	1.6	1.6
防老剂 RD		2	—	—	—	—	—
防老剂 BLE		—	2	—	—	—	—
防老剂 MB		—	—	2	—	—	—
防老剂 4010		—	—	—	2	—	—
防老剂 4010NA		—	—	—	—	2	—
防老剂 4020		—	—	—	—	—	2
合计		161.9	161.9	161.9	161.9	161.9	161.9
硫化条件(143℃)/min		40	40	45	25	25	25
邵尔 A 型硬度/度		58	57	60	58	59	59
拉伸强度/MPa		17.0	17.5	19.8	18.1	17.8	17.5
拉断伸长率/%		575	560	511	569	540	562
定伸应力/MPa	300%	7.0	6.9	10.5	7.5	7.8	7.5
	500%	14.1	13.5	18.1	15.3	16.2	15.1
拉断永久变形/%		10	11	9	11	9	11
屈挠龟裂/万次		51(无,无,无)	51(无,1,1)	51(无,无,无)	51(无,无,1)	51(无,无,无)	51(无,无,无)
热空气加速老化 (100℃×48h)	拉伸强度/MPa	14.6	13.1	16.9	15.3	15.0	14.9
	拉断伸长率/%	310	305	306	331	300	306
	性能变化率/% 拉伸强度	—14	—25	—15	—16	—15	—15
	伸长率	—46	—46	—40	—42	—44	—46
门尼焦烧(120℃)	t_5	51 分	45 分	57 分	26 分	21 分	25 分
圆盘振荡硫化仪 (143℃)	t_{10}	14 分 10 秒	13 分	6 分	7 分 30 秒	6 分 30 秒	6 分 45 秒
	t_{90}	34 分	35 分	39 分	22 分	20 分	21 分

防老剂

混炼工艺条件:胶＋硬脂酸＋氧化锌＋炭黑＋硫黄——薄通 8 次下片备用

CZ

辊温:45℃±5℃

注:1. 4010NA 和硬脂酸一起加入

2. RD 在辊温 80℃±5℃ 时先加入,降温加其它材料

表 2-5　不同防老剂并用在 SBR 中的防老化作用（耐热胶）

材料名称　配方编号　基本用量/g	R-21	R-22	R-23	R-24	R-25	R-26
丁苯胶 1500	100	100	100	100	100	100
石油树脂	5	5	5	5	5	5
硬脂酸	2.5	2.5	2.5	2.5	2.5	2.5
促进剂 DM	1.7	1.7	1.7	1.7	1.7	1.7
氧化锌	7.5	7.5	7.5	7.5	7.5	7.5
液体古马隆	3	3	3	3	3	3
中超耐磨炉黑	30	30	30	30	30	30
高耐磨炉黑	20	20	20	20	20	20
氢氧化铝	6	6	6	6	6	6
促进剂 TT	2.4	2.4	2.4	2.4	2.4	2.4
防老剂 RD	3	2	2	2	2	2
防老剂 D	—	1	—	—	—	—
防老剂 BLE	—	—	1	—	—	—
防老剂 4020	—	—	—	1	—	—
防老剂 4010	—	—	—	—	1	—
防老剂 MB	—	—	—	—	—	1
合计	181.1	181.1	181.1	181.1	181.1	181.1
硫化条件(148℃)/min	20	20	20	20	20	20
邵尔 A 型硬度/度	66	65	65	65	66	65
拉伸强度/MPa	23.0	22.0	22.0	22.2	22.1	23.0
拉断伸长率/%	745	720	736	760	758	750
定伸应力/MPa　300%	6.3	6.1	5.1	5.0	4.9	6.5
定伸应力/MPa　500%	12.0	12.6	11.5	11.0	11.1	13
拉断永久变形/%	17	16	18	19	20	17
热空气加速老化(100℃×72h)　拉伸强度/MPa	26.1	23.6	23.8	25.6	25.4	25.6
热空气加速老化(100℃×72h)　拉断伸长率/%	660	610	630	659	665	648
性能变化率/%　拉伸强度	+15	+7	+8	+15	+15	+11
性能变化率/%　伸长率	−11	−15	−14	−13	−12	−14
门尼焦烧(120℃)　t_5	19 分	21 分	21 分 30 秒	18 分	16 分	26 分
圆盘振荡硫化仪(148℃)　t_{10}	6 分	6 分	7 分	6 分	5 分 40 秒	9 分
圆盘振荡硫化仪(148℃)　t_{90}	15 分 30 秒	15 分	14 分 30 秒	13 分	12 分 45 秒	18 分

混炼工艺条件：胶＋RD　树脂（80℃±5℃）硬脂酸＋氧化锌＋防老剂 古马隆＋炭黑 DM＋TT——薄通 8 次下片 备用

辊温：50℃±5℃

表 2-6　**不同防老剂并用在 NR/BR 中的防老化作用**

配方编号 基本用量/g 材料名称		R-27	R-28	R-29
烟片胶 1#（1 段）		80	80	80
顺丁胶（北京）		20	20	20
石蜡		1	1	1
硬脂酸		2.5	2.5	2.5
防老剂 4010NA		2	2	2
防老剂 4010		1.5	—	—
防老剂 MB		—	1.5	—
防老剂 RD		—	—	1.5
氧化锌		6	6	6
促进剂 NOBS		1.3	1.3	1.3
芳烃油		5	5	5
高耐磨炉黑		20	20	20
中超耐磨炉黑		30	30	30
硫黄		1	1	1
合计		170.3	170.3	170.3
硫化条件（143℃）/min		25	25	25
邵尔 A 型硬度/度		69	70	69
拉伸强度/MPa		29.0	27.8	28.6
拉断伸长率/%		600	625	598
定伸应力/MPa	300%	11.7	9.8	11.5
	500%	23.1	20.6	23.0
拉断永久变形/%		21	24	20
热空气加速老化 （100℃×48h）	拉伸强度/MPa	24.6	24.3	23.8
	拉断伸长率/%	523	526	510
	性能变化率/%　拉伸强度	−15	−13	−17
	性能变化率/%　伸长率	−13	−16	−15
门尼焦烧（120℃）　t_5		33 分	37 分	31 分
圆盘振荡硫化仪 （143℃）　t_{10}		9 分 30 秒	9 分	9 分 15 秒
t_{90}		18 分 30 秒	23 分	18 分

混炼工艺条件：NR＋BR＋ 石蜡 ＋防老剂＋ 炭黑 ＋硫黄——薄通 8 次下片备用
　　　　　　　　　　　　　 4010NA 氧化锌　油
（上方：硬脂酸　NOBS）

辊温：55℃±5℃

表 2-7　不同防老剂在 NR/SBR 中的防老化作用

基本用量/g　　配方编号 材料名称	R-30	R-31	R-32	R-33
烟片胶 1#（1 段）	70	70	70	70
丁苯胶 1500#	30	30	30	30
石蜡	1.5	1.5	1.5	1.5
硬脂酸	2.5	2.5	2.5	2.5
防老剂 4010NA	1	1	1	1
防老剂 D	2	—	—	—
防老剂 BLE	—	2	—	—
防老剂 4010	—	—	2	—
防老剂 4020	—	—	—	2
促进剂 CZ	1.2	1.2	1.2	1.2
氧化锌	7.5	7.5	7.5	7.5
芳烃油	6	6	6	6
通用炉黑	20	20	20	20
中超耐磨炉黑	38	38	38	38
硫黄	2.1	2.1	2.1	2.1
合计	181.8	181.8	181.8	181.8
硫化条件（143℃）/min	25	25	25	25
邵尔 A 型硬度/度	67	67	66	65
拉伸强度/MPa	26.6	26.8	26.0	26.1
拉断伸长率/%	515	529	520	519
定伸应力/MPa　300%	13.8	13.3	13.0	13.5
定伸应力/MPa　500%	24.6	24.0	24.1	25.0
拉断永久变形/%	21	20	21	22
无割口直角撕裂强度/(kN/m)	44	43	42	41
老化后无割口直角撕裂强度(100℃×48h)/(kN/m)	30	29	36	36
回弹性/%	40	38	39	38
热空气加速老化 (100℃×48h)　拉伸强度/MPa	19.0	18.8	20.1	20.8
热空气加速老化 (100℃×48h)　拉断伸长率/%	331	336	343	346
性能变化率/%　拉伸强度	−29	−30	−23	−20
性能变化率/%　伸长率	−36	−37	−34	−33
门尼焦烧(120℃)　t_5	36 分	35 分	19 分 10 秒	18 分
门尼焦烧(120℃)　t_{35}	39 分	40 分	31 分 40 秒	30 分 30 秒
圆盘振荡硫化仪 (143℃)　t_{10}	10 分 20 秒	9 分 35 秒	8 分 10 秒	8 分
圆盘振荡硫化仪 (143℃)　t_{90}	18 分	16 分 50 秒	15 分	14 分 30 秒

混炼工艺条件：NR＋SBR＋石蜡＋防老剂＋炭黑油＋硫黄——薄通 8 次下片备用

硬脂酸　CZ　4010NA　氧化锌

辊温：55℃±5℃

2.3 不同防老剂在 NBR、EPDM、CR、FKM 中的作用

表 2-8 **NBR＋酚醛树脂对胶料老化性能的影响（高硬度）**

材料名称 \ 基本用量/g \ 配方编号	R-34	R-35	R-36
丁腈胶 220S（日本）	100	100	100
酚醛树脂 2123	20	25	30
硫黄	3.6	3.6	3.6
硬脂酸	1	1	1
氧化锌	15	15	15
乙二醇	1	1	1
陶土	25	25	25
白炭黑（通用）	46	46	46
通用炉黑	5	5	5
促进剂 CZ	1.3	1.3	1.3
促进剂 TT	0.3	0.3	0.3
促进剂 H	1.2	1.5	1.8
合计	219.4	224.7	230.0
硫化条件(153℃)/min	15	15	20
邵尔 A 型硬度/度	92	94	94
拉伸强度/MPa	14.2	14.8	15.2
拉断伸长率/%	189	180	171
100% 定伸应力/MPa	8.2	8.6	9.0
拉断永久变形/%	10	12	11
无割口直角撕裂强度/(kN/m)	55	56	57

热空气加速老化 (100℃×96h)			R-34	R-35	R-36
	拉伸强度/MPa		17.3	18.0	18.5
	拉断伸长率/%		97	79	76
	性能变化率/%	拉伸强度	+22	+22	+22
		伸长率	−49	−56	−55

圆盘振荡硫化仪 (153℃)		R-34	R-35	R-36
	M_L/N·m	12.62	10.67	11.36
	M_H/N·m	40.36	43.46	44.03
	t_{10}	2 分 56 秒	2 分 56 秒	3 分 01 秒
	t_{90}	11 分 05 秒	13 分 24 秒	16 分 51 秒

混炼工艺条件:胶＋树脂＋硫黄＋硬脂酸＋$\dfrac{乙二醇}{填料}$＋促进剂——薄通 6 次下片备用

辊温:45℃±5℃

表 2-9 不同防老剂在 EPDM/NBR 中的防老化作用

材料名称 \ 配方编号 基本用量/g			R-37	R-38	R-39
三元乙丙胶 4045（日本）			96	96	96
丁腈胶 2707 1 段			4	4	4
中超耐磨炉黑			50	50	50
白凡士林			2	2	2
癸二酸二辛酯（DOS）			2.5	2.5	2.5
硬脂酸			1	1	1
促进剂 CZ			1	1	1
氧化镁			3	3	3
氧化锌			5	5	5
硫化剂 DCP			3.9	3.9	3.9
防老剂 RD			2	—	—
防老剂 1010			—	0.5	—
防老剂 SP-S			—	—	0.5
合计			170.4	168.9	168.9
硫化条件（163℃）/min			25	25	25
邵尔 A 型硬度/度			71	71	71
拉伸强度/MPa			22.4	21.1	21.9
拉断伸长率/%			430	295	334
定伸应力/MPa	100%		2.5	3.3	3.1
	200%		5.9	9.5	8.6
拉断永久变形/%			16	8	10
无割口直角撕裂强度/(kN/m)			40	43	41
回弹性/%			42	42	43
B 型压缩永久变形/%（压缩率 25%,150℃×24h）			25	26	35
耐 DOT4# 制动液（150℃×96h）	质量变化率/%		+2.02	+1.64	+1.43
	体积变化率/%		+3.33	+2.45	+2.04
烘箱热老化（150℃×96h）	质量变化率/%		−3.90	−3.74	−3.89
	体积变化率/%		−4.42	−4.22	−4.44
热空气加速老化（150℃×96h）	拉伸强度/MPa		19.5	18.5	16.9
	拉断伸长率/%		296	222	219
	性能变化率/%	拉伸强度	−13	−12	−23
		伸长率	−31	−24	−34
圆盘振荡硫化仪（163℃）	M_L/N·m		5.9	7.8	7.1
	M_H/N·m		43.6	49.2	51.7
	t_{10}		4 分	4 分 24 秒	3 分 36 秒
	t_{90}		20 分 24 秒	22 分	21 分 12 秒

混炼工艺条件：EPDM＋NBR＋炭黑、凡士林、DOP、硬脂酸＋防老剂 CZ＋氧化镁＋氧化锌＋DCP——薄通 8 次下片备用

辊温：45℃±5℃

注：防老剂 RD 胶混均时先加（辊温 80℃±5℃），降温加其它材料

表 2-10　氧化锌不同用量对 CR 老化性能的影响

基本用量/g　材料名称	配方编号	R-40	R-41	R-42	R-43
氯丁胶 121(山西)		100	100	100	100
氧化镁		4	4	4	4
硬脂酸		1	1	1	1
环烷油		12	12	12	12
邻苯二甲酸二辛酯(DOP)		8	8	8	8
中超耐磨炉黑		40	40	40	40
通用炉黑		10	10	10	10
氧化锌		2	3	4	5
促进剂 NA-22		0.2	0.2	0.2	0.2
合计		177.2	178.2	179.2	180.2
硫化条件(153℃)/min		25	25	25	25
邵尔 A 型硬度/度		63	62	62	63
拉伸强度/MPa		17.5	17.8	18.0	18.1
拉断伸长率/%		496	493	492	493
定伸应力/MPa	100%	2.8	2.9	2.4	2.6
	300%	11.2	11.3	11.0	10.9
拉断永久变形/%		10	9	8	7
无割口直角撕裂强度/(kN/m)		51.5	51.9	52.5	52.8
回弹性/%		37	38	37	37
屈挠龟裂/万次		51 (无,无,1)	51 (无,1,无)	51 (无,无,无)	51 (无,无,无)
热空气加速老化 (70℃×96h)	拉伸强度/MPa	19.6	19.6	18.5	17.6
	拉断伸长率/%	476	442	440	428
	性能变化率/%　拉伸强度	+12	+10	+3	-3
	伸长率	-4	-10	-12	-13
圆盘振荡硫化仪 (153℃)	M_L/N·m	3.2	3.2	3.3	3.2
	M_H/N·m	25.2	26.1	26.3	26.6
	t_{10}	3分50秒	3分46秒	3分15秒	3分05秒
	t_{90}	23分45秒	22分29秒	22分42秒	23分

混炼工艺条件:胶+氧化镁+硬脂酸+ DOP + $\dfrac{环烷油}{炭黑}$ + $\dfrac{氧化锌}{NA\text{-}22}$——薄通 6 次下片备用

辊温:40℃±5℃

表 2-11 加入不同稀土氧化物对 FKM 老化性能的影响

基本用量/g 材料名称 \ 配方编号	R-44	R-45	R-46	R-47	R-48	R-49
氟胶 26D(上海)	100	100	100	100	100	100
活性氧化镁	12	12	12	12	12	12
喷雾炭黑	7	7	7	7	7	7
3# 交联剂	3	3	3	3	3	3
La_2O_3	—	1	—	—	—	—
Ce_2O_3	—	—	1	—	—	—
Pr_6O_{11}	—	—	—	1	—	—
R_2O_3	—	—	—	—	1	—
R_2O_3(含量 34.5%)	—	—	—	—	—	1
合计	122	123	123	123	123	123
硫化条件(一段,163℃×40min)	经过二段硫化后进行试验					
邵尔 A 型硬度/度	71	72	71	72	69	68
拉伸强度/MPa	12.7	12.7	12.2	13.2	12.6	9.1
拉断伸长率/%	260	272	260	276	260	252
100%定伸应力/MPa	2.9	2.8	2.7	2.8	2.8	3.7
拉断永久变形/%	9	9	7	8	9	13
老化后硬度(320℃×24h)	78	80	78	78	77	72

热空气加速老化 (320℃×24h)			R-44	R-45	R-46	R-47	R-48	R-49
	拉伸强度/MPa		9.1	10.1	10.1	10.2	10.5	7.2
	拉断伸长率/%		168	160	180	188	197	132
	性能变化率/%	拉伸强度	−28	−20	−17	−23	−17	−21
		伸长率	−42	−41	−31	−32	−24	−48
	100%定伸应力/MPa		5.4	6.2	5.4	5.2	5.8	6.1

圆盘振荡硫化仪 (163℃)		R-44	R-45	R-46	R-47	R-48	R-49
	M_L/N·m	9.7	9.9	10.1	10.2	9.7	10.9
	M_H/N·m	26.7	27.3	27.3	27.3	25.8	17.6
	t_{10}	7 分 19 秒	7 分 28 秒	7 分 30 秒	7 分 37 秒	7 分 15 秒	6 分 30 秒
	t_{90}	67 分 42 秒	68 分 35 秒	67 分 35 秒	66 分 36 秒	65 分 10 秒	64 分 10 秒
胶料门尼黏度值[50ML(1+4)100℃]		97	102	102	100	99	100

二段硫化条件:室温～150℃　　　2h
　　　　　　　150～200℃　　　2h
　　　　　　　200～250℃　　　2h
　　　　　　　250～280℃　　　2h
　　　　　　　280℃　保持　　　14h 时间到关闭电闸,自然冷却后取出

混炼工艺条件:胶+氧化镁+炭黑+稀土+交联剂——薄通 4 次停放一天后,再薄通 8 次下片备用

氟胶门尼黏度[50ML(5+4)100℃]:71

辊温:45℃±5℃

第3章

补强体系

3.1 不同胶种物理性能对比

表 3-1 NR、IR、BR、SBR 物理性能对比

基本用量/g　　　配方编号 材料名称		A-1	A-2	A-3	A-4
烟片胶 1#（1 段）		100	—	—	—
异戊胶 IR-10		—	100	—	—
顺丁胶（北京）		—	—	100	—
丁苯胶 1500（日本）		—	—	—	100
石蜡		1	1	1	1
硬脂酸		2.5	2.5	2.5	2.5
防老剂 4010NA		2	2	2	2
防老剂 D		1	1	1	1
促进剂 NOBS		1	1	1	1
氧化锌		5	5	5	5
芳烃油		6	6	6	6
中超耐磨炉黑		50	50	50	50
硫黄		2	2	2	2
合计		170.5	170.5	170.5	170.5
硫化条件（143℃）/min		30	30	30	45
邵尔 A 型硬度/度		65	60	64	66
拉伸强度/MPa		31.0	30.6	18.8	27.1
拉断伸长率/%		550	618	446	526
定伸应力/MPa	100%	3.1	2.3	2.6	2.8
	300%	13.5	10.8	11.5	11.9
拉断永久变形/%		29	25	4	9
无割口直角撕裂强度/(kN/m)		80	76	36	45
回弹性/%		43	41	57	36
屈挠龟裂/万次		26(3,2,3)	18(2,2,3)	51(无,无,无)	51(无,1,无)
热空气加速老化 （70℃×48h）	拉伸强度/MPa	30.8	29.4	17.4	24.7
	拉断伸长率/%	530	564	391	430
	性能变化率/%　拉伸强度	—1	—4	—9	—9
	伸长率	—4	—9	—12	—18
圆盘振荡硫化仪 （143℃）	t_{10}	7 分 40 秒	8 分 45 秒	8 分 30 秒	20 分
	t_{90}	17 分 30 秒	19 分	22 分	38 分
门尼焦烧（143℃）	t_5	25 分	28 分	28 分	65 分
	t_{35}	30 分	33 分	31 分	74 分

混炼工艺条件：胶＋硬脂酸＋ 石蜡　防老剂 D　NOBS ＋ 油 ＋硫黄——薄通 6 次下片备用
　　　　　　　　　　　　4010NA　氧化锌　炭黑

辊温：45℃±5℃
NR 辊温：55℃±5℃

| 表 3-2 | 不同牌号 SBR 物理性能对比 |

配方编号 基本用量/g 材料名称			A-5	A-6	A-7
丁苯胶 1502(山东)			100	—	—
丁苯胶 1500(吉化)			—	100	—
溶聚丁苯胶(北京)			—	—	100
硬脂酸			2.5	2.5	2.5
防老剂 A			1	1	1
防老剂 4010			1.5	1.5	1.5
促进剂 DM			1.6	1.6	1.6
氧化锌			5	5	5
机油 10#			8	8	8
高耐磨炉黑(天津)			52	52	52
硫黄			1.8	1.8	1.8
合计			173.4	173.4	173.4
硫化条件(153℃)/min			20	25	25
邵尔 A 型硬度/度			64	64	70
拉伸强度/MPa			23.8	23.8	19.5
拉断伸长率/%			599	585	576
定伸应力/MPa	300%		9.7	9.2	10.1
	500%		18.9	18.3	17.3
拉断永久变形/%			15	17	22
无割口直角撕裂强度/(kN/m)			58	60	59
回弹性/%			41	42	44
脆性温度(单试样法)/℃			−52	−52	−58
阿克隆磨耗/cm³			0.081	0.081	0.235
试样密度/(g/cm³)			1.14	1.14	1.14
屈挠龟裂/万次			51(6,6,无)	51(6,无,6)	51(无,无,6)
B 型压缩永久变形 (压缩率 25%)/%	室温×22h		9	8	12
	70℃×22h		29	28	46
热空气加速老化 (70℃×96h)	拉伸强度/MPa		21.8	23.4	19.0
	拉断伸长率/%		447	467	378
	性能变化率/%	拉伸强度	−8	−2	−3
		伸长率	−25	−20	−34
圆盘振荡硫化仪 (153℃)	M_L/N·m		10.54	12.30	11.78
	M_H/N·m		37.14	37.49	35.66
	t_{10}		3 分 31 秒	3 分 49 秒	4 分 02 秒
	t_{90}		15 分 14 秒	17 分 09 秒	21 分 35 秒
门尼焦烧(123℃)	t_5		22 分	25 分	24 分
	t_{35}		32 分	35 分	36 分
门尼黏度值[50ML(1+4)100℃]			50	60	68

混炼工艺条件:胶+$\dfrac{硬脂酸}{防老剂 A}$+$\dfrac{4010}{DM}{氧化锌}$+$\dfrac{油}{炭黑}$+硫黄——薄通 6 次下片备用

辊温:50℃±5℃

表 3-3 **不同牌号 NBR 物理性能对比**

配方编号 基本用量/g 材料名称		A-8	A-9	A-10	A-11	A-12	A-13
丁腈胶 220S(日本)		100	—	—	—	—	—
丁腈胶 240S(日本)		—	100	—	—	—	—
丁腈胶 3604(兰化 1 段)		—	—	100	—	—	—
丁腈胶 2707(兰化 1 段)		—	—	—	100	—	—
丁腈胶 18(兰化 1 段)		—	—	—	—	100	—
氢化丁腈胶		—	—	—	—	—	100
硫黄		1.6	1.6	1.6	1.6	1.6	1.6
硬脂酸		1	1	1	1	1	1
氧化锌		5	5	5	5	5	5
邻苯二甲酸二辛酯(DOP)		8	8	8	8	8	8
中超耐磨炉黑		55	55	55	55	55	55
促进剂 CZ		1.7	1.7	1.7	1.7	1.7	1.7
促进剂 TT		0.2	0.2	0.2	0.2	0.2	0.2
合计		172.5	172.5	172.5	172.5	172.5	172.5
硫化条件(153℃)/min		45	7	30	20	6	40
邵尔 A 型硬度/度		77	71	75	72	75	78
拉伸强度/MPa		27.3	23.8	27.7	26.5	17.0	25.1
拉断伸长率/%		375	362	329	366	222	660
定伸应力/MPa	100%	4.5	3.4	4.9	3.7	6.8	3.1
	300%	21.1	18.7	25.6	21.0	—	12.9
拉断永久变形/%		9	7	8	7	6	38
无割口直角撕裂强度/(kN/m)		62	53	55	45	47	96
回弹性/%		17	35	18	32	43	28
脆性温度(单试样法)/℃		−27	−58	−25	−46	−66	−49
B 型压缩永久变形 (压缩率 25%)/%	室温×22h	9	4	6	5	16	28
	100℃×22h	36	45	29	34	43	90
耐 15# 机油 (70℃×72h)	质量变化率/%	−0.69	+4.5	−0.96	+0.61	+11.12	−0.17
	体积变化率/%	−0.78	+6.05	−1.06	+1.25	+15.66	+0.20
热空气加速老化 (100℃×96h)	拉伸强度/MPa	23.4	21.1	26.0	22.8	16.3	32.3
	拉断伸长率/%	261	220	261	246	150	484
	性能变化率/% 拉伸强度	−14	−11	−6	−14	−9	+29
	伸长率	−30	−39	−21	−33	−22	−27
圆盘振荡硫化仪 (153℃)	M_L/N·m	10.75	18.23	14.99	14.84	32.25	15.17
	M_H/N·m	34.45	38.44	41.36	39.79	46.14	37.12
	t_{10}	2分 38秒	3分 21秒	2分	2分 06秒	2分 10秒	4分 32秒
	t_{90}	39分 16秒	4分 41秒	25分 46秒	15分 22秒	3分 20秒	36分 13秒

混炼工艺条件:胶+硫黄(薄通 3 次)+硬脂酸+氧化锌+$\dfrac{炭黑}{DCP}$+$\dfrac{CZ}{TT}$——薄通 8 次下片备用

辊温:40℃±5℃

表 3-4 **NBR/CR 不同配比对胶料物理性能的影响**

材料名称 \ 基本用量/g \ 配方编号	A-14	A-15	A-16	A-17
丁腈胶 270(1 段)	90	80	70	60
氯丁胶 120(山西)	10	20	30	40
硫黄	1	1	1	1
氧化镁	2	2	2	2
硬脂酸	1	1	1	1
防老剂 A	1	1	1	1
邻苯二甲酸二辛酯(DOP)	14	14	14	14
高耐磨炉黑	45	45	45	45
半补强炉黑	30	30	30	30
促进剂 DM	1	1	1	1
氧化锌	5	5	5	5
合计	200	200	200	200
硫化条件(148℃)/min	20	20	15	15
邵尔 A 型硬度/度	67	69	72	75
拉伸强度/MPa	20.0	19.5	19.6	19.4
拉断伸长率/%	462	336	287	248
300%定伸应力/MPa	14.4	17.8	—	—
拉断永久变形/%	11	6	6	5
脆性温度(单试样法)/℃	−39	−38	−39	−38
质量变化率/% 耐汽油+苯(75+25)(室温×24h)	+16	+14.8	+15.0	+15.1
质量变化率/% 耐 10# 机油(70℃×72h)	−1.9	−1.7	−1.1	−1.0
热空气加速老化(70℃×72h) 拉伸强度/MPa	19.8	20.5	21.4	21.5
热空气加速老化(70℃×72h) 拉断伸长率/%	356	246	210	174
热空气加速老化(70℃×72h) 性能变化率/% 拉伸强度	−1	+5	+9	+11
热空气加速老化(70℃×72h) 性能变化率/% 伸长率	−23	−26	−27	−29
圆盘振荡硫化仪(148℃) M_L/N·m	72.0	82.4	87.0	86.3
圆盘振荡硫化仪(148℃) M_H/N·m	10.5	10.2	10.2	10.5
圆盘振荡硫化仪(148℃) t_{10}	4 分 48 秒	4 分 30 秒	4 分 24 秒	4 分
圆盘振荡硫化仪(148℃) t_{90}	18 分 12 秒	14 分 12 秒	11 分	8 分 36 秒

混炼工艺条件:NBR+CR+硫黄(薄通 3 次)+氧化镁+硬脂酸 防老剂 A +DOP 炭黑+DM 氧化锌 ——薄通 8 次下片备用

辊温:40℃±5℃

表 3-5　**IIR/CR 不同配比对胶料物理性能的影响**

配方编号 基本用量/g 材料名称	A-1	A-2	A-3	A-4
丁基胶 268（日本）	100	90	85	80
氯丁胶 120（山西）	—	10	15	20
中超耐磨炉黑	50	50	50	50
机油 10#	6	6	6	6
硬脂酸	1	1	1	1
氧化锌	5	5	5	5
促进剂 TT	2.5	2.5	2.5	2.5
硫黄	1.3	1.3	1.3	1.3
合计	165.8	165.8	165.8	165.8
硫化条件（153℃）/min	40	40	40	40
邵尔 A 型硬度/度	68	72	73	75
拉伸强度/MPa	16.5	16.2	15.4	14.4
拉断伸长率/%	535	466	440	384
300%定伸应力/MPa	9.0	105	10.9	11.6
拉断永久变形/%	30	26	26	22
无割口直角撕裂强度/(kN/m)	46	44	44	41
回弹性/%	11	12	13	13

热空气加速老化 （100℃×96h）	拉伸强度/MPa		16.2	15.5	15.4	14.0
	拉断伸长率/%		480	414	368	310
	性能变化率/%	拉伸强度	−2	−4.3	0	−3
		伸长率	−10	−11	−12	−19

圆盘振荡硫化仪 （153℃）	M_L/N·m	10.7	11.0	11.2	12.0
	M_H/N·m	50.1	51.0	52.7	53.4
	t_{10}	5 分 45 秒	5 分 36 秒	4 分 48 秒	4 分 30 秒
	t_{90}	34 分	35 分 36 秒	37 分 12 秒	38 分

混炼工艺条件：IIR＋CR＋炭黑＋硬脂酸＋$\dfrac{氧化锌}{TT}$＋硫黄——薄通 6 次下片备用

辊温：45℃±5℃

表 3-6　IIR/EPDM 不同配比对胶料物理性能的影响

配方编号 基本用量/g 材料名称		A-22	A-23	A-24	A-25
丁基胶 268（日本）		—	90	80	70
三元乙丙胶 4045（日本）		100	10	20	30
中超耐磨炉黑		50	50	50	50
机油 10#		5	5	5	5
硬脂酸		1	1	1	1
促进剂 TT		2.5	2.5	2.5	2.5
氧化锌		5	5	5	5
硫黄		1.3	1.3	1.3	1.3
合计		164.8	164.8	164.8	164.8
硫化条件（153℃）/min		25	40	40	35
邵尔 A 型硬度/度		73	68	70	72
拉伸强度/MPa		17.0	16.1	15.6	14.8
拉断伸长率/%		298	412	346	318
300% 定伸应力/MPa		—	11.9	13.3	14.5
拉断永久变形/%		11	18	16	13
无割口直角撕裂强度/（kN/m）		52	47	45	43
回弹性/%		52	14	19	23
热空气加速老化 （100℃×96h）	拉伸强度/MPa	16.5	15.6	14.7	14.0
	拉断伸长率/%	230	356	306	248
	性能变化率/%　拉伸强度	−3	−3	−6	−5
	伸长率	−23	−15	−12	−22
圆盘振荡硫化仪 （153℃）	M_L/N·m	7.1	9.7	9.7	9.7
	M_H/N·m	75.0	46.5	49.0	51.5
	t_{10}	3 分 36 秒	5 分 45 秒	5 分	4 分 45 秒
	t_{90}	18 分	36 分	33 分 45 秒	29 分

混炼工艺条件：IIR＋EPDM＋炭黑油＋硬脂酸＋氧化锌 TT＋硫黄——薄通 8 次下片备用

辊温：45℃±5℃

注：单用 EPDM 工艺条件同上

表 3-7　不同厂家 **MVQ** 物理性能对比

配方编号 基本用量/g 材料名称		A-26	A-27	A-28	A-29	A-30
硅胶(分子量 63 万,北京)		100	—	—	—	—
硅胶(分子量 48 万,北京)		—	100	—	—	—
硅胶(吉化)		—	—	100	—	—
硅胶(山东)		—	—	—	100	—
硅胶(江苏)		—	—	—	—	100
轻体白炭黑(吉林)		25	25	25	25	25
4#白炭黑(气象法)		5	5	5	5	5
羟基硅油(杨中)		5	5	5	5	5
钛白粉		6	6	6	6	6
硫化剂 DCP 母胶(1:1)		1	1	1	1	1
合计		142	142	142	142	142
硫化条件(一段,153℃)/min		20	20	20	15	15
邵尔 A 型硬度/度		42	44	46	44	45
拉伸强度/MPa		4.0	3.7	3.9	4.2	3.6
拉断伸长率/%		392	380	344	416	356
定伸应力/MPa	100%	0.9	0.9	1.1	0.9	1.0
	300%	2.8	2.7	3.4	2.8	3.1
拉断永久变形/%		8	8	8	8	8
无割口直角撕裂强度/(kN/m)		13	13	14	14	14
回弹性/%		57	56	61	57	57
圆盘振荡硫化仪 (153℃)	$M_L/N \cdot m$	1.4	1.0	1.8	2.3	1.8
	$M_H/N \cdot m$	26.0	35.9	37.0	37.3	40.3
	t_{10}	7 分 24 秒	7 分	6 分	5 分 13 秒	4 分 48 秒
	t_{90}	22 分 36 秒	21 分 24 秒	21 分	13 分	13 分

二段硫化条件:室温~100℃　　　1h
　　　　　　　100~140℃　　　1h
　　　　　　　140~180℃　　　2h
　　　　　　　180℃保持　　　6h
二段后做物理性能试验

白炭黑
混炼工艺条件:胶+钛白粉+DCP 母胶——(小辊距压炼薄通 6 次)下片停放。胶料停放
　　　　　　硅油
　　　一天后,再补充加工(薄通 8 次)下片备用
辊温:45℃以内

3.2 不同补强填充剂在 NR、SBR 中的补强作用

表 3-8 不同炭黑的补强作用

基本用量/g　　配方编号 材料名称	A-31	A-32	A-33	A-34	A-35	A-36
烟片胶 3#（1 段）	100	100	100	100	100	100
防老剂 RD	1.5	1.5	1.5	1.5	1.5	1.5
石蜡	1	1	1	1	1	1
硬脂酸	2.5	2.5	2.5	2.5	2.5	2.5
防老剂 4010NA	1	1	1	1	1	1
促进剂 CZ	1.8	1.8	1.8	1.8	1.8	1.8
氧化锌	8	8	8	8	8	8
机油 10#	6	6	6	6	6	6
中超耐磨炉黑 N-220	80	—	—	—	—	—
高耐磨炉黑 N-330	—	80	—	—	—	—
超耐磨炉黑 N-110	—	—	80	—	—	—
低结构高耐磨炉黑 N-219	—	—	—	80	—	—
快压出炉黑 N-550	—	—	—	—	80	—
通用炉黑 N-660	—	—	—	—	—	90
硫黄	0.9	0.9	0.9	0.9	0.9	0.9
合计	202.7	202.7	202.7	202.7	202.7	202.7
硫化条件(148℃)/min	10	10	10	10	10	10
邵尔 A 型硬度/度	80	78	77	71	74	74
拉伸强度/MPa	23.0	22.5	21.6	22.0	19.4	16.8
拉断伸长率/%	416	385	428	493	408	372
定伸应力/MPa　100%	4.4	4.7	3.8	2.8	4.5	4.0
定伸应力/MPa　300%	17.7	17.6	15.9	12.9	15.5	14.3
拉断永久变形/%	22	18	22	28	17	15
无割口直角撕裂强度/(kN/m)	112	73	77	71	76	65
回弹性/%	29	33	30	35	45	42
脆性温度(单试样法)/℃	−54	−53	−52	−54	−53	−49
阿克隆磨耗/cm³	0.127	0.115	0.116	0.288	0.204	0.270
试样密度/(g/cm³)	1.20	1.20	1.20	1.20	1.21	1.21
B 型压缩永久变形（压缩率 25%）/%　室温×24h	22	22	21	19	12	14
B 型压缩永久变形（压缩率 25%）/%　70℃×24h	31	29	35	30	28	28
热空气加速老化（100℃×72h）　拉伸强度/MPa	19.8	19.5	19.0	20.5	15.7	15.6
热空气加速老化（100℃×72h）　拉断伸长率/%	212	232	239	276	220	203
性能变化率/%　拉伸强度	−14	−13	−12	−15	−19	−7
性能变化率/%　伸长率	−49	−40	−44	−44	−46	−45
圆盘振荡硫化仪（148℃）　M_L/N·m	16.63	11.84	13.65	8.88	7.19	7.22
圆盘振荡硫化仪（148℃）　M_H/N·m	37.90	34.81	35.95	32.49	31.50	31.72
圆盘振荡硫化仪（148℃）　t_{10}	3 分 26 秒	3 分	3 分 50 秒	4 分 11 秒	4 分 25 秒	3 分 18 秒
圆盘振荡硫化仪（148℃）　t_{90}	6 分 28 秒	5 分 24 秒	6 分 39 秒	7 分 06 秒	7 分 14 秒	5 分 43 秒

混炼工艺条件：胶＋RD(80℃±5℃)降温＋硬脂酸＋石蜡 4010NA＋CZ 氧化锌＋机油 炭黑＋硫黄——薄通 4 次

下片备用
　辊温：55℃±5℃

表 3-9 乙炔炭黑、GPF 不同配比在 NR 中的补强作用（导电胶）

基本用量/g　　　材料名称	配方编号 A-37	A-38	A-39	A-40	A-41	A-42
烟片胶 3#（1 段）	100	100	100	100	100	100
硬脂酸	2.5	2.5	2.5	2.5	2.5	2.5
促进剂 CZ	1.8	1.8	1.8	1.8	1.8	1.8
氧化锌	3	3	3	3	3	3
机油 10#	35	35	35	35	35	35
乙炔炭黑	100	90	80	75	70	60
通用炉黑	—	30	40	45	50	60
水果型香料	0.4	0.4	0.4	0.4	0.4	0.4
促进剂 TT	0.6	0.6	0.6	0.6	0.6	0.6
硫黄	0.5	0.5	0.5	0.5	0.5	0.5
合计	243.44	263.44	263.44	263.44	263.44	263.44
硫化条件（143℃）/min	12	9	9	9	9	9
邵尔 A 型硬度/度	74	78	77	76	77	75
拉伸强度/MPa	15.2	9.7	12.0	11.6	11.3	9.8
拉断伸长率/%	296	172	213	238	211	204
100%定伸应力/MPa	5.3	6.1	6.3	5.6	5.6	5.5
拉断永久变形/%	16	9	10	10	10	9
无割口直角撕裂强度/(kN/m)	33	32	32	32	32	33
电导率（万用表）/(S/m) 试片厚 1mm	70	60	55	70	75	190
电导率（万用表）/(S/m) 试片厚 2mm	65	50	50	60	75	200
热空气加速老化（70℃×72h） 拉伸强度/MPa	13.6	9.2	10.4	11.4	10.3	9.8
热空气加速老化（70℃×72h） 拉断伸长率/%	243	165	172	196	191	188
性能变化率/% 拉伸强度	−9	−5	−13	−2	−9	0
性能变化率/% 伸长率	−18	−4	−19	−18	−10	−8
圆盘振荡硫化仪（143℃） M_L/N·m	18.8	20.8	19.5	18.2	19.2	18.0
圆盘振荡硫化仪（143℃） M_H/N·m	53.6	53.2	53.0	54.0	52.0	51.0
圆盘振荡硫化仪（143℃） t_{10}	7分12秒	4分36秒	5分	4分50秒	5分	4分24秒
圆盘振荡硫化仪（143℃） t_{90}	9分	7分12秒	8分	7分57秒	7分48秒	7分30秒

混炼工艺条件：胶＋硬脂酸＋$\frac{CZ}{氧化锌}$＋$\frac{机油}{炭黑}$＋香料＋$\frac{硫黄}{TT}$——薄通 4 次下片备用

辊温：55℃±5℃

表 3-10 **不同白色填料对 NR 的补强作用及对电阻的影响**

基本用量/g 材料名称	配方编号 	A-43	A-44	A-45	A-46	A-47	A-48	A-49	A-50
烟片胶 3#（1 段）		100	100	100	100	100	100	100	100
硬脂酸		1	1	1	1	1	1	1	1
促进剂 DM		1.5	1.5	1.5	1.5	1.5	1.5	1.5	1.5
促进剂 TT		0.5	0.5	0.5	0.5	0.5	0.5	0.5	0.5
氧化锌		3	3	3	3	3	3	3	3
硫黄		2.3	2.3	2.3	2.3	2.3	2.3	2.3	2.3
碳酸钙		40	—	—	—	—	—	—	—
陶土		—	40	—	—	—	—	—	—
白炭黑（通用）		—	—	40	—	—	—	—	—
氧化锌		—	—	—	40	—	—	—	—
氧化镁		—	—	—	—	40	—	—	—
硫酸钡		—	—	—	—	—	40	—	—
立德粉		—	—	—	—	—	—	40	—
滑石粉		—	—	—	—	—	—	—	40
合计		148.3	148.3	148.3	148.3	148.3	148.3	148.3	148.3
硫化条件（143℃）/min		12	12	15	18	5	15	18	18
邵尔 A 型硬度/度		53	52	56	51	55	51	51	56
拉伸强度/MPa		18.9	24.3	27.2	23.5	24.8	19.4	21.6	20.4
拉断伸长率/%		511	579	604	501	500	508	521	533
定伸应力/MPa	300%	4.9	6.2	7.8	5.5	7.5	5.1	5.0	5.1
	500%	18.3	17.2	19.8	—	—	—	18.5	18.1
拉断永久变形/%		16	30	25	15	33	16	15	23
回弹性/%		77	74	69	78	71	77	77	75
Φ50mm×12mm 电阻（500V）/Ω		$3×10^{13}$	$2×10^{13}$	$2.3×10^{13}$	$5×10^{13}$	$1.3×10^{13}$	$2.3×10^{13}$	$3×10^{13}$	$3.3×10^{13}$
圆盘振荡硫化仪 （143℃）	M_L/N·m	4.0	6.5	7.1	4.4	11.4	4.4	4.9	5.3
	M_H/N·m	74.8	67.5	66.2	67.0	76.4	70.9	68.3	70.4
	t_{10}	7 分	6 分 30 秒	7 分 35 秒	9 分 45 秒	1 分 10 秒	9 分 15 秒	10 分 25 秒	10 分 50 秒
	t_{90}	9 分	8 分 45 秒	11 分 55 秒	13 分 25 秒	3 分 45 秒	12 分 15 秒	14 分 45 秒	14 分 50 秒

混炼工艺条件：胶＋硬脂酸＋氧化锌＋填料＋ DM / TT +硫黄——薄通 4 次下片备用

辊温：55℃±5℃

表 3-11 不同炭黑并用对丁苯胶的补强作用（健身罐用）

配方编号 基本用量/g 材料名称	A-51	A-52	A-53	A-54	A-55
丁苯胶 1500#	50	50	50	50	50
丁苯胶 3071	50	50	50	50	50
石蜡	1	1	1	1	1
硬脂酸	3	3	3	3	3
防老剂 A	2	2	2	2	2
防老剂 D	2	2	2	2	2
促进剂 DM	1.8	1.8	1.8	1.8	1.8
促进剂 TT	0.6	0.6	0.6	0.6	0.6
氧化锌	4	4	4	4	4
液体古马隆	12	12	12	12	12
高耐磨炉黑	40	40	30	—	30
半补强炉黑	40	—	30	—	—
四川槽法炭黑	30	30	—	—	—
混气炭黑	—	—	50	50	40
喷雾炭黑	—	40	—	60	40
硫黄	1.8	1.8	1.8	1.8	1.8
合计	238.2	238.2	238.2	238.2	238.2
硫化条件(143℃)/min	25	25	30	30	30
邵尔 A 型硬度/度	81	83	83	77	80
拉伸强度/MPa	15.4	14.4	16.3	11.2	14.8
拉断伸长率/%	240	220	240	270	213
200%定伸应力/MPa	14.7	—	15.7	10.7	—
拉断永久变形/%	6	6	7	7	6
阿克隆磨耗/cm³	0.128	0.190	0.140	0.314	0.237

热空气加速老化 (100℃×72h)	拉伸强度/MPa	17.1	16.2	18.5	14.5	14.7
	拉断伸长率/%	105	100	118	132	83
	性能变化率/%	拉伸强度	+11	+12.5	+13.5	+29.5	+0.5
		伸长率	−56	−55	−51	−51	−61

圆盘振荡硫化仪 (143℃)	M_L/N·m	11.1	10.5	13.5	7.4	11.7
	M_H/N·m	82.8	85.8	85.8	77.3	89.9
	t_{10}	7分30秒	7分50秒	9分15秒	11分15秒	8分15秒
	t_{90}	17分50秒	17分30秒	24分30秒	24分	22分

　　　　　　　石蜡　　防老剂 D
混炼工艺条件:胶＋硬脂酸＋促进剂＋古马隆＋炭黑＋硫黄——薄通 6 次下片备用
　　　　　　　防老剂 A　氧化锌
辊温:50℃±5℃

表 3-12 **不同填料在再生胶中的作用（耐酸碱胶）**

材料名称 \ 基本用量/g \ 配方编号	A-56	A-57	A-58
胎面再生胶（薄通 5 次，压炼 3min）	100	100	100
硬脂酸	4	4	4
石蜡	1	1	1
防老剂 A	1	1	1
促进剂 DM	1.5	1.5	1.5
氧化锌	3	3	3
机油 15#	5	5	5
高耐磨炉黑	20	20	20
硫酸钡	40	—	—
碳酸钙	—	40	—
瓷土	—	—	40
硫黄	2.5	2.5	2.5
合计	178	178	178
硫化条件（143℃）/min	20	15	20
邵尔 A 型硬度/度	87	86	89
拉伸强度/MPa	8.7	8.0	8.7
拉断伸长率/%	112	135	110
100% 定伸应力/MPa	8.2	6.4	8.4
拉断永久变形/%	8	10	11
无割口直角撕裂强度/(kN/m)	21	20	25
回弹性/%	26	26	25
耐酸碱后质量变化率/%[（23±3）℃×24h] 厂家 20%H_2SO_4	0.09	0.22	0.20
耐酸碱后质量变化率/%[（23±3）℃×24h] 自配 20%H_2SO_4	0.05	0.12	0.18
耐酸碱后质量变化率/%[（23±3）℃×24h] 自配 20%NaOH	0.21	0.31	0.43
热空气加速老化（70℃×96h） 拉伸强度/MPa	8.7	8.2	9.6
热空气加速老化（70℃×96h） 拉断伸长率/%	78	97	78
热空气加速老化（70℃×96h） 性能变化率/% 拉伸强度	0	+5	+10
热空气加速老化（70℃×96h） 性能变化率/% 伸长率	-30	-28	-23
圆盘振荡硫化仪（143℃） M_L/N·m	14.0	14.0	19.8
圆盘振荡硫化仪（143℃） M_H/N·m	75.0	71.9	84.0
圆盘振荡硫化仪（143℃） t_{10}	5 分	3 分 30 秒	4 分 12 秒
圆盘振荡硫化仪（143℃） t_{90}	15 分 12 秒	11 分 48 秒	14 分 30 秒

混炼工艺条件：胶＋ 硬脂酸/石蜡/氧化锌/防老剂 A ＋ DM ＋ 机油/填料 ＋硫黄——薄通 4 次下片备用

辊温：45℃±5℃

3.3 不同补强填充剂在通用橡胶中的补强作用

表 3-13 不同炭黑在 NR/BR（70/30）中的补强作用

材料名称 \ 基本用量/g \ 配方编号		A-59	A-60	A-61	A-62
烟片胶 3#（1 段）		70	70	70	70
顺丁胶（北京）		30	30	30	30
防老剂 RD		1.5	1.5	1.5	1.5
石蜡		1	1	1	1
硬脂酸		3	3	3	3
防老剂 4010NA		1	1	1	1
氧化锌		4	4	4	4
促进剂 NOBS		0.7	0.7	0.7	0.7
机油 10#		7	7	7	7
中超耐磨炉黑 N-220		50	—	—	—
超高磨炉黑 N-110		—	50	—	—
高耐磨炉黑 N-330		—	—	50	—
新工艺高结构中超耐磨炉黑 N-234		—	—	—	50
硫黄		1.5	1.5	1.5	1.5
合计		169.7	169.7	169.7	169.7
硫化条件(148℃)/min		20	20	20	20
邵尔 A 型硬度/度		61	62	61	62
拉伸强度/MPa		24.2	24.4	23.8	25.2
拉断伸长率/%		595	636	594	588
定伸应力/MPa	300%	9.0	9.3	10.1	9.9
	500%	19.0	19.1	19.5	20.0
拉断永久变形/%		24	24	22	24
无割口直角撕裂强度/(kN/m)		89	97	90	85
回弹性/%		42	44	46	43
脆性温度(单试样法)/℃		−65	−64	−70 不断	−62
阿克隆磨耗/cm³		0.117	0.134	0.133	0.115
试样密度/(g/cm³)		1.11	1.11	1.11	1.11
热空气加速老化 (70℃×96h)	拉伸强度/MPa	25.0	26.8	24.7	25.4
	拉断伸长率/%	551	568	528	524
	性能变化率/% 拉伸强度	+3	+10	+4	+1
	伸长率	−7	−11	−14	−11
圆盘振荡硫化仪 (148℃)	M_L/N·m	8.16	9.01	7.42	9.12
	M_H/N·m	27.14	28.52	26.47	28.80
	t_{10}	6 分 13 秒	7 分 11 秒	5 分 36 秒	6 分 54 秒
	t_{90}	14 分 39 秒	15 分 46 秒	13 分 10 秒	15 分 14 秒

混炼工艺条件：NR＋BR＋RD(80℃±5℃)降温＋石蜡、硬脂酸、4010NA ＋NOBS、氧化锌＋油、炭黑＋硫黄——薄通 8 次下片备用

辊温：55℃±5℃

表 3-14 不同炭黑在 **NR/BR（70/30）**胶料中的补强作用（雨刷条用）

基本用量/g　　配方编号　材料名称	A-63	A-64	A-65	A-66	A-67	A-68	A-69
颗粒胶 1#（不塑炼）	70	70	70	70	70	70	70
顺丁胶（北京）	30	30	30	30	30	30	30
硬脂酸	2	2	2	2	2	2	2
防老剂 4010NA	1.5	1.5	1.5	1.5	1.5	1.5	1.5
防老剂 4010	1	1	1	1	1	1	1
促进剂 M	0.6	0.6	0.6	0.6	0.6	0.6	0.6
促进剂 D	0.5	0.5	0.5	0.5	0.5	0.5	0.5
促进剂 TT	0.1	0.1	0.1	0.1	0.1	0.1	0.1
氧化锌	6	6	6	6	6	6	6
白凡士林	5	5	5	5	5	5	5
半补强炉黑	48	—	—	—	—	—	—
中超耐磨炉黑	—	48	—	—	—	—	—
通用炉黑	—	—	48	—	—	—	—
超耐磨炉黑	—	—	—	48	—	—	—
快压出炉黑	—	—	—	—	48	—	—
低结构高耐磨炉黑	—	—	—	—	—	48	—
石墨（250 目）	—	—	—	—	—	—	48
硫黄	2.8	2.8	2.8	2.8	2.8	2.8	2.8
合计	167.5	167.5	167.5	167.5	167.5	167.5	167.5
硫化条件（148℃）/min	20	25	18	20	18	25	16
邵尔 A 型硬度/度	54	60	52	60	59	58	49
拉伸强度/MPa	17.3	21.8	17.5	21.0	18.6	21.0	9.6
拉断伸长率/%	560	620	568	556	540	650	600
300%定伸应力/MPa	7.3	9.6	6.3	9.9	9.7	7.3	2.9
拉断永久变形/%	20	29	20	24	22	28	崩
雨刷条反弹速度（1 最好）	3	5	2	7	6	4	1
圆盘振荡硫化仪（148℃） $M_L/N \cdot m$	2.5	6.3	2.0	6.0	3.7	6.0	2.3
$M_H/N \cdot m$	54.6	53.0	51.0	55.4	55.4	53.8	48.0
t_{10}	3 分 04 秒	3 分	3 分	2 分 40 秒	3 分	3 分 10 秒	3 分
t_{90}	16 分 24 秒	20 分	15 分	16 分 20 秒	15 分	21 分	13 分

混炼工艺条件：NR＋BR＋硬脂酸/4010NA＋4010/促进剂/氧化锌＋凡士林/炭黑＋硫黄——薄通 8 次下片备用

辊温：55℃±5℃

表 3-15 N-339 不同用量在 NR/BR (50/50) 胶料中的性能对比

配方编号 基本用量/g 材料名称	A-70	A-71	A-72	A-73
烟片胶 1#(1 段)	50	50	50	50
顺丁胶(北京)	50	50	50	50
石蜡	1	1	1	1
硬脂酸	2.5	2.5	2.5	2.5
防老剂 4010NA	1	1	1	1
防老剂 4010	1.5	1.5	1.5	1.5
促进剂 NOBS	1.2	1.2	1.2	1.2
氧化锌	5	5	5	5
机油 10#	5	5	5	5
新工艺高结构高耐磨炉黑 N-339	35	45	55	65
硫黄	1.1	1.1	1.1	1.1
合计	153.3	163.3	173.3	183.3
硫化条件(143℃)/min	25	25	25	25
邵尔 A 型硬度/度	56	61	65	67
拉伸强度/MPa	24.0	24.5	24.1	23.1
拉断伸长率/%	670	600	530	496
定伸应力/MPa 300%	5.8	8.6	10.8	12.8
定伸应力/MPa 500%	14.5	18.0	20.3	21.8
拉断永久变形/%	17	15	14	12
无割口直角撕裂强度/(kN/m)	52	45	42	39
阿克隆磨耗/cm³	0.073	0.060	0.052	0.049
试样密度/(g/cm³)	1.065	1.086	1.130	1.148
门尼黏度值[50ML(1+4)100℃]	42	55	69	64
圆盘振荡硫化仪(143℃) t_{10}	15 分	10 分 30 秒	11 分 10 秒	10 分
圆盘振荡硫化仪(143℃) t_{90}	22 分 30 秒	23 分	20 分 30 秒	19 分
门尼焦烧(120℃) t_5	54 分	49 分	43 分	39 分

混炼工艺条件:NR+BR+ 4010NA+硬脂酸/4010/石蜡/氧化锌 +NOBS+机油/炭黑+硫黄——薄通 8 次下片备用

辊温:50℃±5℃

表 3-16	不同炭黑在 NR/BR 胶料中的补强作用（耐磨胶）			
配方编号 基本用量/g 材料名称	A-74	A-75	A-76	A-77
烟片胶 1#（1 段）	50	50	50	50
顺丁胶（北京）	50	50	50	50
石蜡	1	1	1	1
硬脂酸	2.5	2.5	2.5	2.5
防老剂 4010NA	1	1	1	1
防老剂 4010	1.5	1.5	1.5	1.5
促进剂 NOBS	1.2	1.2	1.2	1.2
氧化锌	5	5	5	5
机油 10#	5	5	5	5
中超耐磨炉黑 N-220	55	—	—	—
超耐磨炉黑 N-110	—	55	—	—
高结构中超耐磨炉黑 N-242	—	—	55	—
新工艺高结构中超耐磨炉黑 N-234	—	—	—	55
硫黄	1.1	1.1	1.1	1.1
合计	172.3	172.3	172.3	172.3
硫化条件（143℃）/min	25	25	25	25
邵尔 A 型硬度/度	64	63	64	64
拉伸强度/MPa	24.0	23.0	24.0	23.6
拉断伸长率/%	628	650	601	580
定伸应力/MPa　300%	9.3	8.5	9.8	9.8
定伸应力/MPa　500%	19.8	17.0	19.6	20.0
拉断永久变形/%	14	18	15	14
无割口直角撕裂强度/(kN/m)	76	75	76	80
回弹性/%	41	39	39	38
阿克隆磨耗（100℃×48h）/cm³	0.150	0.155	0.153	0.136
圆盘振荡硫化仪（143℃）　t_{10}	11 分 10 秒	12 分 30 秒	10 分 50 秒	12 分 30 秒
圆盘振荡硫化仪（143℃）　t_{90}	19 分	21 分	20 分	21 分
门尼焦烧（120℃）　t_5	38 分	45 分	37 分	43 分

混炼工艺条件：NR＋BR＋$\begin{smallmatrix}硬脂酸\\4010NA\\石蜡\end{smallmatrix}$＋$\begin{smallmatrix}4010\\NOBS\\氧化锌\end{smallmatrix}$＋$\begin{smallmatrix}机油\\炭黑\end{smallmatrix}$＋硫黄——薄通 8 次下片备用

辊温：50℃±5℃

表 3-17 不同填料在 NR/SBR/BR 胶料中的补强作用及对电阻的作用

材料名称 \ 基本用量/g \ 配方编号	A-78	A-79	A-80	A-81	A-82
烟片胶 1#（1 段）	40	40	40	40	40
丁苯胶 1500（吉化）	40	40	40	40	40
顺丁胶（北京）	20	20	20	20	20
石蜡	1	1	1	1	1
硬脂酸	2	2	2	2	2
防老剂 A	2	2	2	2	2
防老剂 D	2	2	2	2	2
促进剂 DM	1.8	1.8	1.8	1.8	1.8
促进剂 TT	0.5	0.5	0.5	0.5	0.5
氧化锌	2	2	2	2	2
机油 10#	7	7	7	7	7
混气炭黑	60	60	60	60	60
半补强炉黑	—	20	30	30	50
喷雾炭黑	20	—	—	—	—
陶土	15	15	20		
碳酸钙	15	15	—	20	
硫黄	2	2	2	2	2
合计	230.3	230.3	230.3	230.3	230.3
硫化条件（143℃）/min	30	25	35	25	25
邵尔 A 型硬度/度	78	75	77	78	80
拉伸强度/MPa	16.3	16.8	16.5	16.0	16.5
拉断伸长率/%	279	302	252	255	190
200%定伸应力/MPa	12.9	12.3	14.5	13.9	—
拉断永久变形/%	5	7	6	5	4
回弹性/%	38	38	35	37	35
电阻（500V）/Ω	1.6×10^7	5×10^7	—	—	5×10^6
电阻（10V）/Ω	—	—	2×10^9	1.2×10^9	—
圆盘振荡硫化仪（143℃） $M_L/N\cdot m$	11.1	9.0	10.8	9.2	11.7
$M_H/N\cdot m$	86.6	78.0	86.7	93.0	98.1
t_{10}	10 分 12 秒	10 分 36 秒	10 分	9 分 36 秒	9 分
t_{90}	29 分 48 秒	25 分 12 秒	31 分 48 秒	24 分 24 秒	26 分 24 秒

混炼工艺条件：NR＋SBR＋BR＋防老剂 A＋ 硬脂酸 防老剂 D 促进剂 石蜡 氧化锌 ＋ 机油 填料 ＋硫黄——薄通 8 次下片

备用

辊温：50℃±5℃

表 3-18 混气炭黑、碳酸钙不同配比在 NR/SBR/BR 胶料中的补强作用

基本用量/g 材料名称	配方编号	A-83	A-84	A-85	A-86
烟片胶 3#(1 段)		50	50	50	50
丁苯胶 1500(吉化)		30	30	30	30
顺丁胶(北京)		20	20	20	20
固体古马隆		8	8	8	8
硬脂酸		2	2	2	2
防老剂 A		2	2	2	2
防老剂 D		2	2	2	2
防老剂 DM		2.4	2.4	2.4	2.4
促进剂 TT		0.8	0.8	0.8	0.8
氧化锌		2	2	2	2
半补强炉黑		30	30	30	30
混气炭黑		20	40	50	60
碳酸钙		60	40	30	20
硫黄		2.5	2.5	2.5	2.5
合计		231.7	231.7	231.7	231.7
硫化条件(143℃)/min		15	15	15	15
邵尔 A 型硬度/度		75	81	84	87
拉伸强度/MPa		10.2	12.2	14.0	15.2
拉断伸长率/%		276	220	212	205
200%定伸应力/MPa		7.8	12.0	14.0	15.3
拉断永久变形/%		10	8	7	7
回弹性/%		56	50	45	42
圆盘振荡硫化仪 (143℃)	M_L/N·m	5.7	7.8	8.6	10.4
	M_H/N·m	90.5	103.0	110.0	113.7
	t_{10}	7 分 36 秒	6 分 48 秒	6 分 30 秒	6 分
	t_{90}	12 分	11 分 36 秒	12 分	12 分 24 秒

混炼工艺条件:NR+SBR+BR+古马隆+ 硬脂酸 防老剂 A + 防老剂 D 促进剂 氧化锌 + 炭黑 碳酸钙 +硫黄——薄通 8

次下片备用

辊温:50℃±5℃

| 表 3-19 | 混气炭黑、白炭黑不同配比在 NR/SBR/BR 胶料中的补强作用 | | | |

配方编号 基本用量/g 材料名称	A-87	A-88	A-89	A-90
烟片胶 3#(1 段)	50	50	50	50
丁苯胶 1500(吉化)	30	30	30	30
顺丁胶(北京)	20	20	20	20
固体古马隆	8	8	8	8
硬脂酸	2	2	2	2
防老剂 A	2	2	2	2
防老剂 D	2	2	2	2
防老剂 DM	2.4	2.4	2.4	2.4
促进剂 TT	0.8	0.8	0.8	0.8
氧化锌	2	2	2	2
半补强炉黑	30	30	30	30
混气炭黑	60	50	40	30
白炭黑(通用)	10	20	30	40
硫黄	2.5	2.5	2.5	2.5
合计	221.7	221.7	221.7	221.7
硫化条件(143℃)/min	15	15	15	15
邵尔 A 型硬度/度	85	84	82	80
拉伸强度/MPa	18.0	16.9	16.0	15.9
拉断伸长率/%	227	233	258	283
200%定伸应力/MPa	17.3	16.4	14.3	13.7
拉断永久变形/%	6	7	8	9
回弹性/%	43	42	44	47
圆盘振荡硫化仪 (143℃)	M_L/N·m	11.9	11.7	11.0	11.9
	M_H/N·m	108.6	103.8	96.9	91.1
	t_{10}	5 分 30 秒	5 分 48 秒	5 分 48 秒	6 分
	t_{90}	12 分 48 秒	12 分	12 分	12 分 12 秒

混炼工艺条件：NR＋SBR＋BR＋古马隆＋硬脂酸/防老剂 A＋防老剂 D/促进剂/氧化锌＋炭黑/白炭黑＋硫黄──薄通 8

次下片备用

辊温：50℃±5℃

3.4 不同补强填充剂在不同胶料中的补强作用

表 3-20　不同炭黑在 NBR/高苯乙烯胶料中的补强作用（耐油胶）

基本用量/g　　　　配方编号 材料名称	A-91	A-92	A-93	A-94	A-95
丁腈胶 220S（日本）	83	83	83	83	83
高苯乙烯 860（日本）	7	7	7	7	7
硫黄	0.9	0.9	0.9	0.9	0.9
硬脂酸	1	1	1	1	1
防老剂 A	1	1	1	1	1
防老剂 4010	1.5	1.5	1.5	1.5	1.5
氧化锌	5	5	5	5	5
邻苯二甲酸二辛酯（DOP）	5	5	5	5	5
中超耐磨炉黑（鞍山）	40	—	—	—	—
高耐磨炉黑（天津）	—	40	—	—	—
混气炭黑	—	—	40	—	—
槽法炭黑（四川）	—	—	—	40	—
喷雾炭黑	—	—	—	—	40
促进剂 CZ	0.1	0.1	0.1	0.1	0.1
促进剂 TT	2	2	2	2	2
合计	156.5	156.5	156.5	156.5	156.5
硫化条件（163℃）/min	9	9	9	9	9
邵尔 A 型硬度/度	77	76	74	74	72
拉伸强度/MPa	21.4	21.4	22.1	26.3	9.8
拉断伸长率/%	450	466	452	525	433
定伸应力/MPa　100%	3.3	3.4	3.2	2.8	3.1
定伸应力/MPa　300%	12.6	13.4	13.4	10.2	7.5
拉断永久变形/%	11	8	9	13	11
无割口直角撕裂强度/(kN/m)	49	52.3	49.3	47.5	39.4
回弹性/%	19	20	21	20	23
危性温度（单试样法）/℃	−20	−26	−26	−22	−21
B 型压缩永久变形（100℃×96h）/%　压缩率 15%	29	25	45	44	37
B 型压缩永久变形（100℃×96h）/%　压缩率 25%	24	31	39	39	24
硫化胶喷霜情况	严重	严重	不喷	不喷	严重
热空气加速老化（100℃×96h）　拉伸强度/MPa	19.4	18.6	19.7	19.9	9.5
热空气加速老化（100℃×96h）　拉断伸长率/%	292	276	248	280	248
性能变化率/%　拉伸强度	−9	−13	−11	−24	−3
性能变化率/%　伸长率	−35	−40	−45	−46	−43
圆盘振荡硫化仪（163℃）　M_L/N·m	6.9	6.0	5.0	6.2	4.7
圆盘振荡硫化仪（163℃）　M_H/N·m	59.6	58.8	59.6	58.1	50.2
t_{10}	2 分 48 秒	2 分 48 秒	3 分	3 分 12 秒	3 分 12 秒
t_{90}	4 分 36 秒	4 分	5 分 24 秒	5 分	4 分 24 秒

混炼工艺条件：高苯乙烯（80℃±5℃）压透明＋NBR（降温）＋硫黄（薄通 3 次）＋硬脂酸 防老剂 A ＋

$\dfrac{4010}{氧化锌}$＋$\dfrac{DOP}{炭黑}$＋$\dfrac{CZ}{TT}$——薄通 8 次下片备用

辊温：45℃±5℃

表 3-21 不同炭黑在不同 NBR/高苯乙烯胶料中的补强作用（耐油胶）

配方编号 基本用量/g 材料名称	A-96	A-97	A-98	A-99
丁腈胶 2707(兰化)	70	70	70	70
丁腈胶 220S(日本)	22	22	22	22
高苯乙烯 860(日本)	8	8	8	8
石蜡	0.5	0.5	0.5	0.5
硬脂酸	1	1	1	1
防老剂 4010	1.5	1.5	1.5	1.5
氧化锌	5	5	5	5
邻苯二甲酸二辛酯(DOP)	4	4	4	4
通用炉黑	12	12	12	12
高耐磨炉黑	58	—	—	—
中超耐磨炉黑	—	58	—	—
快压出炉黑	—	—	58	—
喷雾炭黑	—	—	—	58
硫化剂 DCP	4	4	4	4
合计	186	186	186	186
硫化条件(163℃)/min	25	25	25	25
邵尔 A 型硬度/度	87	85	85	81
拉伸强度/MPa	22.2	26.6	22.1	16.9
拉断伸长率/%	172	196	161	195
100%定伸应力/MPa	13.2	10.9	15.6	10.8
拉断永久变形/%	5	8	3	3
无割口直角撕裂强度/(kN/m)	39	44	40	39
回弹性/%	19	19	22	23
脆性温度(单试样法)/℃	−29	−32	−32	−35
B 型压缩永久变形 (120℃×22h)/% 压缩率20%	11	12	12	9
压缩率25%	9	13	9	9
耐 10# 机油 (100℃×96h) 质量变化率/%	−0.71	−0.48	−0.42	−0.73
体积变化/%	−0.43	−0.17	−0.22	−0.41
热空气加速老化 (100℃×96h) 拉伸强度/MPa	23.5	25.5	23.2	19.3
拉断伸长率/%	140	152	120	164
性能变化率/% 拉伸强度	+6	−4	+5	+14
伸长率	−19	−22	−25	−16
圆盘振荡硫化仪 (163℃) M_L/N·m	12.0	11.7	9.8	6.0
M_H/N·m	93.3	98.4	104.7	94.9
t_{10}	4 分 12 秒	3 分 36 秒	4 分 12 秒	3 分 48 秒
t_{90}	21 分 12 秒	21 分 48 秒	24 分 24 秒	20 分

混炼工艺条件:高苯乙烯(80℃±5℃)压透明+NBR(降温)+ 硬脂酸 石蜡 + 4010 氧化锌 + DOP 炭黑 +

DCP——薄通 8 次下片备用

辊温:45℃±5℃

表 3-22 不同补强填充剂在 NBR/CR 胶料中的补强作用（耐油抗电阻胶料）

配方编号 基本用量/g 材料名称	A-100	A-101	A-102	A-103	A-104	A-105
丁腈胶 360（薄通 15 次）	70	70	70	70	70	70
氯丁胶 120（山西）	30	30	30	30	30	30
硫黄	1.5	1.5	1.5	1.5	1.5	1.5
氧化镁	1	1	1	1	1	1
硬脂酸	1	1	1	1	1	1
防老剂 4010	1.5	1.5	1.5	1.5	1.5	1.5
邻苯二甲酸二辛酯（DOP）	6	6	6	6	6	6
白炭黑（通用）	20	20	20	20	20	20
碳酸钙	20	20	20	20	40	—
硫酸钡	—	—	—	—	—	40
陶土	20	20	20	20	—	—
半补强炉黑（四川）	30	—	—	—	—	—
混气炭黑	—	30	—	—	—	—
槽法炭黑	—	—	30	—	—	—
高耐磨炉黑（四川）	—	—	—	30	30	30
乙二醇	2	2	2	2	2	2
氧化锌	5	5	5	5	5	5
促进剂 DM	1.3	1.3	1.3	1.3	1.3	1.3
促进剂 TT	0.06	0.06	0.06	0.06	0.06	0.06
合计	209.36	209.36	209.36	209.36	209.36	209.36
硫化条件（143℃）/min	9	12	12	10	9	9
邵尔 A 型硬度/度	77	84	85	86	84	80
拉伸强度/MPa	12.7	15.7	18.9	17.7	17.7	18.8
拉断伸长率/%	420	324	344	312	332	356
300%定伸应力/MPa	9.3	14.7	16.2	17.4	16.5	14.9
拉断永久变形/%	18	14	14	14	11	11
无割口直角撕裂强度/(kN/m)	37	43	48	45	40	41
回弹性/%	12	11	11	11	11	12
阿克隆磨耗/cm³	0.248	0.163	0.132	0.185	0.238	0.147

枕轨垫测电阻/Ω	500V	$1.1×10^9$	$7.9×10^8$	$7.8×10^8$	250V		
	100V				$1.1×10^7$	$2.7×10^7$	$2×10^7$

耐 10# 机油（70℃×24h）质量变化率/%	+0.03	-0.20	+0.05	-0.22	+0.04	-0.03

热空气加速老化 （100℃×72h）	拉伸强度/MPa		12.8	16.0	18.5	17.9	17.0	16.2
	拉断伸长率/%		261	227	223	214	242	214
	性能变化率/%	拉伸强度	+1	+2	-2	+1	-7	-14
		伸长率	-38	-31	-35	-31	-27	-40

圆盘振荡硫化仪 （143℃）	M_L/N·m	12.0	18.6	24.6	25.8	21.7	18.4
	M_H/N·m	96.0	102.0	104.4	108.9	112.0	102.6
	t_{10}	3 分 48 秒	4 分 24 秒	4 分 36 秒	3 分 36 秒	3 分 36 秒	3 分 48 秒
	t_{90}	6 分 48 秒	8 分 48 秒	9 分 24 秒	8 分	7 分	6 分 12 秒

混炼工艺条件：NBR＋CR＋硫黄（薄通 3 次）氧化镁＋硬脂酸＋4010＋ 填料（DOP 乙二醇）＋

氧化锌
DM ——薄通 8 次下片备用
TT

辊温：45℃±5℃

表 3-23　不同软化剂对 CR 胶料性能的影响（解决粘辊问题）

材料名称 \ 配方编号（基本用量/g）	A-106	A-107	A-108	A-109	A-110	A-111
氯丁胶	100	100	100	100	100	100
氧化镁	4	4	4	4	4	4
硬脂酸	0.5	0.5	0.5	0.5	0.5	0.5
防老剂 A	2	2	2	2	2	2
半补强炉黑（四川）	20	20	20	20	20	20
白油膏	—	20	—	—	—	—
黑油膏	—	—	20	—	—	—
棉籽油	—	—	—	25	—	—
机油 10#	—	—	—	—	20	—
白凡士林	—	—	—	—	—	10
氧化锌	5	5	5	5	5	5
合计	131.5	151.5	151.5	156.5	151.5	141.5
粘辊情况	粘辊	不粘辊	不粘辊	基本不粘辊	不粘辊	基本不粘辊
下片情况	下片很难					
硫化条件(143℃)/min	30	30	30	45	45	45
邵尔 A 型硬度/度	53	52	52	25	35	42
拉伸强度/MPa	23.9	13.5	17.5	8.5	16.5	17.5
拉断伸长率/%	923	797	812	1057	936	940
定伸应力/MPa　300%	3.3	2.5	2.6	—	—	1.7
定伸应力/MPa　500%	7.3	6.3	7.2	—	3.8	4.7
拉断永久变形/%	12	13	28	15	12	10
回弹性/%	53	—	—	—	44	42
热空气加速老化(100℃×72h)　拉伸强度/MPa	20.8	13.6	16.8	10.9	17.9	19.5
热空气加速老化(100℃×72h)　拉断伸长率/%	744	639	646	971	876	808
热空气加速老化　性能变化率/%　拉伸强度	−13	+1	−4	+28	+9	+11
热空气加速老化　性能变化率/%　伸长率	−19	−20	−20	−8	−6	−14
门尼焦烧(120℃)　t_5	6 分	6 分	8 分	9 分	9 分	11 分
门尼焦烧(120℃)　t_{35}	18 分	24 分	23 分	31 分	30 分	35 分
威氏塑性值（平行板法）	0.67	0.60	0.63	0.76	0.74	0.70

混炼工艺条件：胶＋氧化镁＋硬脂酸 防老剂 A ＋软化剂＋炭黑＋氧化锌——薄通 8 次下片备用

辊温：40℃±5℃

表 3-24	**ISAF 不同用量对 AU 胶料物理性能的影响**						

配方编号 基本用量/g 材料名称	A-112	A-113	A-114	A-115	A-116	A-117	A-118
硫化型聚氨酯(南京)	100	100	100	100	100	100	100
硬脂酸锌	1	1	1	1	1	1	1
活性剂 NH-2	1	1	1	1	1	1	1
促进剂 DM	4	4	4	4	4	4	4
促进剂 M	2	2	2	2	2	2	2
中超耐磨炉黑(鞍山)	25	30	40	50	60	70	—
高耐磨炉黑(天津)	—	—	—	—	—	—	70
硫黄	2	2	2	2	2	2	2
合计	135	140	150	160	170	180	180
硫化条件(153℃)/min	11	11	10	10	9	9	9
邵尔 A 型硬度/度	68	73	79	85	90	92	92
拉伸强度/MPa	27.9	27.0	24.0	22.9	20.9	20.8	22.7
拉断伸长率/%	578	505	429	400	340	284	306
定伸应力/MPa 100%	2.8	5.2	9.2	10.8	13.3	15.0	13.3
300%	12.0	15.3	19.1	21.0	20.5	—	—
拉断永久变形/%	43	39	37	30	25	16	22
回弹性/%	25	31	21	20	20	19	18
脆性温度(单试样法)/℃	−24	−24	−26	−24	−25	−22	−23
耐汽油+苯(75:25) 质量变化率/% [(20±5)℃×24h]	+4.7	+4.3	+4.1	+4.1	+3.8	+3.7	+4.0
热空气加 速老化 (100℃× 24h) 拉伸强度/MPa	29.0	27.7	26.4	24.0	23.0	21.8	23.0
拉断伸长率/%	436	380	328	270	238	186	188
性能 变化 率/% 拉伸强度	+4	+3	+10	+5	+10	+5	+1
伸长率	−26	−25	−24	−33	−30	−35	−39
圆盘振荡 硫化仪 (153℃) M_L/N·m	1.8	2.9	4.1	4.1	4.5	4.7	4.8
M_H/N·m	81.0	99.1	109.1	99.3	96.0	95.1	95.0
t_{10}	5 分 20 秒	5 分	4 分 30 秒	4 分 15 秒	4 分 15 秒	4 分 10 秒	4 分
t_{90}	8 分 35 秒	8 分	7 分 30 秒	7 分 15 秒	6 分 50 秒	6 分 45 秒	6 分 30 秒

混炼工艺条件:胶+$\dfrac{硬脂酸锌}{NH-2}$+$\dfrac{DM}{M}$+炭黑+硫黄——薄通 8 次下片备用

辊温:50℃±5℃

表 3-25 **不同白炭黑在 MVQ 中的补强作用（绝缘子试验配方）**

基本用量/g 材料名称 / 配方编号	A-119	A-120	A-121	A-122	A-123	A-124 重负试验
硅胶(分子量 63 万)(杨中)	100	100	100	100	100	100
2# 白炭黑	—	20	—	—	—	—
白炭黑(36-5)	—	—	30	—	—	30
透明白炭黑(苏州)	—	—	—	30	—	—
沉淀法白炭黑(通化)	—	—	—	—	30	—
氢氧化铝(山东)	130	100	100	100	100	100
钛白粉	6	6	6	6	6	6
羟基硅油	6	6	6	6	6	6
群青	2	2	2	2	2	2
硫化剂 DCP(1∶1 母胶)	1.2	1.2	1.2	1.2	1.2	1.2
合计	245.2	235.2	245.2	245.2	245.2	245.2
硫化条件(一段,153℃)/min	20	20	20	20	20	20
邵尔 A 型硬度/度	52	57	69	73	66	71
拉伸强度/MPa	2.0	3.0	3.4	3.9	3.0	3.6
拉断伸长率/%	261	274	223	222	184	214
100%定伸应力/MPa	1.2	1.8	2.3	2.9	2.4	2.8
拉断永久变形/%	4	4	4	2	2	4
撕裂强度/(kN/m)	—	13.2	14.2	13.4	12.7	14.0
回弹性/%	43	44	38	39	38	39
电阻率(500V)/Ω	3×10^{12}	1.5×10^{12}	9.5×10^{11}	1×10^{12}	8.3×10^{11}	8×10^{11}
硫化胶反弹较好顺序(1~6)	1	2	5	4	3	6
B 型压缩永久变形(压缩率 25%)/% 室温×22h	10	11	16	13	11	17
B 型压缩永久变形(压缩率 25%)/% 70℃×22h	18	15	20	19	17	21
圆盘振荡硫化仪(153℃) M_L/N·m	1.5	3.0	8.0	8.0	5.8	8.7
圆盘振荡硫化仪(153℃) M_H/N·m	31.2	38.9	46.0	51.0	43.7	45.4
圆盘振荡硫化仪(153℃) t_{10}	3分	3分4秒	3分36秒	3分36秒	3分36秒	3分36秒
圆盘振荡硫化仪(153℃) t_{90}	7分12秒	9分24秒	8分12秒	8分	7分48秒	7分40秒

填料

混炼工艺条件:胶＋硅油＋DCP——薄通 10 次,停放一天,再薄通 10 次下片备用
群青

二段硫化条件:逐步升温 3h 达到 180℃,180℃保持 5h,二段后做物理性能试验

辊温:45℃±5℃

表 3-26 **不同补强填充剂在 MVQ 中的补强作用（1）（绝缘子配方研究）**

配方编号 基本用量/g 材料名称	A-125	A-126	A-127	A-128	A-129	A-130
硅胶（杨中）	100	100	100	100	100	100
2# 白炭黑	27.5	20	30	30	30	30
透明白炭黑（苏州）	7.5	—	—	—	—	—
塞德白炭黑	—	15	—	—	—	—
立德粉	—	—	40	40	—	—
氧化锌	—	—	—	—	40	—
氢氧化铝（山东）	100	100	100	100	100	100
钛白粉	5	5	5	5	5	45
羟基硅油	5	5	5	5	5	5
酞菁蓝	0.3	0.3	0.3	0.3	0.3	0.3
硫化剂 DCP（1∶1 母胶）	2.4	2.4	2.4	2.4	2.4	2.4
发泡剂 AC	3	3	3	3	3	3
合计	250.7	250.7	285.7	285.7	285.7	285.7
硫化条件（一段，153℃）/min	20	20	20	20	20	20
邵尔 A 型硬度/度	68	74	67	67	67	70
拉伸强度/MPa	4.2	4.6	3.6	3.8	4.1	4.3
拉断伸长率/%	213	186	265	206	215	194
100%定伸应力/MPa	2.8	3.1	2.2	2.7	2.5	2.8
拉断永久变形/%	3	4	2	2	2	2
撕裂强度/(kN/m)	14	12	11	12	12	13
回弹性/%	42	42	40	40	42	40
硫化胶反弹较好（★）	★	★	★			
硫化胶反弹很好（★）				★	★	★

填料

混炼工艺条件：胶＋ 硅油 ＋DCP＋发泡剂——薄通 10 次，停放一天，再薄通 10 次下片
　　　　　　　酞菁蓝

　　　　　　备用

　　　　　　加发泡剂 AC，不但拉伸强度有所提高，抗电阻性能也较好

　　　辊温：40℃±5℃

表 3-27　不同补强填充剂在 MVQ 中的补强作用 （2）（绝缘子配方研究）

基本用量/g　　　　　　配方编号 材料名称	A-131	A-132	A-133	A-134	A-135	A-136
硅胶(分子量 63 万)(杨中)	100	100	100	100	100	100
2# 白炭黑	45	45	45	45	45	45
氧化锌	40	70	—	40	—	—
钛白粉	70	40	40	—	15	—
氢氧化铝	—	—	70	—	95	110
羟基硅油	5	5	5	5	5	5
酞菁蓝	0.3	0.3	0.3	0.3	0.3	0.3
硫化剂 DCP(1∶1 母胶)	1.2	1.2	1.2	1.2	1.2	1.2
发泡剂 AC	3.5	3.5	3.5	3.5	3.5	3.5
合计	265	265	265	265	265	265
硫化条件(一段,153℃)/min	20	20	20	20	20	20
邵尔 A 型硬度/度	61	61	72	71	74	74
拉伸强度/MPa	5.3	5.1	5.1	5.0	4.5	4.4
拉断伸长率/%	304	300	201	200	157	170
定伸应力/MPa　100%	1.8	1.7	2.8	2.8	3.0	2.7
定伸应力/MPa　300%	5.2	5.1	—	—	—	—
拉断永久变形/%	3	3	2	2	3	3
撕裂强度/(kN/m)	14.3	14.4	12.3	13.1	12.3	12.3
回弹性/%	40	40	37	38	35	35
电阻率(500V)/Ω　2mm 强力片	3×10^{10}	2×10^{9}	5×10^{9}	5×10^{9}	2×10^{9}	2×10^{10}
电阻率(500V)/Ω　12mm 强力片	2×10^{12}	1.5×10^{12}	1×10^{12}	2×10^{12}	2×10^{12}	2×10^{12}
B 型压缩永久变形(压缩率 25%)/%　室温×22h	8	7	13	12	16	10
B 型压缩永久变形(压缩率 25%)/%　70℃×22h	10	9	13	17	22	19
热空气加速老化(150℃×96h)　拉伸强度/MPa	4.8	4.6	4.6	4.8	4.7	5.0
热空气加速老化(150℃×96h)　拉断伸长率/%	232	235	160	174	170	174
性能变化率/%　拉伸强度	−9	−10	−10	−4	+4	+14
性能变化率/%　伸长率	−34	−22	−20	−13	+8	+2
圆盘振荡硫化仪(153℃)　M_L/N·m	9.0	7.5	10.0	9.3	9.9	9.0
圆盘振荡硫化仪(153℃)　M_H/N·m	43	39.2	50.4	48.2	49.9	51.7
圆盘振荡硫化仪(153℃)　t_{10}	3 分	3 分	3 分 12 秒	3 分	3 分 24 秒	3 分 24 秒
圆盘振荡硫化仪(153℃)　t_{90}	9 分 2 秒	7 分 25 秒	8 分 12 秒	7 分 48 秒	10 分 12 秒	9 分

混炼工艺条件:胶＋　填料　＋DCP＋发泡剂——薄通 10 次,停放一天,再薄通 10 次下片
　　　　　　硅油
　　　　　　　酞菁蓝

　　　　　　备用
二段硫化条件:逐步升温 3h 达到 180℃,180℃保持 5h,二段后做物理性能试验

辊温:40℃±5℃

第**4**章

黏合体系

4.1 不同并用胶对黏合性能的影响

表 4-1 **NR/SBR/BR 不同比例并用胶对钢丝黏合性能的影响**

基本用量/g 材料名称	配方编号	H-1	H-2	H-3	H-4	H-5	H-6
烟片胶 1#(1 段)		100	80	60	50	40	30
丁苯胶 1500(吉化)		—	10	25	30	35	40
顺丁胶(北京)		—	10	15	20	25	30
黏合剂 RE		1.5	1.5	1.5	1.5	1.5	1.5
硬脂酸		2	2	2	2	2	2
防老剂 4010		1.5	1.5	1.5	1.5	1.5	1.5
防老剂 BLE		1.5	1.5	1.5	1.5	1.5	1.5
氧化锌		7.5	7.5	7.5	7.5	7.5	7.5
促进剂 DZ		1.8	1.8	1.8	1.8	1.8	1.8
松焦油		5	5	5	5	5	5
环烷酸钴		0.5	0.5	0.5	0.5	0.5	0.5
槽法炭黑(四川)		35	35	35	35	35	35
高耐磨炉黑(天津)		15	15	15	15	15	15
黏合剂 A		2.5	2.5	2.5	2.5	2.5	2.5
硫黄		3.5	3.5	3.5	3.5	3.5	3.5
合计		177.3	177.3	177.3	177.3	177.3	177.3
硫化条件(141℃)/min		40	40	40	40	40	50
邵尔 A 型硬度/度		76	77	76	77	76	75
拉伸强度/MPa		30.3	26.9	26.0	24.9	24.3	24.6
拉断伸长率/%		451	415	400	380	461	521
300%定伸应力/MPa		18.3	18.0	17.5	16.5	15.7	13.2
拉断永久变形/%		25	24	24	22	18	22
镀黄铜钢丝黏合强度 (100℃×48h)	老化前/(N/mm)	87	84	81	84	80	87
	老化后/(N/10mm)	41	44	48	42	45	44
圆盘振荡硫化仪(141℃)	t_{10}	13 分 30 秒	19 分	20 分	21 分	21 分 30 秒	26 分
	t_{90}	37 分	35 分 10 秒	36 分 30 秒	37 分	37 分	46 分

混炼工艺条件:NR+SBR+BR+硬脂酸(80℃以上)降温 $\dfrac{RE}{氧化锌}$+BLE+环烷酸钴+ $\dfrac{4010}{DZ}$ $\dfrac{松焦油}{炭黑}$+ $\dfrac{黏合剂\,A}{硫黄}$

薄通 8 次下片备用

辊温:50℃±5℃

表 4-2　不同用量黏合剂对 NR/SBR 与钢丝黏合性能的影响

基本用量/g　　　　配方编号 材料名称	H-7	H-8	H-9	H-10
烟片胶 1#（2 段）	94	94	94	94
丁苯胶 1500	6	6	6	6
硬脂酸	2	2	2	2
防老剂 4010	1.3	1.3	1.3	1.3
防老剂 RD	1.3	1.3	1.3	1.3
防老剂 H	0.3	0.3	0.3	0.3
促进剂 DZ	1.3	1.3	1.3	1.3
氧化锌	6	6	6	6
机油 15#	6	6	6	6
四川槽法炭黑	35	35	35	35
高耐磨炉黑	10	10	10	10
四川半补强炉黑	5	5	5	5
黏合剂 A	0.5	1	1.2	0.8
黏合剂 RE	0.5	1	0.8	1.2
不溶性硫黄	2.8	2.8	2.8	2.8
合计	172	173	173	173
硫化条件(141℃)/min	40	40	40	40
邵尔 A 型硬度/度	74	75	75	76
拉伸强度/MPa	31.6	30.8	31.0	30.0
拉断伸长率/%	560	555	556	550
定伸应力/MPa　　300%	13.1	13.5	13.3	14.0
定伸应力/MPa　　500%	27.5	28.0	28.1	28.6
拉断永久变形/%	40	41	40	39
撕裂强度/(kN/m)	118	101	105	98
镀黄铜钢丝黏合(抽出)/(N/mm)	73	89	86	85
屈挠龟裂/万次	10(2,2,3)	9(3,2,3)	9(3,3,3)	8(3,4,3)
热空气加速老化 (100℃×48h)　拉伸强度/MPa	235	226	216	208
热空气加速老化 (100℃×48h)　拉断伸长率/%	336	320	325	316
性能变化率/%　拉伸强度	−26	−27	−30	−31
性能变化率/%　伸长率	−40	−42	−42	−43
圆盘振荡硫化仪 (141℃)　t_{10}	16 分	16 分 30 秒	17 分	15 分 40 秒
圆盘振荡硫化仪 (141℃)　t_{90}	38 分 40 秒	39 分	40 分	38 分

混炼工艺条件：胶＋RE、氧化锌RD、硬脂酸（80℃）降温＋防老剂 促进剂＋炭黑 机油＋黏合剂 A＋硫黄——薄通 6 次下片备用

辊温：55℃±5℃

4.2 不同黏合剂、硫化剂对 NR 黏合性能的影响

表 4-3　RH 不同用量对尼龙帘线的黏合作用

基本用量/g　　　配方编号　材料名称		H-11	H-12	H-13
烟片胶 1#（1 段）		100	100	100
黏合剂 RE		3	3	3
硬脂酸		2	2	2
氧化锌		7.5	7.5	7.5
防老剂 4010		1.5	1.5	1.5
防老剂 D		1	1	1
防老剂 H		0.3	0.3	0.3
芳烃油		5	5	5
低结构高耐磨炉黑		30	30	30
通用炉黑		15	15	15
黏合剂 A		2	2	2
黏合剂 RH		0.6	0.9	1.2
促进剂 DZ		1.8	1.8	1.8
硫黄		2.5	2.5	2.5
合计		172.2	172.5	172.8
硫化条件（141℃）/min		40	40	40
邵尔 A 型硬度/度		66	66	65
拉伸强度/MPa		31.0	30.3	29.8
拉断伸长率/%		510	503	507
300% 定伸应力/MPa		16.0	16.2	16.0
拉断永久变形/%		30	27	27
无割口直角撕裂强度/(kN/m)		69	75	71
浸胶尼龙帘线黏合强度（H 抽出）/N		177	182	186
热空气加速老化（100℃×48h）	拉伸强度/MPa	25.7	25.6	24.8
	拉断伸长率/%	350	351	335
	性能变化率/%　拉伸强度	−17	−16	−17
	伸长率	−31	−30	−34
门尼黏度值[50ML(1+4)100℃]		33	30.4	30.5
圆盘振荡硫化仪（141℃）	t_{10}	13 分 40 秒	12 分 10 秒	13 分
	t_{90}	32 分 50 秒	30 分 30 秒	31 分 10 秒
门尼焦烧（120℃）	t_5	19 分	18 分	18 分 10 秒
	t_{35}	28 分	27 分 30 秒	28 分

混炼工艺条件：1.7cm³ 小密炼机，胶＋硬脂酸＋防老剂＋ {RE 氧化锌} {油 炭黑}——排料；开放式炼胶机＋ {RH 黏合剂 A DZ 硫黄}——薄通 6 次下片备用

辊温：115℃±5℃

表 4-4　不同黏合剂、硫化剂对钢丝的黏合作用

配方编号 基本用量/g 材料名称	H-14	H-15	H-16
烟片胶 1# (1 段)	100	100	100
黏合剂 RE	1.5	1.5	—
硬脂酸	2	2	2
氧化锌	7.5	7.5	7.5
防老剂 4010	1.5	1.5	1.5
防老剂 D	1.5	1.5	1.5
防老剂 H	0.3	0.3	0.3
松焦油	5	5	5
环烷酸钴	—	0.6	0.6
槽法炭黑(四川)	35	35	35
高耐磨炉黑(天津)	15	15	15
黏合剂 A	2.5	2.5	—
促进剂 DZ	1.8	1.8	—
促进剂 M	—	—	0.9
不溶性硫黄	3.5	3.5	3.5
合计	177.1	177.7	172.8
硫化条件(141℃)/min	35	35	20
邵尔 A 型硬度/度	76	75	70
拉伸强度/MPa	31.4	32.1	30.8
拉断伸长率/%	564	549	523
定伸应力/MPa　300%	14.5	14.8	10.8
500%	29.3	29.4	23.2
拉断永久变形/%	38	37	36
无割口直角撕裂强度/(kN/m)	86	87	78
老化后撕裂强度(100℃×48h)/(kN/m)	40	43	49
镀黄铜钢丝黏合强度/(N/mm)	87	91	67
热空气加速老化 (100℃×48h)　拉伸强度/MPa	17.9	18.0	17.5
拉断伸长率/%	340	300	330
性能变化率/%　拉伸强度	−43	−44	−43
伸长率	−40	−45	−43
圆盘振荡硫化仪 (141℃)　t_{10}	13 分 10 秒	13 分	4 分 40 秒
t_{90}	29 分	30 分	14 分 30 秒

混炼工艺条件:1.7cm³ 小密炼机,NR＋硬脂酸＋防老剂＋环烷酸钴——排料;开炼机＋

　　　　　　　　　RE　　　　　　松焦油

　　　　　　　　　氧化锌　　　　炭黑

　　　　黏合剂 A

　　　　　促进剂　——薄通 6 次下片备用

　　　　不溶性硫黄

　　辊温:115℃±5℃

表 4-5 **环烷酸钴不同用量对钢丝的黏合作用**

基本用量/g　　　　配方编号 材料名称	H-17	H-18	H-19	H-20	H-21	H-22
烟片胶 1#（1 段）	100	100	100	100	100	100
硬脂酸	2	2	2	2	2	2
防老剂 4010	2	2	2	2	2	2
防老剂 D	1	1	1	1	1	1
防老剂 H	0.3	0.3	0.3	0.3	0.3	0.3
防老剂 DZ	1.4	1.4	1.4	1.4	1.4	1.4
氧化锌	7.5	7.5	7.5	7.5	7.5	7.5
松焦油	5	5	5	5	5	5
槽法炭黑（四川）	20	20	20	20	20	20
快压出炉黑	25	25	25	25	25	25
环烷酸钴（含量 80%上海）	—	1.5	3	4.5	6	3
硫黄	3.6	3.6	3.6	3.6	3.6	—
不溶性硫黄	—	—	—	—	—	3.6
合计	167.8	169.3	170.8	172.3	173.8	170.8
硫化条件（141℃）/min	40	40	40	35	35	40
邵尔 A 型硬度/度	70	71	71	71	72	70
拉伸强度/MPa	28.4	28.6	28.0	27.4	27.0	27.8
拉断伸长率/%	509	504	514	527	533	526
300%定伸应力/MPa	14.5	14.3	13.0	13.0	12.1	13.3
拉断永久变形/%	42	41	41	40	40	40
无割口直角撕裂强度/(kN/m)	72	67	74	85	84	83
镀黄铜钢丝黏合强度/(N/mm)	69	85	87	85	77	87
热空气加速老化 （100℃×48h）　拉伸强度/MPa	14.8	14.1	13.8	12.6	12.0	14.0
拉断伸长率/%	198	186	178	172	170	184
性能变化率/%　拉伸强度	−48	−51	−51	−54	−56	−50
伸长率	−61	−63	−65	−67	−68	−65
圆盘振荡硫化仪 （141℃）　t_{10}	12 分	12 分 30 秒	12 分	11 分 30 秒	11 分	12 分 10 秒
t_{90}	33 分	32 分 40 秒	30 分	28 分	26 分 30 秒	32 分
门尼焦烧（120℃）　t_5	34 分	33 分	35 分 30 秒	37 分	38 分 10 秒	37 分

混炼工艺条件：NR＋硬脂酸＋　防老剂　松焦油　DZ　＋环烷酸钴＋硫黄——薄通 6 次下片备用
氧化锌　炭黑

辊温：55℃±5℃

表 4-6　不同钴盐、促进剂对钢丝的黏合作用

材料名称 \ 基本用量/g \ 配方编号	H-23	H-24	H-25	H-26	H-27
烟片胶 1#（1 段）	100	100	100	100	100
硬脂酸	2	2	2	2	2
防老剂 4010	1.5	1.5	1.5	1.5	1.5
防老剂 D	1.5	1.5	1.5	1.5	1.5
防老剂 H	0.3	0.3	0.3	0.3	0.3
防老剂 DZ	1.4	1.4	1.4	—	—
促进剂 NOBS	—	—	—	0.8	—
促进剂 CZ	—	—	—	—	0.9
氧化锌	7.5	7.5	7.5	7.5	7.5
环烷酸钴	3	—	—	3	3
癸酸钴	—	1.5	—	—	—
辛酸钴	—	—	1.5	—	—
松焦油	5	5	5	5	5
槽法炭黑（四川）	25	25	25	25	25
快压出炉黑	25	25	25	25	25
不溶性硫黄	3.6	3.6	3.6	3.6	3.6
合计	175.8	174.3	174.3	174.3	175.4
硫化条件(141℃)/min	40	40	40	25	25
邵尔 A 型硬度/度	76	77	76	74	73
拉伸强度/MPa	28.5	27.6	26.6	29.3	29.6
拉断伸长率/%	541	537	516	537	530
定伸应力/MPa　300%	14.5	15.0	15.1	14.6	14.2
定伸应力/MPa　500%	26.3	26.8	26.1	26.9	26.0
拉断永久变形/%	43	40	37	41	40
无割口直角撕裂强度/(kN/m)	69	70	66	61	68
镀黄铜钢丝黏合强度/(N/mm)	87	83	85	79	78
热空气加速老化 (100℃×48h)　拉伸强度/MPa	13.3	15.8	15.1	14.5	14.1
热空气加速老化 (100℃×48h)　拉断伸长率/%	183	238	223	192	186
性能变化率/%　拉伸强度	−53	−43	−43	−51	−52
性能变化率/%　伸长率	−66	−56	−57	−64	−68
圆盘振荡硫化仪 (141℃)　t_{10}	12 分	13 分 30 秒	13 分 40 秒	10 分	7 分 50 秒
圆盘振荡硫化仪 (141℃)　t_{90}	32 分 25 秒	32 分 20 秒	34 分	19 分 45 秒	20 分 25 秒
门尼焦烧(120℃)　t_5	30 分	35 分	34 分	30 分	25 分

混炼工艺条件：NR＋硬脂酸＋促进剂＋　防老剂　松焦油　钴盐 ＋不溶性硫黄——薄通 6 次下片备用
　　　　　　　　　　　　　　　　　　　　氧化锌　炭黑

辊温：55℃±5℃

第2篇
单一胶种配方

该部分共 12 章、139 例。这部分所收录的是单一胶种的配方，涉及的胶种有天然胶（NR）、丁苯胶（SBR）、顺丁胶（BR）、氯丁胶（CR）、丁腈胶（NBR）、丁基胶（IIR）、三元乙丙胶（EPDM）、聚氨酯胶（AU）、硅胶（MVQ）、氟橡胶（FKM）、氯化聚乙烯（CPE）、再生胶等（参见目录）。每种胶按不同硬度和拉伸强度自低至高排列。每个配方附有工艺条件、物理机械性能，对特种胶料附有耐高低温、耐油、耐酸碱、耐磨、耐屈挠、耐老化等性能。对从事新产品开发及配方研究的技术人员有较好的参考和实用价值。

第5章

天然胶（NR）

5.1　天然胶（硬度 35~82）

表 5-1　NR 配方（1）

基本用量/g　材料名称	配方编号　NR-1	试验项目			试验结果
烟片胶 1#（1 段）	100	硫化条件(153℃)/min			15
白油膏	30	邵尔 A 型硬度/度			35
石蜡	1	拉伸强度/MPa			6.1
硬脂酸	4	拉断伸长率/%			588
防老剂 4010	1	定伸应力/MPa	300%		1.9
促进剂 DM	1.5		500%		4.3
促进剂 M	1.2	拉断永久变形/%			28
氧化锌	5	热空气加速老化（70℃×96h）	拉伸强度/MPa		6.5
机油 10#	50		拉断伸长率/%		552
沉淀法白炭黑	10		性能变化率/%	拉伸强度	+6.6
碳酸钙	85			伸长率	-6.1
乙二醇	3	门尼焦烧(120℃)	t_5		14 分
硫黄	3		t_{35}		20 分
合计	294.7	圆盘振荡硫化仪（153℃）	t_{10}		4 分 45 秒
			t_{90}		9 分 30 秒

混炼加料顺序：胶+白油膏+（硬脂酸　石蜡）+（氧化锌　4010　DM　M）+（乙二醇　白炭黑　碳酸钙　机油）+硫黄——薄通 6 次下片备用

混炼辊温：50℃±5℃

	表 5-2	**NR 配方（2）**		

配方编号 基本用量/g 材料名称	NR-2	试验项目		试验结果
烟片胶 1#（1 段）	100	硫化条件（153℃）/min		15
石蜡	0.5	邵尔 A 型硬度/度		42
硬脂酸	2	拉伸强度/MPa		13.8
防老剂 D	1	拉断伸长率/%		624
防老剂 SP	1	定伸应力/MPa	300%	2.7
氧化锌	10		500%	7.9
促进剂 DM	1.2	拉断永久变形/%		15
促进剂 TT	0.1	回弹性/%		61
白油	4	无割口直角撕裂强度/(kN/m)		25.4
碳酸钙	55	脆性温度（单试样法）/℃		−59
立德粉	25	屈挠龟裂/万次		6(5,4,5)
硫黄	0.8	热空气加速老化 （70℃×96h）	拉伸强度/MPa	15.9
合计	200.6		拉断伸长率/%	624
			性能变化率/%　拉伸强度	+15
			伸长率	0
		圆盘振荡硫化仪 （153℃）	M_L/N·m	2.9
			M_H/N·m	36.2
			t_{10}/min	9
			t_{90}/min	12

　　　　　　　　硬脂酸　　氧化锌　　白油
混炼加料顺序:胶＋　石蜡　＋　促进剂　＋碳酸钙＋硫黄——薄通 4 次下片备用
　　　　　　防老剂 SP　防老剂 D　立德粉

混炼辊温:55℃±5℃

第 5 章　天然胶（NR）　**79**

表 5-3　NR 配方（3）

基本用量/g　配方编号 材料名称	NR-3	试验项目		试验结果
烟片胶 1#（1 段）	100	硫化条件（143℃）/min		15
石蜡	1	邵尔 A 型硬度/度		52
硬脂酸	2	拉伸强度/MPa		15.0
防老剂 A	1	拉断伸长率/%		660
防老剂 D	1	定伸应力/MPa	300%	2.9
促进剂 DM	1		500%	7.5
促进剂 TT	0.1	拉断永久变形/%		34
氧化锌	5	回弹性/%		66
立德粉	15	无割口直角撕裂强度/(kN/m)		28.9
碳酸钙	75	脆性温度（单试样法）/℃		−53
机油 10#	6	热空气加速老化 （70℃×72h）	拉伸强度/MPa	15.1
橡胶红	1		拉断伸长率/%	588
硫黄	2.5		性能变化率/%　拉伸强度	+0.9
合计	210.6		性能变化率/%　伸长率	−10.9
		门尼焦烧（120℃）	t_5/min	20
			t_{35}/min	21
		圆盘振荡硫化仪 （143℃）	t_{10}	5 分 45 秒
			t_{90}	8 分 45 秒

混炼加料顺序：胶＋ 硬脂酸
石蜡
防老剂 A ＋ 促进剂
氧化锌
防老剂 D ＋ 机油
立德粉
橡胶红
碳酸钙 ＋硫黄——薄通 6 次下片备用

混炼辊温：55℃±5℃

表 5-4 NR 配方（4）

基本用量/g 材料名称 \ 配方编号	NR-4	试验项目		试验结果
颗粒胶 1#（1 段）	100	硫化条件（143℃）/min		10
硬脂酸	2	邵尔 A 型硬度/度		61
促进剂 CZ	0.5	拉伸强度/MPa		13.9
促进剂 DM	1.3	拉断伸长率/%		544
促进剂 TT	0.1	定伸应力/MPa	100%	2.1
氧化锌	7		300%	5.2
白油	10	拉断永久变形/%		36
钛白粉	8	回弹性/%		60
立德粉	20	无割口直角撕裂强度/(kN/m)		40.6
碳酸钙	30	脆性温度（单试样法）/℃		−56
沉淀法白炭黑	20	热空气加速老化（70℃×72h）	拉伸强度/MPa	13.9
白陶土	40		拉断伸长率/%	469
酞菁绿	2.3		性能变化率/% 拉伸强度	0
乙二醇	1.5		伸长率	−14
硫黄	2.3	圆盘振荡硫化仪（143℃）	M_L/N·m	11.61
合计	245		M_H/N·m	34.06
			t_{10}	5 分 20 秒
			t_{90}	8 分 56 秒

混炼加料顺序：胶＋硬脂酸＋ { DM、TT、CZ、氧化锌 } ＋ { 白炭黑、钛白粉、白油、立德粉、酞菁绿、碳酸钙、乙二醇、白陶土 } ＋硫黄——薄通 6 次下片备用

混炼辊温：55℃±5℃

表 5-5　**NR 配方（5）**

基本用量/g 材料名称 / 配方编号	NR-5	试验项目			试验结果
烟片胶 1#（1 段）	100	硫化条件(148℃)/min			10
石蜡	0.5	邵尔 A 型硬度/度			76
硬脂酸	3	拉伸强度/MPa			14.2
促进剂 CZ	1.5	拉断伸长率/%			348
促进剂 TT	0.3	定伸应力/MPa	100%		4.2
氧化锌	15		300%		11.8
白油	5	拉断永久变形/%			22
钛白粉	6	回弹性/%			46
沉淀法白炭黑	70	无割口直角撕裂强度/(kN/m)			54.2
碳酸钙	15	热空气加速老化（70℃×72h）	拉伸强度/MPa		14.6
Si-69	1.5		拉断伸长率/%		305
乙二醇	2		性能变化率/%	拉伸强度	+3
酞菁绿	2.5			伸长率	−12
水果型香料	0.05	圆盘振荡硫化仪（148℃）	M_L/N·m		14.98
硫黄	2		M_H/N·m		44.85
合计	224.35		t_{10}		2 分 48 秒
			t_{90}		5 分 21 秒

混炼加料顺序：胶＋硬脂酸 石蜡＋TT CZ 氧化锌＋白炭黑、酞菁绿 乙二醇、香料 白油、Si-69 钛白粉、碳酸钙＋硫黄——薄通 6 次下片备用

混炼辊温：55℃±5℃

表 5-6　NR 配方（6）

配方编号 基本用量/g 材料名称	NR-6	试验项目			试验结果
颗粒胶 1#（1 段）	100	硫化条件（148℃）/min			9
石蜡	0.5	邵尔 A 型硬度/度			82
硬脂酸	2.5	拉伸强度/MPa			13.7
防老剂 RD	1.5	拉断伸长率/%			258
促进剂 CZ	1.8	100%定伸应力/MPa			7.7
促进剂 TT	0.05	拉断永久变形/%			7
氧化锌	8	回弹性/%			43
喷雾炭黑	105	无割口直角撕裂强度/(kN/m)			46.0
硫黄	1.3	B 型压缩永久 变形（压缩率 25%）/%	室温×24h		16
合计	220.65		70℃×24h		19
		热空气加速老化 （100℃×72h）	拉伸强度/MPa		14.3
			拉断伸长率/%		162
			性能变化率/%	拉伸强度	＋4
				伸长率	－37
		圆盘振荡硫化仪 （148℃）	M_L/N·m		5.22
			M_H/N·m		35.62
			t_{10}		4 分 23 秒
			t_{90}		6 分 21 秒

混炼加料顺序：胶＋RD（80℃±5℃）降温＋ $\dfrac{硬脂酸}{石蜡}$ ＋ $\dfrac{TT}{CZ}$ ＋炭黑＋硫黄——薄通 4 次
氧化锌

　　　　　　　　下片备用

混炼辊温：55℃±5℃

5.2 天然胶（硬度 38~83）

表 5-7　　**NR 配方（7）**

基本用量/g 材料名称 \ 配方编号	NR-7	试验项目		试验结果
烟片胶 1#（1 段）	100	硫化条件(153℃)/min		15
硬脂酸	2	邵尔 A 型硬度/度		38
防老剂 4010NA	1.5	拉伸强度/MPa		19.4
防老剂 4010	1	拉断伸长率/%		692
促进剂 DM	0.5	定伸应力/MPa	300%	3.0
促进剂 M	0.4		500%	8.3
促进剂 TT	0.05	拉断永久变形/%		21
氧化锌	10	回弹性/%		63
机油 10#	15	圆盘振荡硫化仪（153℃）	M_L/N·m	4.1
半补强炉黑	35		M_H/N·m	36.3
硫黄	1.6		t_{10}	5 分 30 秒
合计	167.05		t_{90}	12 分 15 秒

混炼加料顺序：胶＋硬脂酸 4010NA＋促进剂 氧化锌 4010＋机油 炭黑＋硫黄——薄通 4 次下片备用

混炼辊温：55℃±5℃

表 5-8　**NR 配方（8）**

基本用量/g　　配方编号 材料名称	NR-8	试验项目			试验结果
烟片胶 1#（1 段）	100	硫化条件（160℃）/min			8
石蜡	0.8	邵尔 A 型硬度/度			46
硬脂酸	1.5	拉伸强度/MPa			16.4
防老剂 A	0.8	拉断伸长率/%			720
防老剂 D	1	定伸应力/MPa	300%		2.4
防老剂 DM	0.8		500%		6.2
促进剂 TT	0.1	300%定伸变形/%			11
氧化锌	5	拉断永久变形/%			28
机油 10#	5	回弹性/%			61
立德粉	23	无割口直角撕裂强度/（kN/m）			24.8
碳酸钙	65	割口撕裂强度（新月形）/（kN/m）			39.7
橡胶红	1	脆性温度（单试样法）/℃			−52
硫黄	2	热空气加速老化 （70℃×72h）	拉伸强度/MPa		15.2
合计	206		拉断伸长率/%		640
			性能变化率/%	拉伸强度	−7
				伸长率	−11
		门尼焦烧（120℃）	t_5/min		21
			t_{35}/min		24
		圆盘振荡硫化仪 （160℃）	M_L/N·m		4.1
			M_H/N·m		48.2
			t_{10}		5 分
			t_{90}		6 分 30 秒

混炼加料顺序:胶＋ 石蜡
硬脂酸 ＋ 促进剂
氧化锌 ＋ 机油
立德粉
橡胶红 ＋硫黄——薄通 4 次下片备用
防老剂 A 防老剂 D 碳酸钙

混炼辊温:55℃±5℃

表 5-9　　NR 配方（9）

配方编号 基本用量/g 材料名称	NR-9	试验项目			试验结果
颗粒胶 1#（1 段）	100	硫化条件(143℃)/min			10
硬脂酸	2	邵尔 A 型硬度/度			56
促进剂 TT	0.1	拉伸强度/MPa			16.5
促进剂 DM	1.3	拉断伸长率/%			594
促进剂 CZ	0.5	定伸应力/MPa	100%		1.9
氧化锌	8		300%		4.0
白油	10	拉断永久变形/%			36
乙二醇	1	撕裂强度/(kN/m)			32.3
碳酸钙	20	回弹性/%			66
立德粉	30	热空气加速老化 （70℃×96h）	拉伸强度/MPa		14.6
陶土	30		拉断伸长率/%		493
沉淀法白炭黑	10		性能变化率/%	拉伸强度	−12
钛白粉	8			伸长率	−14
硫黄	2.3	圆盘振荡硫化仪 （143℃）	$M_L/N \cdot m$		12.32
合计	223.2		$M_H/N \cdot m$		33.40
			t_{10}		3 分 44 秒
			t_{90}		6 分 51 秒

混炼加料顺序：胶＋硬脂酸＋促进剂/氧化锌＋白油/乙二醇/填料＋硫黄——薄通 6 次下片备用

混炼辊温：55℃±5℃

表 5-10 **NR 配方（10）**

基本用量/g 材料名称 \ 配方编号	NR-10	试验项目		试验结果
烟片胶 3#（1 段）	100	硫化条件（138℃）/min		15
石蜡	0.5	邵尔 A 型硬度/度		69
硬脂酸	2.5	拉伸强度/MPa		21.0
防老剂 4010NA	1	拉断伸长率/%		452
防老剂 4010	1.5	300%定伸应力/MPa		14.6
防老剂 H	0.3	拉断永久变形/%		18
促进剂 DM	1	回弹性/%		36
促进剂 TT	0.2	无割口直角撕裂强度/（kN/m）		76.7
促进剂 M	0.4	B 型压缩永久变形（70℃×22h）/%	压缩率 25%	25
氧化锌	8		压缩率 30%	23
机油 10#	12	热空气加速老化（70℃×72h）	拉伸强度/MPa	22.9
高耐磨炉黑	40		拉断伸长率/%	415
通用炉黑	30		性能变化率/% 拉伸强度	+5
硫黄	0.8		性能变化率/% 伸长率	−10
合计	198.2	圆盘振荡硫化仪（138℃）	M_L/N·m	7.7
			M_H/N·m	43.4
			t_{10}/min	6
			t_{90}/min	12

混炼加料顺序:胶＋ 硬脂酸 ＋ 石蜡 4010NA ＋ 氧化锌 促进剂 防老剂 H 防老剂 4010 ＋ 机油 炭黑 ＋硫黄——薄通 4 次下片备用

混炼辊温:55℃±5℃

表 5-11 NR 配方（11）

基本用量/g 材料名称 \ 配方编号	NR-11	试验项目		试验结果
烟片胶 1#（1 段）	100	硫化条件（148℃）/min		10
石蜡	0.5	邵尔 A 型硬度/度		77
硬脂酸	2.5	拉伸强度/MPa		21.1
防老剂 RD	1.5	拉断伸长率/%		392
防老剂 4010NA	1	定伸应力/MPa	100%	3.8
促进剂 CZ	1.8		300%	16.4
氧化锌	8	拉断永久变形/%		21
机油 10#	6	回弹性/%		30
超耐磨炉黑	80	阿克隆磨耗/cm³		0.116
硫黄	0.9	试样密度/(g/cm³)		1.20
合计	202.7	无割口直角撕裂强度/(kN/m)		76.5
		脆性温度（单试样法）/℃		−53
		B 型压缩永久变形（压缩率 25%）/%	室温×24h	21
			70℃×24h	35
		热空气加速老化（100℃×72h）	拉伸强度/MPa	19.6
			拉断伸长率/%	215
			性能变化率/% 拉伸强度	−7
			伸长率	−45
		圆盘振荡硫化仪（148℃）	M_L/N·m	13.65
			M_H/N·m	35.95
			t_{10}	3 分 50 秒
			t_{90}	6 分 39 秒

混炼加料顺序：胶＋RD（85℃±5℃）降温＋ 石蜡 硬脂酸 4010NA ＋ 氧化锌 CZ ＋ 机油 炭黑 ＋硫黄——薄通 4 次下片备用

混炼辊温：55℃±5℃

表 5-12　NR 配方（12）

材料名称 / 基本用量/g	配方编号 NR-12	试验项目		试验结果
颗粒胶 1#（1 段）	100	硫化条件（148℃）/min		20
防老剂 RD	1.5	邵尔 A 型硬度/度		83
石蜡	0.5	拉伸强度/MPa		22.5
硬脂酸	2.5	拉断伸长率/%		298
Z-311	1.5	定伸应力/MPa	100%	8.7
防老剂 4010NA	1		300%	22.0
促进剂 CZ	0.6	拉断永久变形/%		18
氧化锌	8	回弹性/%		41
快压出炉黑 FEF N-550	55	阿克隆磨耗/cm³		0.127
高耐磨炉黑	25	试样密度/(g/cm³)		1.23
硫黄	2.6	无割口直角撕裂强度/(kN/m)		74.8
合计	198.2	B 型压缩永久变形（压缩率 25%）/%	室温×24h	13
			70℃×24h	28
		热空气加速老化 （70℃×72h）	拉伸强度/MPa	13.2
			拉断伸长率/%	112
		性能变化率/%	拉伸强度	−41
			伸长率	−62
		圆盘振荡硫化仪 （148℃）	M_L/N·m	11.37
			M_H/N·m	39.02
			t_{10}	4 分 26 秒
			t_{90}	13 分 13 秒

混炼加料顺序:胶 + RD/Z-311（80℃±5℃）降温 + 硬脂酸/石蜡/4010NA + 氧化锌/CZ + 炭黑 + 硫黄——薄通 4 次下片备用

混炼辊温:55℃±5℃

5.3 天然胶（硬度 36~84）

表 5-13　NR 配方（13）

基本用量/g　材料名称 \ 配方编号	NR-13	试验项目			试验结果
烟片胶 1# (1段)	100	硫化条件(153℃)/min			12
硬脂酸	2	邵尔 A 型硬度/度			36
促进剂 DM	0.6	拉伸强度/MPa			27.8
促进剂 M	0.3	拉断伸长率/%			756
促进剂 TT	0.03	定伸应力/MPa	300%		2.7
氧化锌	3		500%		8.5
钛白粉	36	拉断永久变形/%			19
硫黄	2	回弹性/%			65
合计	143.93	无割口直角撕裂强度/(kN/m)			34.6
		脆性温度(单试样法)/℃			−58
		屈挠龟裂/万次			4.5(无,无,无)
		热空气加速老化 (70℃×96h)	拉伸强度/MPa		27.5
			拉断伸长率/%		672
			性能变化率/%	拉伸强度	−1
				伸长率	−11
		圆盘振荡硫化仪 (153℃)	M_L/N·m		3.7
			M_H/N·m		24.0
			t_{10}		7分48秒
			t_{90}		11分36秒

混炼加料顺序:胶＋硬脂酸＋氧化锌促进剂＋钛白粉＋硫黄——薄通 6 次下片备用

混炼辊温:60℃±5℃

表 5-14　NR 配方（14）

基本用量/g　材料名称	配方编号　NR-14	试验项目			试验结果
烟片胶 1#（1 段）	100	硫化条件（143℃）/min			20
硬脂酸	2	邵尔 A 型硬度/度			44
防老剂 4010NA	1	拉伸强度/MPa			25.9
防老剂 4010	1	拉断伸长率/%			724
促进剂 DM	0.6	定伸应力/MPa	300%		4.0
促进剂 M	0.4		500%		11.1
促进剂 TT	0.03	拉断永久变形/%			26
氧化锌	5	回弹性/%			68
机油 10#	8	无割口直角撕裂强度/(kN/m)			39.1
半补强炉黑	30	屈挠龟裂/万次			15(4,3,3)
硫黄	1.8	热空气加速老化（70℃×72h）	拉伸强度/MPa		26.4
合计	149.83		拉断伸长率/%		640
			性能变化率/%	拉伸强度	＋2
				伸长率	－12
		门尼黏度值[50ML(1＋4)100℃]			32
		圆盘振荡硫化仪（143℃）	M_L/N·m		3.6
			M_H/N·m		20.3
			t_{10}		4 分 45 秒
			t_{90}		11 分 52 秒

混炼加料顺序:胶＋硬脂酸 4010NA＋氧化锌 促进剂 4010＋炭黑 机油＋硫黄——薄通 4 次下片备用

混炼辊温:55℃±5℃

表 5-15　NR 配方（15）

基本用量/g　　　　　配方编号 材料名称	NR-15	试验项目		试验结果
烟片胶 1#（1 段）	100	硫化条件（143℃）/min		15
硬脂酸	1	邵尔 A 型硬度/度		56
促进剂 DM	1.5	拉伸强度/MPa		27.2
促进剂 TT	0.5	拉断伸长率/%		604
氧化锌	3	定伸应力/MPa	300%	7.8
沉淀法白炭黑	40		500%	19.8
硫黄	2.3	拉断永久变形/%		24
合计	148.3	回弹性/%		59
		12mm 弹性片测电阻（500V）/Ω		4×10^{13}
		圆盘振荡硫化仪 （143℃）	M_L/N·m	7.1
			M_H/N·m	66.2
			t_{10}	7 分 35 秒
			t_{90}	11 分 55 秒

混炼加料顺序:胶＋硬脂酸＋氧化锌促进剂＋沉淀法白炭黑＋硫黄——薄通 5 次下片备用

混炼辊温:60℃±5℃

表 5-16　NR 配方（16）

基本用量/g　材料名称 \ 配方编号	NR-16	试验项目		试验结果
颗粒胶 1#（1 段）	100	硫化条件(148℃)/min		10
石蜡	0.5	邵尔 A 型硬度/度		66
硬脂酸	3	拉伸强度/MPa		26.2
促进剂 CZ	1.5	拉断伸长率/%		648
促进剂 TT	0.15	定伸应力/MPa	100%	1.8
氧化锌	15		300%	6.0
乙二醇	1.5	拉断永久变形/%		34
白油	5	撕裂强度/(kN/m)		96.6
Si-69	1	回弹性/%		52
钛白粉	6	热空气加速老化（70℃×72h）	拉伸强度/MPa	25.2
白炭黑(36-5)	46		拉断伸长率/%	630
酞菁绿	1.8		性能变化率/%　拉伸强度	−4
硫黄	1.8		伸长率	−3
合计	183.25	圆盘振荡硫化仪（148℃）	M_L/N·m	12.29
			M_H/N·m	32.96
			t_{10}	4 分 52 秒
			t_{90}	8 分 50 秒

混炼加料顺序：胶 + 石蜡、硬脂酸 + CZ、TT + 氧化锌、乙二醇、钛白粉、白油、白炭黑、Si-69 + 酞菁绿 + 硫黄──薄通 6 次下片备用

混炼辊温：55℃±5℃

表 5-17 **NR 配方**（17）

材料名称 \ 基本用量/g \ 配方编号	NR-17	试验项目		试验结果
烟片胶 1#（1 段）	100	硫化条件(143℃)/min		30
硬脂酸	3	邵尔 A 型硬度/度		75
防老剂 4010NA	1.5	拉伸强度/MPa		31.6
防老剂 BLE	1.5	拉断伸长率/%		549
促进剂 NOBS	0.6	定伸应力/MPa	300%	4.3
氧化锌	5		500%	16.4
松焦油	3	拉断永久变形/%		38
中超耐磨炉黑	52	回弹性/%		40
硫黄	2.5	阿克隆磨耗/cm³		0.172
合计	169.1	热空气加速老化 (100℃×48h)	拉伸强度/MPa	16.5
			拉断伸长率/%	261
			性能变化率/% 拉伸强度	−47.8
			伸长率	−52.5
		门尼焦烧(120℃)	t_5/min	20
			t_{35}/min	23
		圆盘振荡硫化仪 (143℃)	t_{10}	6 分 10 秒
			t_{90}	21 分 30 秒

混炼加料顺序:胶＋ 硬脂酸 BLE 4010NA ＋ 氧化锌 NOBS ＋ 炭黑 松焦油 ＋硫黄——薄通 4 次下片备用

混炼辊温:55℃±5℃

表 5-18　**NR 配方**（18）

基本用量/g　配方编号 材料名称	NR-18	试验项目		试验结果
烟片胶 1#（1 段）	100	硫化条件(143℃)/min		25
黏合剂 RE	1	邵尔 A 型硬度/度		84
硬脂酸	2	拉伸强度/MPa		25.2
防老剂 BLE	1.5	拉断伸长率/%		360
防老剂 4010NA	1	300%定伸应力/MPa		22.0
促进剂 DZ	1.2	拉断永久变形/%		27
氧化锌	5	门尼焦烧(120℃)	t_5	27 分 30 秒
芳烃油	3		t_{35}	34 分 30 秒
高耐磨炉黑	67	圆盘振荡硫化仪 （143℃）	t_{10}	9 分 30 秒
黏合剂 A	1		t_{90}	26 分
不溶性硫黄	2.7			
合计	185.4			

混炼加料顺序:胶＋ 硬脂酸
RE （80～90℃)降温＋ BLE
4010NA ＋DZ＋ 炭黑
芳烃油 ＋ 硫黄
黏合剂 A ——薄通 6
氧化锌
次下片备用
混炼辊温:55℃±5℃

第6章

丁苯胶（SBR）

6.1 丁苯胶（硬度 56~81）

表 6-1 SBR 配方（1）

基本用量/g 材料名称	配方编号 SBR-1	试验项目			试验结果
丁苯胶 1502#	100	硫化条件(153℃)/min			25
硬脂酸	2	邵尔 A 型硬度/度			56
防老剂 2246	1.5	拉伸强度/MPa			7.5
促进剂 CZ	3	拉断伸长率/%			940
氧化锌	8	定伸应力/MPa	100%		0.9
白凡士林	4		300%		1.0
机油 10#	8	拉断永久变形/%			51
乙二醇	3	回弹性/%			35
碳酸钙	100	无割口直角撕裂强度/(kN/m)			16.0
沉淀法白炭黑	30	脆性温度(单试样法)/℃			−40
立德粉	20	屈挠龟裂/万次			48(3,3,3)
通用炉黑	0.1	热空气加速老化 (100℃×72h)	拉伸强度/MPa		6.6
酞菁蓝	3		拉断伸长率/%		880
硫黄	0.5		性能变化率/%	拉伸强度	−12
合计	283.1			伸长率	−6
		圆盘振荡硫化仪 (153℃)	M_L/N·m		4.0
			M_H/N·m		41.3
			t_{10}		9 分 48 秒
			t_{90}		19 分 12 秒

混炼加料顺序：胶＋硬脂酸＋ CZ 氧化锌 防老剂 2246 ＋ 机油、酞菁蓝 凡士林、炭黑 碳酸钙、立德粉 白炭黑、乙二醇 ＋硫黄——薄通 8 次下片

备用
混炼辊温：50℃±5℃

表 6-2　SBR 配方（2）

基本用量/g　　配方编号　材料名称	SBR-2	试验项目		试验结果
丁苯胶 1500#	100	硫化条件(148℃)/min		9
黏合剂 RE	2	邵尔 A 型硬度/度		62
石蜡	1	拉伸强度/MPa		9.3
硬脂酸	2	拉断伸长率/%		652
防老剂 A	1	定伸应力/MPa	100%	1.0
防老剂 H	0.3		300%	1.6
防老剂 4010	1.5	拉断永久变形/%		24
促进剂 CZ	2	无割口直角撕裂强度/(kN/m)		36.6
促进剂 TT	2	回弹性/%		37
氧化锌	5	B 型压缩永久变形(压缩率 30%,100℃×96h)/%		78
机油 10#	20	热空气加速老化(100℃×96h)	拉伸强度/MPa	9.8
通用炉黑	50		拉断伸长率/%	544
沉淀法白炭黑	30		性能变化率/%　拉伸强度	+5.4
碳酸钙	30		伸长率	−23
乙二醇	3	圆盘振荡硫化仪(148℃)	M_L/N·m	7.7
硫黄	0.4		M_H/N·m	46.0
合计	250.2		t_{10}	3 分 24 秒
			t_{90}	6 分 48 秒

混炼加料顺序:胶＋RE(80℃±5℃)降温＋ 石蜡 硬脂酸 ＋ 防老剂 A ＋ 4010 氧化锌 促进剂 防老剂 H ＋ 机油 炭黑 ＋乙二醇＋硫黄——薄 白炭黑 碳酸钙

通 6 次下片备用

混炼辊温:50℃±5℃

表 6-3　SBR 配方（3）

材料名称 \ 配方编号 基本用量/g	SBR-3	试验项目			试验结果
丁苯胶 1500#	50	硫化条件(143℃)/min			30
丁苯胶 1712#	50	邵尔 A 型硬度/度			68
石蜡	1	拉伸强度/MPa			13.0
硬脂酸	3	拉断伸长率/%			463
防老剂 A	2	300%定伸应力/MPa			10.4
防老剂 D	2	拉断永久变形/%			11
防老剂 DM	1.5	热空气加速老化 (100℃×72h)	拉伸强度/MPa		12.8
促进剂 TT	0.2		拉断伸长率/%		180
氧化锌	5		性能变化率/%	拉伸强度	−3
高耐磨炉黑	40			伸长率	−61
半补强炉黑	50	圆盘振荡硫化仪 (143℃)	t_{10}		9 分 48 秒
液体古马隆	12		t_{90}		28 分
硫黄	1.6				
合计	218.3				

混炼加料顺序:胶＋ 硬脂酸 石蜡 防老剂 A ＋ 氧化锌 促进剂 防老剂 D ＋ 炭黑 古马隆 ＋硫黄——薄通 6 次下片备用

混炼辊温:50℃±5℃

表 6-4　SBR 配方（4）

配方编号 基本用量/g 材料名称	SBR-4	试验项目			试验结果
丁苯胶 1500#	100	硫化条件（143℃）/min			15
石蜡	0.5	邵尔 A 型硬度/度			73
硬脂酸	2	拉伸强度/MPa			12.6
防老剂 4010	1.5	拉断伸长率/%			224
防老剂 DM	2.5	拉断永久变形/%			5
促进剂 TT	0.6	回弹性/%			45
促进剂 M	0.8	阿克隆磨耗/cm³			0.196
氧化锌	3	无割口直角撕裂强度/(kN/m)			43.3
陶土	25	成品轨枕垫测电阻（500V）/Ω			8×10^{10}
高耐磨炉黑	35	热空气加速老化 （100℃×72h）	拉伸强度/MPa		9.6
硫黄	2.5		拉断伸长率/%		112
合计	173.4		性能变化率/%	拉伸强度	−26
				伸长率	−50
		圆盘振荡硫化仪 （143℃）	M_L/N·m		8.6
			M_H/N·m		83.4
			t_{10}		4 分 12 秒
			t_{90}		8 分 24 秒

混炼加料顺序：胶＋硬脂酸 石蜡＋促进剂 4010＋氧化锌 促进剂＋炭黑 陶土＋硫黄——薄通 6 次下片备用

混炼辊温：50℃±5℃

表 6-5　**SBR 配方**（5）

基本用量/g　材料名称 / 配方编号	SBR-6	试验项目		试验结果
丁苯胶 1500#	50	硫化条件(143℃)/min		25
丁苯胶 1712#	50	邵尔 A 型硬度/度		77
石蜡	1	拉伸强度/MPa		14.6
硬脂酸	3	拉断伸长率/%		243
防老剂 A	2	200%定伸应力/MPa		13.7
防老剂 D	2	拉断永久变形/%		6
促进剂 DM	1.8	阿克隆磨耗/cm³		0.107
促进剂 TT	0.4	热空气加速老化 (100℃×72h)	拉伸强度/MPa	16.6
氧化锌	5		拉断伸长率/%	165
液体古马隆	12		性能变化率/% 拉伸强度	+13.7
高耐磨炉黑	55		性能变化率/% 伸长率	−32
半补强炉黑	50	圆盘振荡硫化仪 (143℃)	M_L/N·m	11.5
硫黄	1.4		M_H/N·m	80.9
合计	233.6		t_{10}	6 分 50 秒
			t_{90}	20 分 30 秒

　　　　　　　　　　　硬脂酸　　氧化锌
混炼加料顺序:胶+　石蜡　+　促进剂　+　炭黑　+硫黄——薄通 6 次下片备用
　　　　　　　　防老剂 A　防老剂 D　　　古马隆

混炼辊温:55℃±5℃

表 6-6　**SBR 配方（6）**

基本用量/g ＼ 配方编号 材料名称	SBR-5	试验项目			试验结果
丁苯胶 1500#	50	硫化条件(143℃)/min			20
丁苯胶 1712#	50	邵尔 A 型硬度/度			80
石蜡	1	拉伸强度/MPa			15.0
硬脂酸	3	拉断伸长率/%			227
防老剂 A	2	200%定伸应力/MPa			15.0
防老剂 D	2	拉断永久变形/%			5
促进剂 DM	1.8	阿克隆磨耗/cm³			0.098
促进剂 TT	0.4	热空气加速老化 (100℃×72h)	拉伸强度/MPa		18.7
氧化锌	5		拉断伸长率/%		127
机油 10#	12		性能变化率/%	拉伸强度	+24.7
高耐磨炉黑	60			伸长率	−44
半补强炉黑	50	圆盘振荡硫化仪 (143℃)	M_L/N·m		13.0
硫黄	1.8		M_H/N·m		87.8
合计	239		t_{10}		6 分 30 秒
			t_{90}		16 分 30 秒

混炼加料顺序:胶＋ 石蜡 硬脂酸 防老剂 A ＋ 促进剂 防老剂 D ＋ 氧化锌 炭黑 机油 ＋硫黄——薄通 8 次下片备用

混炼辊温:50℃±5℃

表 6-7		**SBR 配方（7）**		

配方编号 基本用量/g 材料名称	SBR-7	试验项目		试验结果
丁苯胶 1500#	100	硫化条件(143℃)/min		10
硬脂酸	2	邵尔 A 型硬度/度		81
防老剂 A	1.5	拉伸强度/MPa		13.7
防老剂 4010	1.5	拉断伸长率/%		204
促进剂 DM	2.6	200%定伸应力/MPa		13.1
促进剂 M	1.2	拉断永久变形/%		9
促进剂 TT	1	回弹性/%		40
氧化锌	4	阿克隆磨耗/cm³		0.216
乙二醇	2	无割口直角撕裂强度/(kN/m)		38.4
硫酸钡	20	脆性温度(单试样法)/℃		−39
通用白炭黑	20	电阻(500V)/Ω		3×10^{11}
陶土	20	热空气加速老化 (100℃×72h)	拉伸强度/MPa	11.6
高耐磨炉黑	35		拉断伸长率/%	100
硫黄	2.7	性能变化率/%	拉伸强度	−17
合计	213.5		伸长率	−47
		圆盘振荡硫化仪 (143℃)	$M_L/N \cdot m$	10.4
			$M_H/N \cdot m$	100.2
			t_{10}	4 分 48 秒
			t_{90}	8 分 24 秒

混炼加料顺序:胶＋ $\begin{matrix} 硬脂酸 \\ 防老剂 A \end{matrix}$ ＋ $\begin{matrix} 乙二醇 \\ 氧化锌 \quad 炭黑 \\ 促进剂 ＋ 陶土 ＋硫黄 \\ 4010 \quad 白炭黑 \\ 硫酸钡 \end{matrix}$ ——薄通 6 次下片备用

混炼辊温:50℃±5℃

6.2 丁苯胶（硬度 63~90）

表 6-8　SBR 配方（8）

基本用量/g　材料名称　配方编号	SBR-8	试验项目			试验结果
丁苯胶 1500#	100	硫化条件(153℃)/min			25
硬脂酸	2.5	邵尔 A 型硬度/度			63
防老剂 A	1	拉伸强度/MPa			23.8
防老剂 4010	1.5	拉断伸长率/%			585
促进剂 DM	1.6	定伸应力/MPa	300%		9.2
氧化锌	5		500%		18.3
机油 10#	8	拉断永久变形/%			15
高耐磨炉黑	52	回弹性/%			42
硫黄	1.8	阿克隆磨耗/cm³			0.081
合计	173.4	无割口直角撕裂强度/(kN/m)			60.2
		脆性温度(单试样法)/℃			−52
		屈挠龟裂/万次			51(6,无,6)
		B 型压缩永久变形(压缩率 25%)/%	室温×24h		8
			70℃×24h		28
		热空气加速老化(70℃×96h)	拉伸强度/MPa		23.4
			拉断伸长率/%		467
			性能变化率/%	拉伸强度	−2
				伸长率	−20
		门尼黏度值[50ML(1+4)100℃]			60
		门尼焦烧(120℃)	t_5		25 分
			t_{35}		35 分
		圆盘振荡硫化仪(153℃)	M_L/N·m		12.30
			M_H/N·m		37.15
			t_{10}		3 分 49 秒
			t_{90}		17 分 09 秒

混炼加料顺序:胶＋ 硬脂酸/防老剂 A ＋ 氧化锌/4010/DM ＋ 炭黑/机油 ＋硫黄——薄通 6 次下片备用

混炼辊温:50℃±5℃

表 6-9 SBR 配方（9）

基本用量/g 配方编号 材料名称	SBR-9	试验项目			试验结果
溶聚丁苯胶（北京）	100	硫化条件(153℃)/min			25
硬脂酸	2.5	邵尔 A 型硬度/度			69
防老剂 A	1	拉伸强度/MPa			19.5
防老剂 4010	1.5	拉断伸长率/%			576
促进剂 DM	1.6	定伸应力/MPa	300%		10.1
氧化锌	5		500%		17.3
机油 10#	8	拉断永久变形/(kN/m)			58.8
高耐磨炉黑	50	撕裂强度/%			22
硫黄	1.8	回弹性/%			44
合计	171.4	脆性温度/℃			−58
		阿克隆磨耗/(cm³/1.61km)			0.235
		密度/(g/cm³)			1.14
		屈挠龟裂/万次			51(无,无,无)
		热空气加速老化 (70℃×96h)	拉伸强度/MPa		19.0
			拉断伸长率/%		378
			性能变化率/%	拉伸强度	−3
				伸长率	−34
		B 型压缩永久 变形(压缩率 25%)/%	室温×24h		12
			70℃×24h		46
		圆盘振荡硫化仪 (153℃)	M_L/N·m		11.78
			M_H/N·m		35.66
			t_{10}		4 分 02 秒
			t_{90}		21 分 35 秒

混炼加料顺序:胶 + 硬脂酸 防老剂 A + 4010 DM 氧化锌 + 炭黑 机油 + 硫黄——薄通 6 次下片备用

混炼辊温:50℃±5℃

表 6-10 **SBR** 配方（10）

基本用量/g 配方编号 材料名称	SBR-10	试验项目			试验结果
溶聚丁苯胶	100	硫化条件(153℃)/min			10
硬脂酸	2.5	邵尔 A 型硬度/度			77
防老剂 A	1	拉伸强度/MPa			17.0
防老剂 4010	1.5	拉断伸长率/%			324
促进剂 CZ	1.6	300%定伸应力/MPa			14.5
促进剂 TT	0.2	拉断永久变形/%			11
氧化锌	5	回弹性/%			41
机油 10#	8	无割口直角撕裂强度/(kN/m)			52.6
中超耐磨炉黑	40	脆性温度(单试样法)/℃			−56
通用炉黑	20	屈挠龟裂/万次			6(6,无,6)
硫黄	1.8	B 型压缩永久变形(压缩率25%)/%	室温×24h		13
合计	181.6		70℃×24h		44
		热空气加速老化(70℃×96h)	拉伸强度/MPa		17.2
			拉断伸长率/%		234
			性能变化率/%	拉伸强度	+1
				伸长率	−28
		圆盘振荡硫化仪(153℃)	$M_L/\text{N}\cdot\text{m}$		12.93
			$M_H/\text{N}\cdot\text{m}$		39.07
			t_{10}		3 分 25 秒
			t_{90}		5 分 07 秒

混炼加料顺序：胶＋ 硬脂酸 防老剂 A ＋ 氧化锌 促进剂 4010 ＋ 炭黑 机油 ＋硫黄——薄通 6 次下片备用

混炼辊温：50℃±5℃

表 6-11　SBR 配方（11）

材料名称＼配方编号 基本用量/g	SBR-11	试验项目			试验结果
丁苯胶 1500#	100	硫化条件(148℃)/min			10
石蜡	1	邵尔 A 型硬度/度			81
硬脂酸	2	拉伸强度/MPa			18.5
防老剂 A	1	拉断伸长率/%			255
防老剂 4010	1.5	200%定伸应力/MPa			15.0
促进剂 DM	2	拉断永久变形/%			11
促进剂 TT	1.2	撕裂强度/(kN/m)			41.1
氧化锌	3	回弹性/%			33
陶土	50	阿克隆磨耗/(cm³/1.61km)			0.265
硫酸钡	15	热空气加速老化 (100℃×72h)	拉伸强度/MPa		15.9
高耐磨炉黑	40		拉断伸长率/%		140.0
硫黄	2		性能变化率/%	拉伸强度	−14
合计	218.7			伸长率	−45
		圆盘振荡硫化仪 (148℃)	M_L/N·m		12.5
			M_H/N·m		105.0
			t_{10}		3 分 36 秒
			t_{90}		7 分

　　　　　　　　　硬脂酸　　　4010
混炼加料顺序:胶＋　石蜡　＋ 促进剂 ＋填料＋硫黄——薄通 6 次下片备用
　　　　　　　防老剂 A　　氧化锌
混炼辊温:50℃±5℃

表 6-12 **SBR 配方（12）**

基本用量/g 材料名称 ＼ 配方编号	SBR-12	试验项目			试验结果
丁苯胶 1500#	100	硫化条件(143℃)/min			10
硬脂酸	1	邵尔 A 型硬度/度			90
防老剂 A	1	拉伸强度/MPa			17.8
防老剂 D	1.5	拉断伸长率/%			164
促进剂 DM	2.6	拉断永久变形/%			9
促进剂 TT	1	阿克隆磨耗/cm³			0.221
氧化锌	4	试样密度/(g/cm³)			1.328
乙二醇	3	无割口直角撕裂强度/(kN/m)			41.4
碳酸钙	30	热空气加速老化 (100℃×72h)	拉伸强度/MPa		17.7
高耐磨炉黑	35		拉断伸长率/%		64
沉淀法白炭黑	35		性能变化率/%	拉伸强度	−1
硫黄	3.5			伸长率	−61
合计	217.6	圆盘振荡硫化仪 (143℃)	$M_L/N \cdot m$		23.3
			$M_H/N \cdot m$		140.3
			t_{10}		4 分
			t_{90}		7 分

混炼加料顺序:胶＋ 硬脂酸 防老剂 A ＋ 氧化锌 促进剂 防老剂 D ＋ 炭黑 白炭黑 碳酸钙 乙二醇 ＋硫黄——薄通 6 次下片备用

混炼辊温:50℃±5℃

6.3 丁苯胶（硬度 63~73）

表 6-13 **SBR 配方（13）**

基本用量/g　材料名称　配方编号	SBR-13	试验项目			试验结果
丁苯胶 1500#	100	硫化条件(143℃)/min			40
石蜡	1	邵尔 A 型硬度/度			63
硬脂酸	2	拉伸强度/MPa			27.2
防老剂 4010NA	1.5	拉断伸长率/%			653
防老剂 D	1.2	定伸应力/MPa	300%		8.0
防老剂 H	0.3		500%		18.9
促进剂 NOBS	1	拉断永久变形/%			18
氧化锌	4	回弹性/%			37
机油 10#	5	阿克隆磨耗/cm³			0.097
中超耐磨炉黑	45	试样密度/(g/cm³)			1.127
硫黄	1.8	热空气加速老化 (70℃×48h)	拉伸强度/MPa		25.2
合计	162.8		拉断伸长率/%		526
			性能变化率/%	拉伸强度	−7.4
				伸长率	−19.5
		门尼黏度值[50ML(1+4)100℃]			50
		门尼焦烧(120℃)	t_5/min		76
			t_{35}/min		86
		圆盘振荡硫化仪 (143℃)	t_{10}		14 分 12 秒
			t_{90}		28 分 12 秒

混炼加料顺序：胶＋ 石蜡 硬脂酸 ＋ 氧化锌 促进剂 H ＋ 炭黑 ＋硫黄——薄通 6 次下片备用
　　　　　　　　　 4010NA 　　防老剂 D 机油
　　　　　　　　　　　　　　　 NOBS

混炼辊温：50℃±5℃

表 6-14 SBR 配方（14）

基本用量/g　配方编号　材料名称	SBR-14	试验项目			试验结果
丁苯胶 1500#	100	硫化条件(143℃)/min			45
防老剂 RD	1.5	邵尔 A 型硬度/度			68
硬脂酸	2	拉伸强度/MPa			30.2
促进剂 CZ	1	拉断伸长率/%			529
氧化锌	5	定伸应力/MPa	300%		14.4
高耐磨炉黑	50		500%		29.0
硫黄	1.6	拉断永久变形/%			14
合计	161.1	热空气加速老化（100℃×48h）	拉伸强度/MPa		25.7
			拉断伸长率/%		303
			性能变化率/%	拉伸强度	−14.9
				伸长率	−42.7
		圆盘振荡硫化仪（143℃）	t_{10}		18 分 30 秒
			t_{90}		33 分 45 秒

混炼加料顺序:胶＋RD(80℃±5℃)降温＋硬脂酸＋ 氧化锌／CZ ＋炭黑＋硫黄——薄通 6 次

下片备用

混炼辊温:50℃±5℃

表 6-15 SBR 配方（15）

材料名称 / 基本用量/g	配方编号 SBR-15	试验项目		试验结果
丁苯胶 1500#	100	硫化条件(145℃)/min		50
硬脂酸	1	邵尔 A 型硬度/度		73
氧化锌	3	拉伸强度/MPa		27.7
促进剂 CZ	1.2	拉断伸长率/%		430
高耐磨炉黑(天津)	50	500%定伸应力/MPa		18.3
硫黄	1.8	拉断永久变形/%		9
合计	157	回弹性/%		36
		阿克隆磨耗/cm³		0.122
		无割口直角撕裂强度/(kN/m)		53.0
		热空气加速老化 (100℃×48h)	拉伸强度/MPa	23.0
			拉断伸长率/%	254
			性能变化率/% 拉伸强度	−17
			伸长率	−41
		门尼黏度值[50ML(1+4)100℃]		79.5
		门尼焦烧(120℃) t_5		45 分 30 秒
		圆盘振荡硫化仪 (145℃) t_{10}		14 分 30 秒
		t_{90}		39 分 30 秒

混炼加料顺序:胶+硬脂酸+氧化锌 CZ +炭黑+硫黄——薄通 6 次下片备用

混炼辊温:50℃±5℃

第7章

顺丁胶（BR）

7.1 顺丁胶（硬度 57~83）

表 7-1 BR 配方（1）

基本用量/g　配方编号　材料名称	BR-1	试验项目		试验结果
顺丁胶	100	硫化条件(143℃)/min		30
防老剂 RD	1.5	邵尔 A 型硬度/度		57
石蜡	0.5	拉伸强度/MPa		15.0
硬脂酸	2	拉断伸长率/%		720
防老剂 4020	1.5	定伸应力/MPa	300%	3.7
促进剂 NOBS	1		500%	8.9
氧化锌	5	拉断永久变形/%		16
芳烃油	7	回弹性/%		45
新工艺高结构中超耐磨炉黑	50	无割口直角撕裂强度/(kN/m)		65.0
硫黄	1	门尼黏度值[50ML(3+4)100℃]		68
二硫代二吗啉(DTDM)	0.8	圆盘振荡硫化仪（143℃）	M_L/N·m	12.0
合计	170.3		M_H/N·m	49.7
			t_{10}	15 分
			t_{90}	30 分 30 秒

混炼加料顺序：胶＋RD(80℃±5℃)降温＋ 石蜡 硬脂酸 ＋ 4020 氧化锌 NOBS ＋ 芳烃油 炭黑 ＋ 硫黄 DTDM ——薄通

　　　　　　　5 次下片备用

混炼辊温：50℃±5℃

表 7-2　BR 配方（2）

基本用量/g 材料名称	配方编号 BR-2	试验项目			试验结果
顺丁胶	100	硫化条件(143℃)/min			7
石蜡	0.5	邵尔 A 型硬度/度			80
硬脂酸	2	拉伸强度/MPa			9.4
防老剂 A	1.5	拉断伸长率/%			192
防老剂 4010	1.5	拉断永久变形/%			4
促进剂 DM	2.6	回弹性/%			55
促进剂 TT	1	阿克隆磨耗/cm³			0.183
氧化锌	4	电阻(500V)/Ω			3×10^7
乙二醇	2	脆性温度(单试样法)/℃			−70 不断
沉淀法白炭黑	20	热空气加速老化 (100℃×72h)	拉伸强度/MPa		6.9
陶土	40		拉断伸长率/%		96
高耐磨炉黑	35		性能变化率/%	拉伸强度	−27
硫黄	1.8			伸长率	−50
合计	211.9	圆盘振荡硫化仪 (143℃)	M_L/N·m		11.7
			M_H/N·m		99.5
			t_{10}		3 分
			t_{90}		5 分

混炼加料顺序：胶＋ 硬脂酸 ＋氧化锌＋ {石蜡 4010 防老剂 A 促进剂} ＋ {乙二醇 炭黑 陶土 白炭黑} ＋硫黄——薄通 5 次下片备用

混炼辊温：50℃±5℃

表 7-3			**BR 配方（3）**		

配方编号 / 基本用量/g 材料名称	BR-3	试验项目		试验结果	
顺丁胶	100	硫化条件(143℃)/min		12	
石蜡	0.5	邵尔 A 型硬度/度		83	
硬脂酸	1.5	拉伸强度/MPa		10.8	
促进剂 DM	2.4	拉断伸长率/%		136	
促进剂 M	1	拉断永久变形/%		1	
促进剂 TT	0.7	回弹性/%		62	
氧化锌	3	阿克隆磨耗/cm³		0.058	
乙二醇	1	电阻(100V)		测不出	
高耐磨炉黑	35	脆性温度(单试样法)/℃		−70 不断	
沉淀法白炭黑	30	热空气加速老化 (100℃×72h)	拉伸强度/MPa	6.2	
硫酸钡	20		拉断伸长率/%	60	
硫黄	2.5		性能变化率/%	拉伸强度	−42
合计	197.6			伸长率	−67
		圆盘振荡硫化仪 (143℃)	M_L/N·m	24.0	
			M_H/N·m	121.2	
			t_{10}	3 分 24 秒	
			t_{90}	10 分 50 秒	

混炼加料顺序:胶 + 石蜡 硬脂酸 + 促进剂 氧化锌 + 乙二醇 硫酸钡 炭黑 白炭黑 + 硫黄——薄通 5 次下片备用

混炼辊温:50℃±5℃

7.2 顺丁胶（硬度 57~67）

表 7-4　BR 配方（4）

基本用量/g 材料名称 \ 配方编号	BR-4	试验项目			试验结果
顺丁胶	100	硫化条件(143℃)/min			30
硬脂酸	2	邵尔 A 型硬度/度			57
促进剂 CZ	3	拉伸强度/MPa			22.4
氧化锌	4	拉断伸长率/%			591
中超耐磨炉黑	42	定伸应力/MPa	300%		8.4
硫黄	0.3		500%		18.1
合计	151.3	拉断永久变形/%			7
		回弹性/%			44
		阿克隆磨耗/cm³			0.036
		热空气加速老化 （100℃×24h）	拉伸强度/MPa		17.4
			拉断伸长率/%		432
			性能变化率/%	拉伸	−23.2
				伸长率	−26.9
		门尼焦烧(120℃)	t_5		49 分
			t_{35}		50 分 30 秒
		圆盘振荡硫化仪 （143℃）	t_{10}		15 分 30 秒
			t_{90}		34 分

混炼加料顺序:胶＋硬脂酸＋$\genfrac{}{}{0pt}{}{CZ}{氧化锌}$＋炭黑＋硫黄——薄通 5 次下片备用

混炼辊温:50℃±5℃

表 7-5　BR 配方（5）

基本用量/g　材料名称	配方编号　BR-5	试验项目			试验结果
顺丁胶	100	硫化条件(143℃)/min			30
硬脂酸	2	邵尔 A 型硬度/度			60
石蜡	1	拉伸强度/MPa			19.5
防老剂 4010NA	1.5	拉断伸长率/%			572
防老剂 D	1.2	定伸应力/MPa	300%		7.1
防老剂 H	0.3		500%		16.2
促进剂 NOBS	0.8	拉断永久变形/%			9
氧化锌	4	回弹性/%			51
机油 10#	4	阿克隆磨耗/cm³			0.024
中超耐磨炉黑	45	试样密度/(g/cm³)			1.098
硫黄	2	热空气加速老化（70℃×48h）	拉伸强度/MPa		17.0
合计	161.8		拉断伸长率/%		477
			性能变化率/%	拉伸强度	−12.8
				伸长率	−16.6
		门尼黏度值[50ML(1+4)100℃]			60
		门尼焦烧(120℃)	t_5		30 分
			t_{35}		46 分 30 秒
		圆盘振荡硫化仪（143℃）	t_{10}		8 分 57 秒
			t_{90}		20 分 05 秒

混炼加料顺序：胶＋ 硬脂酸 石蜡 4010NA ＋ 防老剂 H 防老剂 D NOBS 氧化锌 ＋ 炭黑 机油 ＋硫黄——薄通 5 次下片备用

混炼辊温：50℃±5℃

表 7-6　**BR 配方**（6）

基本用量/g　　　配方编号 材料名称	BR-6	试验项目			试验结果
顺丁胶	100	硫化条件(143℃)/min			40
石蜡	1	邵尔 A 型硬度/度			62
硬脂酸	2	拉伸强度/MPa			19.6
防老剂 4010NA	1.5	拉断伸长率/%			453
防老剂 D	1.2	定伸应力/MPa	100%		2.3
防老剂 H	0.3		300%		10.9
促进剂 NOBS	0.8	拉断永久变形/%			5
氧化锌	4	回弹性/%			59
机油 10#	5	试样密度/(g/cm³)			1.089
中超耐磨炉黑	45	阿克隆磨耗(70℃×48h)/cm³			0.056
二硫代二吗啡啉(DTDM)	1.5	无割口直角撕裂强度/(kN/m)			34.0
硫黄	1	热空气加速老化 (70℃×48h)	拉伸强度/MPa		18.2
合计	163.3		拉断伸长率/%		397
			性能变化率/%	拉伸强度	−7.1
				伸长率	−12.4
		门尼黏度值[50ML(3+4)100℃]			62
		门尼焦烧(120℃)	t_5		50 分 30 秒
			t_{35}		63 分
		圆盘振荡硫化仪 (143℃)	t_{10}		18 分
			t_{90}		31 分 50 秒

混炼加料顺序：胶＋ 石蜡
硬脂酸 ＋ 防老剂 D
防老剂 H
NOBS
氧化锌 ＋ 炭黑
机油 ＋ 硫黄
DTDM ——薄通 5 次下片备用

混炼辊温：50℃±5℃

表 7-7　**BR 配方（7）**

基本用量/g　配方编号 材料名称	BR-7	试验项目			试验结果
顺丁胶	100	硫化条件(143℃)/min			30
硬脂酸	2	邵尔 A 型硬度/度			67
防老剂 D	1.5	拉伸强度/MPa			20.5
促进剂 CZ	0.7	拉断伸长率/%			401
氧化锌	5	300%定伸应力/MPa			11.9
高耐磨炉黑	55	拉断永久变形/%			7
硫黄	1.5	无割口直角撕裂强度/(kN/m)			40.0
合计	165.7	热空气加速老化 （100℃×48h）	拉伸强度/MPa		13.5
			拉断伸长率/%		229
			性能变化率/%	拉伸强度	−34
				伸长率	−43
		门尼焦烧(120℃)	t_5		43 分 50 秒
			t_{35}		49 分 45 秒
		圆盘振荡硫化仪 （143℃）	t_{10}		13 分 45 秒
			t_{90}		22 分 58 秒

　　　　　　　　　　　　CZ
混炼加料顺序:胶＋硬脂酸＋ 氧化锌 ＋炭黑＋硫黄——薄通 5 次下片备用
　　　　　　　防老剂 D
混炼辊温:50℃±5℃

第8章

氯丁胶

8.1 氯丁胶（硬度 49~64）

表 8-1 CR 配方（1）

材料名称 \ 基本用量/g \ 配方编号	CR-1	试验项目		试验结果
氯丁胶(通用型)	100	硫化条件(153℃)/min		20
氧化镁	4	邵尔 A 型硬度/度		49
石蜡	2	拉伸强度/MPa		14.7
硬脂酸	1	拉断伸长率/%		858
防老剂 D	2	定伸应力/MPa	300%	5.2
机油 10#	10		500%	9.9
液体古马隆	7	无割口直角撕裂强度/(kN/m)		53.0
半补强炉黑	50	老化后撕裂强度(100℃×48h)/(kN/m)		65
氧化锌	5	热空气加速老化 (100℃×48h)	拉伸强度/MPa	15.6
合计	181		拉断伸长率/%	706
			性能变化率/% 拉伸强度	+6.1
			伸长率	−17.7
		圆盘振荡硫化仪 (153℃)	t_{10}/min	5
			t_{90}/min	21

混炼加料顺序:胶＋氧化镁＋ 石蜡/硬脂酸 ＋防老剂 D＋古马隆＋氧化锌——薄通 6 次下片

机油/炭黑

备用

混炼辊温:45℃±5℃

表 8-2　CR 配方（2）

基本用量/g　配方编号 材料名称	CR-2	试验项目			试验结果
氯丁胶（通用型）	100	硫化条件（160℃）/min			15
氧化镁	4	邵尔 A 型硬度/度			64
硬脂酸	1	拉伸强度/MPa			13.4
防老剂 A	1	拉断伸长率/%			408
黏合剂 A	1	300%定伸应力/MPa			10.3
高耐磨炉黑	30	拉断永久变形/%			10
半补强炉黑	50	热空气加速老化 （70℃×96h）	拉伸强度/MPa		16.2
机油 10#	20		拉断伸长率/%		236
黏合剂 RH	2		性能变化率/%	拉伸强度	+35
氧化锌	5			伸长率	-37
促进剂 NA22	0.1	圆盘振荡硫化仪 （160℃）	$M_L/N \cdot m$		5.2
合计	214.1		$M_H/N \cdot m$		49.0
			t_{10}		3 分 15 秒
			t_{90}		37 分 15 秒

混炼加料顺序：胶＋氧化镁＋ 防老剂 A ＋ 硬脂酸 黏合剂 A ＋ 机油 炭黑 ＋黏合剂 RH＋ NA22 氧化锌 ——薄通 6 次下 片备用

混炼辊温：45℃±5℃

8.2 氯丁胶（硬度 57~74）

表 8-3　CR 配方（3）

基本用量/g　配方编号　材料名称	CR-3	试验项目		试验结果
氯丁胶 121(山西)	100	硫化条件(153℃)/min		20
氧化镁	4	邵尔 A 型硬度/度		57
硬脂酸	1	拉伸强度/MPa		17.0
邻苯二甲酸二辛酯(DOP)	8	拉断伸长率/%		505
通用炉黑	40	定伸应力/MPa	300%	10.0
高耐磨炉黑	10		500%	15.8
环烷油	15	拉断永久变形/%		12
氧化锌	2	脆性温度(单试样法)/℃		−37
促进剂 NA-22	0.2	圆盘振荡硫化仪(153℃)	M_L/N·m	4.94
合计	180.2		M_H/N·m	23.74
			t_{10}	3 分 03 秒
			t_{90}	14 分 23 秒

混炼加料顺序：胶＋氧化镁＋硬脂酸＋环烷油＋ $\genfrac{}{}{0pt}{}{炭黑}{DOP}$ ＋ $\genfrac{}{}{0pt}{}{NA-22}{氧化锌}$ ——薄通 6 次下片备用

混炼辊温：45℃±5℃

表 8-4　CR 配方（4）

配方编号 基本用量/g 材料名称	CR-4	试验项目			试验结果
氯丁胶 121（山西）	100	硫化条件（153℃）/min			20
氧化镁	4	邵尔 A 型硬度/度			60
通用炉黑	40	拉伸强度/MPa			17.0
陶土	10	拉断伸长率/%			460
硬脂酸	1	300%定伸应力/MPa			10.4
邻苯二甲酸二辛酯（DOP）	8	拉断永久变形/%			11
促进剂 NA-22	0.2	无割口直角撕裂强度/(kN/m)			48.6
氧化锌	3.5	脆性温度（单试样法）/℃			−33
合计	188.7	屈挠龟裂/万次			51(无,无,无)
		热空气加速老化 （70℃×96h）	拉伸强度/MPa		17.5
			拉断伸长率/%		430
			性能变化率/%	拉伸强度	+3
				伸长率	−7
		圆盘振荡硫化仪 （153℃）	M_L/N·m		5.14
			M_H/N·m		25.84
			t_{10}		3 分 10 秒
			t_{90}		17 分

混炼加料顺序:胶＋氧化镁＋硬脂酸＋炭黑＋$\dfrac{环烷油}{DOP}$＋$\dfrac{NA-22}{氧化锌}$——薄通 6 次下片备用

混炼辊温:45℃±5℃

表 8-5　CR 配方（5）

配方编号 基本用量/g 材料名称	CR-5	试验项目		试验结果
氯丁胶 121（山西）	100	硫化条件（153℃）/min		20
氧化镁	4	邵尔 A 型硬度/度		64
硬脂酸	1	拉伸强度/MPa		16.7
邻苯二甲酸二辛酯（DOP）	8	拉断伸长率/%		484
高耐磨炉黑	10	300%定伸应力/MPa		11.1
通用炉黑	45	拉断永久变形/%		8
环烷油	15	回弹性/%		40
氧化锌	2	无割口直角撕裂强度/(kN/m)		53.8
促进剂 NA-22	0.2	脆性温度（单试样法）/℃		−37
合计	185.2	屈挠龟裂/万次		51(无,无,无)
		B 型压缩永久变形（压缩率 25%）/%	室温×22h	16
			70℃×24h	47
		热空气加速老化（70℃×96h）	拉伸强度/MPa	16.4
			拉断伸长率/%	394
			性能变化率/%　拉伸强度	−2
			性能变化率/%　伸长率	−19
		圆盘振荡硫化仪（153℃）	M_L/N·m	5.56
			M_H/N·m	24.38
			t_{10}	3 分 07 秒
			t_{90}	16 分 35 秒

混炼加料顺序：胶＋氧化镁＋硬脂酸＋ $\dfrac{\text{DOP}}{\text{环烷油}}$ 炭黑 ＋ $\dfrac{\text{NA-22}}{\text{氧化锌}}$ ——薄通 6 次下片备用

混炼辊温：45℃±5℃

表 8-6		**CR 配方（6）**		

基本用量/g　配方编号 材料名称	CR-6	试验项目		试验结果
氯丁胶 121（山西）	100	硫化条件（153℃）/min		20
氧化镁	4	邵尔 A 型硬度/度		69
硬脂酸	1	拉伸强度/MPa		17.2
邻苯二甲酸二辛酯（DOP）	8	拉断伸长率/%		482
高耐磨炉黑	10	300%定伸应力/MPa		11.8
通用炉黑	40	拉断永久变形/%		11
环烷油	12	回弹性/%		39
陶土	20	无割口直角撕裂强度/（kN/m）		47.0
氧化锌	2	脆性温度（单试样法）/℃		−33
促进剂 NA-22	0.2	屈挠龟裂/万次		51（4,1,3）
合计	197.2	B 型压缩永久变形（压缩率 25%）/%	室温×22h	18
			70℃×22h	53
		热空气加速老化 （70℃×96h）	拉伸强度/MPa	16.9
			拉断伸长率/%	380
		性能变化率/%	拉伸强度	−2
			伸长率	−21
		圆盘振荡硫化仪 （153℃）	M_L/N·m	5.98
			M_H/N·m	28.59
			t_{10}	3 分 51 秒
			t_{90}	15 分 25 秒

混炼加料顺序：胶＋氧化镁＋硬脂酸＋ {炭黑 陶土 环烷油 DOP} ＋ {NA-22 氧化锌} ——薄通 6 次下片备用

混炼辊温：45℃±5℃

表 8-7 CR 配方（7）

基本用量/g 材料名称 \ 配方编号	CR-7	试验项目			试验结果
氯丁胶（通用型）	100	硫化条件（148℃）/min			15
石蜡	1	邵尔 A 型硬度/度			74
硬脂酸	1	拉伸强度/MPa			22.9
防老剂 A	1.5	拉断伸长率/%			560
防老剂 4010	1	定伸应力/MPa	300%		13.1
促进剂 DM	1		500%		21.0
促进剂 D	0.5	回弹性/%			34
高耐磨炉黑	30	阿克隆磨耗/cm³			0.301
通用炉黑	15	脆性温度（单试样法）/℃			−33.2
硫酸钡	15	摩擦系数（清水）	不锈钢		0.07
促进剂 NA-22	0.5		3# 钢		0.10
氧化锌	5	热空气加速老化（70℃×72h）	拉伸强度/MPa		22.1
合计	171.5		拉断伸长率/%		498
			性能变化率/%	拉伸强度	−3.5
				伸长率	−11.1
		门尼焦烧（120℃）	t_5		11 分
			t_{35}		15 分
		圆盘振荡硫化仪（148℃）	M_L/N·m		4.2
			M_H/N·m		51.5
			t_{10}		3 分 30 秒
			t_{90}		10 分 45 秒

混炼加料顺序：胶＋ 硬脂酸 石蜡 防老剂 A ＋ 促进剂 4010 ＋ 炭黑 硫酸钡 ＋ NA-22 氧化锌 ——薄通 6 次下片备用

混炼辊温：45℃±5℃

表 8-8　CR 配方（8）

基本用量/g 配方编号 材料名称	CR-8	试验项目		试验结果
氯丁胶 121（山西）	100	硫化条件（153℃）/min		20
黏合剂 RE	3	邵尔 A 型硬度/度		74
氧化镁	4	拉伸强度/MPa		21.1
硬脂酸	1	拉断伸长率/%		472
通用炉黑	30	定伸应力/MPa	100%	4.3
黏合剂 RH	2		300%	13.8
防老剂 NA-22	0.05	拉断永久变形/%		12
氧化锌	3.5	无割口直角撕裂强度/(kN/m)		65.8
合计	143.55	圆盘振荡硫化仪（153℃）	M_L/N·m	9.87
			M_H/N·m	41.06
			t_{10}	2 分 30 秒
			t_{90}	16 分 19 秒

NA-22

混炼加料顺序:胶＋RE＋氧化镁＋硬脂酸＋炭黑＋氧化锌——薄通 6 次下片备用
RH

胶浆配比:溶剂:胶＝(醋酸乙酯 2.5＋甲苯 0.8):1

混炼辊温:40℃以内

8.3 氯丁胶（硬度46）

表 8-9　CR 配方 （9）

配方编号 基本用量/g 材料名称	CR-9	试验项目		试验结果
氯丁胶（通用型）	100	硫化条件(143℃)/min		60
氧化镁	4	邵尔 A 型硬度/度		46
氧化锌	5	拉伸强度/MPa		31.4
合计	109	拉断伸长率/%		873
		300%定伸应力/MPa		17.0
		拉断永久变形/%		18
		圆盘振荡硫化仪 （143℃）	M_L/N・m	3.8
			M_H/N・m	46.4
			t_{10}	16 分 45 秒
			t_{90}	57 分

混炼加料顺序:胶＋氧化镁＋氧化锌——薄通 6 次下片备用(纯胶鉴定配方)
混炼辊温:45℃±5℃

第9章

丁腈胶（NBR）

9.1 丁腈胶（硬度 39~83）

表 9-1 NBR 配方（1）

基本用量/g ＼ 配方编号 ＼ 材料名称	NBR-1	试验项目			试验结果
丁腈胶 26(1 段)	100	硫化条件(148℃)/min			70
硫黄	1.5	邵尔 A 型硬度/度			39
硬脂酸	1.5	拉伸强度/MPa			8.6
防老剂 D	1	拉断伸长率/%			1196
氧化锌	10	300%定伸应力/MPa			1.3
钛白粉	10	拉断永久变形/%			56
立德粉	10	阿克隆磨耗/cm³			1.806
沉淀法白炭黑	40	脆性温度(单试样法)/℃			−45
碳酸钙	15	耐油后质量变化率/%	耐 10# 机油(70℃×72h)		−10.3
酞菁绿	2.5		苯＋汽油(25∶75,室温×24h)		+11.5
邻苯二甲酸二辛酯(DOP)	48	热空气加速老化 (70℃×72h)	拉伸强度/MPa		7.5
促进剂 DM	1		拉断伸长率/%		960
促进剂 M	0.5		性能变化率/%	拉伸强度	−12.8
合计	241			伸长率	−19.7
		门尼焦烧(120℃)	t_5		90 分
		圆盘振荡硫化仪 (148℃)	M_L/N·m		3.4
			M_H/N·m		16.3
			t_{10}		26 分
			t_{90}		68 分 30 秒

混炼加料顺序:胶＋硫黄(薄 3 次)＋硬脂酸＋氧化锌 防老剂 D ＋白炭黑、钛白粉 DOP、立德粉 酞菁绿、碳酸钙 ＋DM M ——薄

通 8 次下片备用

混炼辊温:40℃±5℃

表 9-2　NBR 配方（2）

基本用量/g　材料名称 \ 配方编号	NBR-2	试验项目		试验结果
丁腈胶 270（1 段）	100	硫化条件(153℃)/min		15
不溶性硫黄	2.5	邵尔 A 型硬度/度		47
硬脂酸	1	拉伸强度/MPa		6.6
防老剂 4010NA	1.3	拉断伸长率/%		376
防老剂 4010	1	300%定伸应力/MPa		4.4
氧化锌	7.5	拉断永久变形/%		6
邻苯二甲酸二丁酯(DBP)	28	回弹性/%		53
高耐磨炉黑	20	金属黏合/(9.8N/2.5cm)		14.4
半补强炉黑	10	热空气加速老化(70℃×72h)	拉伸强度/MPa	6.8
环烷酸钴	1		拉断伸长率/%	300
促进剂 DM	1.3	性能变化率/%	拉伸强度	+3
促进剂 M	0.6		伸长率	−20
促进剂 TT	0.3	门尼焦烧(120℃)	t_5	16 分 30 秒
合计	174.5		t_{35}	20 分
		圆盘振荡硫化仪(153℃)	$M_L/N·m$	5.4
			$M_H/N·m$	50.5
			t_{10}	5 分 30 秒
			t_{90}	12 分 30 秒

混炼加料顺序：胶＋不溶性硫黄（薄 3 次）＋ 硬脂酸 4010NA ＋ 氧化锌 4010 ＋ 炭黑 DBP ＋环烷酸钴＋

　　　　　　促进剂——薄通 6 次下片备用

混炼辊温：40℃±5℃

表 9-3　NBR 配方（3）

基本用量/g　配方编号 材料名称	NBR-3	试验项目			试验结果
丁腈胶 220S(日本)	50	硫化条件(153℃)/min			12
丁腈胶 240S(日本)	50	邵尔 A 型硬度/度			55
硫黄	1.6	拉伸强度/MPa			10.9
硬脂酸	1	拉断伸长率/%			626
氧化锌	8	定伸应力/MPa	100%		1.2
防老剂 A	1		300%		2.8
防老剂 4010	1.5	拉断永久变形/%			13
癸二酸二辛酯(DOS)	16	回弹性/%			29
高耐磨炉黑	20	无割口直角撕裂强度/(kN/m)			25.3
碳酸钙	60	脆性温度(单试样法)/℃			－49
促进剂 CZ	1.7	B 型压缩永久 变形(压缩率 15%)/%	70℃×22h		31
合计	210.8		100℃×22h		67
		B 型试样应力松 弛(室温×168h, 压缩率 25%)	松弛系数		0.81
			松弛率/%		19
		热空气加速老化 (70℃×168h)	拉伸强度/MPa		8.5
			拉断伸长率/%		536
			性能变化率/%	拉伸强度	－22
				伸长率	－14
		圆盘振荡硫化仪 (153℃)	M_L/N·m		8.27
			M_H/N·m		28.25
			t_{10}		4 分 46 秒
			t_{90}		11 分 07 秒

混炼加料顺序:胶＋硫黄(薄 3 次)＋ $\begin{matrix}硬脂酸\\防老剂 A\end{matrix}$ ＋ $\begin{matrix}氧化锌\\4010\end{matrix}$ ＋ $\begin{matrix}DOS\\碳酸钙＋CZ\\高耐磨炉黑\end{matrix}$ ——薄通 8 次下

片备用

混炼辊温:40℃±5℃

表 9-4　NBR 配方（4）

材料名称　　配方编号 基本用量/g	NBR-4	试验项目			试验结果
丁腈胶 2707（1 段）	100	硫化条件（143℃）/min			10
硫黄	2.3	邵尔 A 型硬度/度			60
硬脂酸	1	拉伸强度/MPa			14.9
防老剂 A	1.5	拉断伸长率/%			404
防老剂 4010	1	300%定伸应力/MPa			9.6
氧化锌	7.5	拉断永久变形/%			7
邻苯二甲酸二辛酯（DOP）	16	脆性温度（单试样法）/℃			−40
半补强炉黑	20	耐油后质量变化率/%	耐 10# 机油（70℃×24h）		−3.0
高耐磨炉黑	25		汽油+苯（75∶25,室温×24h）		+16.9
促进剂 DM	1.3	热空气加速老化 （100℃×96h）	拉伸强度/MPa		12.2
促进剂 M	0.6		拉断伸长率/%		384
促进剂 TT	0.2		性能变化率/%	拉伸强度	−6
合计	176.4			伸长率	−21
		门尼焦烧（120℃）	t_5		10 分 57 秒
			t_{35}		12 分 38 秒
		圆盘振荡硫化仪 （143℃）	$M_L/N \cdot m$		6.1
			$M_H/N \cdot m$		65.4
			t_{10}		4 分 30 秒
			t_{90}		11 分 15 秒

混炼加料顺序:胶+硫黄（薄 3 次）+ 硬脂酸 防老剂 A + 氧化锌 4010 + DOP 炭黑 + 促进剂——薄通 8 次下片备用

混炼辊温:40℃±5℃

表 9-5　**NBR 配方（5）**

基本用量/g　材料名称＼配方编号	NBR-5	试验项目			试验结果
丁腈胶 270(1 段)	100	硫化条件(153℃)/min			12
硫黄	1.8	邵尔 A 型硬度/度			68
硬脂酸	1	拉伸强度/MPa			14.9
防老剂 A	1.5	拉断伸长率/%			396
防老剂 H	0.3	定伸应力/MPa	100%		3.0
防老剂 4010	1.5		300%		13.0
氧化锌	5	拉断永久变形/%			9
邻苯二甲酸二辛酯(DOP)	12	撕裂强度/(kN/m)			44.1
高耐磨炉黑	20	回弹性/%			40
半补强炉黑	65	脆性温度/℃			−39
促进剂 CZ	0.6	热空气加速老化 (70℃×96h)	拉伸强度/MPa		15.4
促进剂 TT	0.1		拉断伸长率/%		380
合计	208.8		性能变化率/%	拉伸强度	＋3.4
				伸长率	−4
		圆盘振荡硫化仪 (148℃)	M_L/N·m		8.0
			M_H/N·m		66.0
			t_{10}		4 分 36 秒
			t_{90}		10 分 24 秒

混炼加料顺序：胶＋硫黄（薄通 3 次）＋ 硬脂酸 防老剂 A ＋ 防老剂 H 防老剂 4010 氧化锌 ＋ 炭黑 DOP ＋

CZ TT ——薄通 8 次下片备用

混炼辊温：45℃±5℃

表 9-6 NBR 配方（6）

配方编号 材料名称	NBR-6	试验项目			试验结果
丁腈胶 270(1 段)	100	硫化条件(148℃)/min			60
硫黄	2.5	邵尔 A 型硬度/度			73
硬脂酸	2	拉伸强度/MPa			13.9
防老剂 4010	1.5	拉断伸长率/%			488
邻苯二甲酸二辛酯(DOP)	22	300%定伸应力/MPa			6.9
氧化锌	30	拉断永久变形/%			21
钛白粉	20	阿克隆磨耗/cm³			0.428
碳酸钙	25	脆性温度(单试样法)/℃			−35
沉淀法白炭黑	45	耐酸碱系数 (室温×24h)	10%NaOH		1.22
酞菁绿	2.5		10%H_2SO_4		1.00
促进剂 DM	0.8	热空气加速老化 (70℃×72h)	拉伸强度/MPa		14.4
促进剂 CZ	0.7		拉断伸长率/%		416
合计	252		性能变化率/%	拉伸强度	+3
				伸长率	−13
		门尼黏度值[50ML(1+4)100℃]			79
		门尼焦烧(120℃)	t_5		46 分
			t_{35}		67 分
		圆盘振荡硫化仪 (148℃)	M_L/N·m		12.7
			M_H/N·m		80.6
			t_{10}		8 分 15 秒
			t_{90}		53 分 30 秒

混炼加料顺序：胶＋硫黄（薄 3 次）＋硬脂酸＋4010＋ 酞菁绿、钛白粉 ＋ 白炭黑、碳酸钙 DOP、氧化锌 ＋ DM CZ ——薄通

8 次下片备用

混炼辊温:40℃±5℃

表 9-7　**NBR 配方（7）**

基本用量/g　材料名称 ＼ 配方编号	NBR-7	试验项目		试验结果
丁腈胶 220S（日本）	100	硫化条件（153℃）/min		25
硫黄	0.6	邵尔 A 型硬度/度		78
石蜡	0.5	拉伸强度/MPa		12.5
硬脂酸	1	拉断伸长率/%		288
防老剂 A	1	100%定伸应力/MPa		4.6
防老剂 4010	1.5	拉断永久变形/%		9
氧化锌	5	撕裂强度/(kN/m)		37
邻苯二甲酸二辛酯（DOP）	23	回弹性/%		23
碳酸钙	60	脆性温度/℃		−32
高耐磨炉黑	45	密度/(g/cm³)		1.384
通用炉黑	50	热空气加速老化（70℃×96h）	拉伸强度/MPa	12.8
促进剂 DM	1.5		拉断伸长率/%	289
促进剂 TT	0.6		性能变化率/%　拉伸强度	+1
合计	289.7		伸长率	+1
		耐 10# 机油（70℃×96h）	质量变化率/%	−5.05
			体积变化率/%	−7.60
		圆盘振荡硫化仪（153℃）	M_L/N·m	9.3
			M_H/N·m	70.8
			t_{10}	3 分 34 秒
			t_{90}	36 分

混炼加料顺序:胶＋硫黄(薄 3 次)＋　石蜡　硬脂酸　＋　防老剂 A　防老剂 4010　氧化锌　炭黑＋碳酸钙＋DOP　DM TT ——薄

通 8 次下片备用

混炼辊温:45℃±5℃

表 9-8　NBR 配方（8）

基本用量/g／材料名称／配方编号	NBR-8	试验项目		试验结果
丁腈胶 270(1 段)	100	硫化条件(143℃)/min		10
硫黄	1.3	邵尔 A 型硬度/度		83
硬脂酸	1.5	拉伸强度/MPa		14.2
防老剂 4010NA	1	拉断伸长率/%		210
防老剂 4010	1.5	100%定伸应力/MPa		6.0
氧化锌	8	拉断永久变形/%		5
邻苯二甲酸二辛酯(DOP)	14	回弹性/%		26
通用炉黑	40	无割口直角撕裂强度/(kN/m)		33.7
碳酸钙	50	B 型压缩永久变形(压缩率 25%)/%	室温×22h	6
高耐磨炉黑	65		70℃×22h	20
促进剂 DM	1.5	耐 10# 机油 (70℃×96h)	质量变化率/%	+1.22
促进剂 TT	0.3		体积变化率/%	+2.67
合计	284.1	圆盘振荡硫化仪 (153℃)	$M_L/N \cdot m$	17.8
			$M_H/N \cdot m$	55.4
			t_{10}	1 分 37 秒
			t_{90}	2 分 56 秒

混炼加料顺序：胶＋硫黄（薄 3 次）＋ 硬脂酸 4010NA ＋ 氧化锌 4010 ＋ 炭黑 DOP 碳酸钙 ＋ DM TT ——薄通 8 次下片备用

混炼辊温：40℃±5℃

9.2 丁腈胶（硬度 47~88）

表 9-9　NBR 配方（9）

基本用量/g 配方编号 材料名称	NBR-9	试验项目			试验结果
丁腈胶 270(2 段)	100	硫化条件(148℃)/min			15
硫黄	0.9	邵尔 A 型硬度/度			47
硬脂酸	1	拉伸强度/MPa			16.5
防老剂 4010NA	1.3	拉断伸长率/%			595
防老剂 4010	1	定伸应力/MPa	300%		6.1
氧化锌	3		500%		13.0
邻苯二甲酸二辛酯(DOP)	20	拉断永久变形/%			8
白凡士林	10	脆性温度(单试样法)/℃			−42
高耐磨炉黑	50	热空气加速老化 (70℃×24h)	拉伸强度/MPa		16.2
促进剂 DM	1.5		拉断伸长率/%		530
促进剂 TT	0.6		性能变化率/%	拉伸强度	−1.8
合计	189.3			伸长率	−10.9
		圆盘振荡硫化仪 (148℃)	M_L/N·m		4.9
			M_H/N·m		35.8
			t_{10}		4 分
			t_{90}		10 分 12 秒

混炼加料顺序:胶＋硫黄(薄 3 次)＋ 硬脂酸 4010NA ＋ 氧化锌 4010 ＋ 凡士林 炭黑 DOP ＋ DM TT ——薄通 8 次下片备用

混炼辊温:40℃±5℃

表 9-10 NBR 配方（10）

材料名称 / 基本用量/g	配方编号 NBR-10	试验项目		试验结果
丁腈胶 270（1 段）	100	硫化条件(148℃)/min		20
硫黄	1.5	邵尔 A 型硬度/度		56
硬脂酸	1	拉伸强度/MPa		22.1
防老剂 A	1.5	拉断伸长率/%		648
防老剂 4010	1	300%定伸应力/MPa		6.6
氧化锌	5	拉断永久变形/%		10
邻苯二甲酸二辛酯（DOP）	10	脆性温度（单试样法）/℃		−40
高耐磨炉黑	25	耐酸碱系数 （室温×24h）	20% H_2SO_4	1.14
半补强炉黑	10		20%NaOH	1.21
促进剂 DM	1.5	耐油后质量变化率/%	苯＋汽油(25∶75,室温×24h)	＋21.2
促进剂 M	0.4		$10^\#$ 机油(70℃×24h)	−1.70
促进剂 TT	0.1	门尼焦烧(120℃)	t_5	20 分 30 秒
合计	157		t_{35}	23 分 30 秒
		圆盘振荡硫化仪 （148℃）	$M_L/N \cdot m$	10.1
			$M_H/N \cdot m$	60.8
			t_{10}	4 分 40 秒
			t_{90}	22 分 35 秒

混炼加料顺序:胶＋硫黄（薄 3 次）＋ 硬脂酸 防老剂 A ＋ 氧化锌 4010 ＋ 炭黑 DOP ＋促进剂——薄通 8 次 下片备用

混炼辊温:40℃±5℃

表 9-11 **NBR 配方（11）**

基本用量/g 配方编号 材料名称	NBR-11	试验项目		试验结果
丁腈胶 270(1 段)	100	硫化条件(143℃)/min		10
硫黄	2.1	邵尔 A 型硬度/度		61
硬脂酸	1	拉伸强度/MPa		18.1
防老剂 4010	1.5	拉断伸长率/%		436
防老剂 A	1	300%定伸应力/MPa		10.7
氧化锌	5	拉断永久变形/%		6
邻苯二甲酸二辛酯(DOP)	14	无割口直角撕裂强度/(kN/m)		48.5
高耐磨炉黑	15	回弹性/%		36
通用炉黑	20	B 型压缩永久变形(压缩率 30%,70℃×22h)/%		32
促进剂 CZ	2	耐 10# 机油 (70℃×24h)	质量变化率/%	−2.11
促进剂 TT	0.2		体积变化率/%	−1.25
合计	161.8	热空气加速老化 (100℃×96h)	拉伸强度/MPa	15.8
			拉断伸长率/%	266
		性能变化率/%	拉伸强度	−13
			伸长率	−39
		圆盘振荡硫化仪 (143℃)	M_L/N·m	7.30
			M_H/N·m	34.52
			t_{10}	4 分 12 秒
			t_{90}	6 分 30 秒

混炼加料顺序:胶+硫黄(薄 3 次)+ 硬脂酸 防老剂 A + 氧化锌 4010 + 炭黑 DOP + TT CZ ——薄通 8 次下片备用

混炼辊温:40℃±5℃

表 9-12 **NBR 配方（12）**

基本用量/g 配方编号 材料名称	NBR-12	试验项目			试验结果
丁腈胶 220S（日本）	30	硫化条件（163℃）/min			15
丁腈胶 240S（日本）	70	邵尔 A 型硬度/度			65
硬脂酸	1	拉伸强度/MPa			16.3
防老剂 4010NA	1	拉断伸长率/%			334
防老剂 4010	1.5	定伸应力/MPa	100%		3.2
促进剂 CZ	1.5		300%		13.3
促进剂 TT	1	拉断永久变形/%			4
氧化锌	8	无割口直角撕裂强度/(kN/m)			65.5
癸二酸二辛酯（DOS）	14	回弹性/%			35
快压出炉黑	50	B 型压缩永久 变形（压缩率 20%）/%	室温×48h		7
碳酸钙	8		100℃×48h		14
二硫代二吗啉（DTDM）	2	热空气加速老化 （100℃×48h）	拉伸强度/MPa		16.9
硫化剂（双二五）	3		拉断伸长率/%		331
合计	191		性能变化率/%	拉伸强度	+4
				伸长率	−0.9
		圆盘振荡硫化仪 （163℃）	M_L/N·m		6.18
			M_H/N·m		33.29
			t_{10}		2 分 53 秒
			t_{90}		13 分 50 秒

混炼加料顺序：胶 + 硬脂酸 4010NA + 氧化锌 4010 促进剂 + 炭黑 碳酸钙 DOS + DTDM 双二五 —— 薄通 8 次下片备用

混炼辊温：40℃±5℃

表 9-13　**NBR 配方（13）**

基本用量/g　　配方编号 材料名称	NBR-13	试验项目		试验结果
丁腈胶 18(1 段,兰化)	100	硫化条件(153℃)/min		15
硫黄	0.7	邵尔 A 型硬度/度		74
硬脂酸	1	拉伸强度/MPa		21.0
氧化锌	5	拉断伸长率/%		310
邻苯二甲酸二辛酯(DOP)	12	定伸应力/MPa	100%	3.7
中超耐磨炉黑	45		300%	19.4
通用炉黑	30	拉断永久变形/%		4
二硫代二吗啡啉(DTDM)	2.5	无割口直角撕裂强度/(kN/m)		47.9
促进剂 CZ	0.8	回弹性/%		36
合计	197	脆性温度(单试样法)/℃		—64
		B 型压缩永久 变形(压缩率 25%)/%	70℃×24h	27
			100℃×24h	50
		圆盘振荡硫化仪 （153℃）	M_L/N·m	27.12
			M_H/N·m	46.98
			t_{10}	7 分 10 秒
			t_{90}	14 分 11 秒

混炼加料顺序:胶＋硫黄(薄 3 次)＋硬脂酸＋氧化锌＋ 炭黑／DOP ＋ CZ／DTDM ──薄通 8 次

　　　　　下片备用

混炼辊温:40℃±5℃

表 9-14　NBR 配方（14）

基本用量/g　　　配方编号　　材料名称	NBR-14	试验项目		试验结果
丁腈胶 240S(日本)	100	硫化条件(143℃)/min		9
硫黄	1	邵尔 A 型硬度/度		79
硬脂酸	1.5	拉伸强度/MPa		16.4
防老剂 A	1	拉断伸长率/%		269
防老剂 4010	1.5	100%定伸应力/MPa		5.7
氧化锌	7	拉断永久变形/%		4
癸二酸二辛酯(DOS)	12	回弹性/%		30
中超耐磨炉黑	35	无割口直角撕裂强度/(kN/m)		46.7
通用炉黑	60	脆性温度(单试样法)/℃		−44
促进剂 DM	1.5	老化后硬度(70℃×96h)		81
促进剂 TT	0.5	B 型压缩永久变形(压缩率 25%)/%	室温×22h	7
合计	221		70℃×22h	17
		耐 10# 机油 (70℃×72h)	质量变化率/%	+2.03
			体积变化率/%	+2.88
		热空气加速老化 (70℃×96h)	拉伸强度/MPa	16.7
			拉断伸长率/%	228
			性能变化率/% 拉伸强度	+2
			性能变化率/% 伸长率	−15
		圆盘振荡硫化仪 (143℃)	M_L/N·m	22.31
			M_H/N·m	39.76
			t_{10}	2 分 28 秒
			t_{90}	5 分 56 秒

混炼加料顺序:胶＋硫黄(薄 3 次)＋ 硬脂酸 防老剂 A ＋ 氧化锌 4010 ＋ 炭黑 DOS ＋ DM TT ——薄通 8 次下片备用

混炼辊温:40℃±5℃

表 9-15　NBR 配方（15）

基本用量/g　材料名称	配方编号 NBR-15	试验项目			试验结果
丁腈胶 3604	100	硫化条件(153℃)/min			40
黏合剂 RE	1	邵尔 A 型硬度/度			82
硫黄	1.5	拉伸强度/MPa			19.8
硬脂酸	1	拉断伸长率/%			412
防老剂 A	1.5	300%定伸应力/MPa			14.1
防老剂 4010	1.5	拉断永久变形/%			16
氧化锌	5	回弹性/%			15
邻苯二甲酸二辛酯(DOP)	10	无割口直角撕裂强度/(kN/m)			48.7
中超耐磨炉黑	50	耐 10# 机油(70℃×24h)质量变化率/%			-1.18
碳酸钙	15	热空气加速老化 (100℃×96h)	拉伸强度/MPa		20.3
陶土	20		拉断伸长率/%		272
促进剂 DM	1.5		性能变化率/%	拉伸强度	+2
促进剂 TT	0.01			伸长率	-41
合计	208.01	圆盘振荡硫化仪 (153℃)	$M_L/N \cdot m$		19.7
			$M_H/N \cdot m$		81.8
			t_{10}		3 分 36 秒
			t_{90}		34 分 36 秒

混炼加料顺序：胶＋RE(80℃±5℃)降温＋硫黄(薄 3 次)＋ 硬脂酸 防老剂 A ＋ 氧化锌 4010 ＋

炭黑、DOP 陶土、碳酸钙 ＋ DM TT ——薄通 8 次下片备用

混炼辊温：40℃±5℃

表 9-16　NBR 配方（16）

基本用量/g　　配方编号 材料名称	NBR-16	试验项目		试验结果
丁腈胶-40	100	硫化条件(143℃)/min		30
硫黄	0.5	邵尔 A 型硬度/度		88
硬脂酸	1	拉伸强度/MPa		24.1
防老剂 4010	1	拉断伸长率/%		275
氧化锌	5	200%定伸应力/MPa		18.8
邻苯二甲酸二丁酯(DBP)	10	拉断永久变形/%		8
高耐磨炉黑	35	无割口直角撕裂强度/(kN/m)		46.0
中超耐磨炉黑	50	耐 10# 机油(70℃×24h)质量变化率/%		+0.018
促进剂 DM	1.7	圆盘振荡硫化仪 （143℃）	M_L/N·m	19.5
促进剂 TT	0.5		M_H/N·m	91.2
合计	204.7		t_{10}	3 分 45 秒
			t_{90}	29 分

混炼加料顺序：胶＋硫黄(薄 3 次)＋硬脂酸＋$\dfrac{氧化锌}{4010}$＋$\dfrac{炭黑}{DBP}$＋$\dfrac{DM}{TT}$——薄通 8 次下片
　　　　　　备用

混炼辊温：40℃±5℃

9.3 丁腈胶（硬度 81~90）

表 9-17 NBR 配方（17）

基本用量/g 材料名称 ＼ 配方编号	NBR-17	试验项目			试验结果
丁腈胶 360	100	硫化条件(153℃)/min			45
固体古马隆	5	邵尔 A 型硬度/度			81
硫黄	1.3	拉伸强度/MPa			30.7
硬脂酸	1	拉断伸长率/%			380
防老剂 4010	1	定伸应力/MPa	100%		5.7
氧化锌	5		300%		25.5
邻苯二甲酸二辛酯(DOP)	2	拉断永久变形/%			12
乙二醇	3	回弹性/%			20
中超耐磨炉黑	70	脆性温度(单试样法)/℃			−31
促进剂 DM	1.5	耐油后质量变化率/%	苯+汽油(75:25,室温×24h)		+10.5
合计	189.8		10# 机油(70℃×24h)		+0.11
		热空气加速老化 (70℃×96h)	拉伸强度/MPa		27.5
			拉断伸长率/%		308
			性能变化率/%	拉伸强度	−5
				伸长率	−21
		圆盘振荡硫化仪 (153℃)	$M_L/N \cdot m$		19.05
			$M_H/N \cdot m$		93.0
			t_{10}		3 分 40 秒
			t_{90}		40 分 40 秒

混炼加料顺序:胶+古马隆(75℃±5℃)降温+硫黄(薄 3 次)+硬脂酸+ 氧化锌 4010 + 炭黑 DOP 乙二醇

DM——薄通 8 次下片备用

混炼辊温:40℃±5℃

表 9-18　**NBR 配方**（18）

材料名称 ＼ 配方编号　基本用量/g	NBR-18	试验项目		试验结果
丁腈胶 40#（1 段）	100	硫化条件（148℃）/min		40
硬脂酸	1	邵尔 A 型硬度/度		84
防老剂 4010	1.5	拉伸强度/MPa		25.6
防老剂 4010NA	1	拉断伸长率/%		296
促进剂 DM	1.7	拉断永久变形/%		7
促进剂 TT	0.5	撕裂强度/(kN/m)		56.0
氧化锌	5	回弹性/%		15
邻苯二甲酸二丁酯（DBP）	4	脆性温度/℃		-15
中超耐磨炉黑	25	热空气加速老化（100℃×24h）	拉伸强度/MPa	20.1
高耐磨炉黑	60		拉断伸长率/%	170
硫黄	0.6		性能变化率/% 拉伸强度	-22
合计	200.3		性能变化率/% 伸长率	-43
		耐汽油＋苯（室温×24h）	质量变化率/%	7.9
		耐 10# 机油（70℃×24h）	质量变化率/%	-2.6
		圆盘振荡硫化仪（148℃）	M_L/N·m	15.5
			M_H/N·m	107.3
			t_{10}	3 分 20 秒
			t_{90}	40 分

混炼加料顺序：胶＋（硬脂酸　4010NA　4010）＋（DM　TT　氧化锌）＋（炭黑　DBP）＋硫黄——薄通 8 次下片备用

混炼辊温：45℃±5℃

表 9-19　NBR 配方（19）

基本用量/g　材料名称	配方编号 NBR-19	试验项目			试验结果
丁腈胶 220S（日本）	100	硫化条件（153℃）/min			20
硫黄	0.9	邵尔 A 型硬度/度			90
硬脂酸	1	拉伸强度/MPa			26.0
防老剂 4010NA	1	拉断伸长率/%			370
防老剂 4010	1.5	定伸应力/MPa	100%		9.0
氧化锌	5		300%		25.0
邻苯二甲酸二辛酯（DOP）	6	拉断永久变形/%			9
中超耐磨炉黑	65	撕裂强度/(kN/m)			60.3
通用炉黑	20	回弹性/%			8
促进剂 CZ	0.8	脆性温度/℃			−22
硫化剂 DTDM	2.5	门尼黏度[ML(1+4)100℃]			71
合计	193.7	热空气加速老化（70℃×96h）	拉伸强度/MPa		25.6
			拉断伸长率/%		330
			性能变化率/%	拉伸强度	−2
				伸长率	−11
		B 型压缩永久变形（压缩率 25%）/%	70℃×24h		32
			100℃×24h		58
		圆盘振荡硫化仪（153℃）	M_L/N·m		13.52
			M_H/N·m		44.85
			t_{10}		4 分 30 秒
			t_{90}		15 分 39 秒

混炼加料顺序：胶＋硫黄（薄通 3 次）＋ 硬脂酸 4010NA ＋ 4010 氧化锌 ＋ 炭黑 DOP ＋ CZ DTDM ——薄通 8 次下片备用

混炼辊温：45℃±5℃

第10章

丁基胶（IIR）

10.1 丁基胶（硬度34~72）

表 10-1 IIR 配方（1）

基本用量/g 材料名称 \ 配方编号	IIR-1	试验项目		试验结果
丁基胶 268	100	硫化条件(163℃)/min		25
立德粉	115	邵尔 A 型硬度/度		34
钛白粉	5	拉伸强度/MPa		9.6
氧化锌	5	拉断伸长率/%		785
硬脂酸	1	定伸应力/MPa	300%	0.8
防老剂 SP	1.5		500%	1.7
促进剂 TT	2.5	拉断永久变形/%		32
硫黄	1.8	撕裂强度/(kN/m)		14.5
合计	231.8	回弹性/%		14
		屈挠龟裂/万次		51(无,无,无)
		热空气加速老化 (70℃×96h)	拉伸强度/MPa	10.1
			拉断伸长率/%	738
			性能变化率/% 拉伸强度	+5
			性能变化率/% 伸长率	−6
		B 型压缩永久 变形(压缩率 25%)/%	室温×22h	5
			70℃×22h	21
		圆盘振荡硫化仪 (163℃)	M_L/N·m	5.9
			M_H/N·m	30.5
			t_{10}	4 分
			t_{90}	21 分 24 秒

混炼加料顺序:胶+钛白粉+ 立德粉/氧化锌 + 硬脂酸/防老剂 SP + TT/硫黄 ——薄通 8 次下片备用

混炼辊温:45℃±5℃

表 10-2　IIR 配方（2）

基本用量/g 材料名称 ＼ 配方编号	IIR-2	试验项目		试验结果
丁基胶 301	100	硫化条件（163℃）/min		20
固体古马隆	3	邵尔 A 型硬度/度		37
碳酸钙	70	拉伸强度/MPa		10.6
硬脂酸	1	拉断伸长率/%		769
促进剂 M	0.5	定伸应力/MPa	300%	0.8
促进剂 TT	1		500%	1.8
氧化锌	5	拉断永久变形/%		26
机油 10#	15	无割口直角撕裂强度/(kN/m)		11.0
促进剂 ZDC	0.5	门尼黏度值[50ML(3+4)100℃]		39.5
硫黄	0.8	圆盘振荡硫化仪（163℃）	t_{10}	7 分 30 秒
合计	196.8		t_{90}	15 分

　　　　　　　　　　　　　　　　　　　　　　　　　　　　　　　　　M
混炼加料顺序：胶＋固体古马隆（70℃±5℃）降温＋碳酸钙＋硬脂酸＋　TT　＋机油＋
　　　　　　　　　　　　　　　　　　　　　　　　　　　　　　　氧化锌

　　　　　　　　硫黄
　　　　　　　　ZDC　——薄通 8 次下片备用
　　混炼辊温：45℃±5℃

表 10-3　IIR 配方（3）

基本用量/g 材料名称	配方编号 IIR-3	试验项目			试验结果
丁基胶 268	100	硫化条件(153℃)/min			20
通用白炭黑	30	邵尔 A 型硬度/度			45
碳酸钙	25	拉伸强度/MPa			11.2
钛白粉	8	拉断伸长率/%			876
硬脂酸	1	定伸应力/MPa	300%		1.1
防老剂 SP	1.5		500%		2.3
氧化锌	15	拉断永久变形/%			38
乙二醇	3	回弹性/%			15
机油 10#	6	无割口直角撕裂强度/(kN/m)			21.7
促进剂 TT	2.5	热空气加速老化 (70℃×96h)	拉伸强度/MPa		10.0
硫黄	1.3		拉断伸长率/%		680
合计	193.3		性能变化率/%	拉伸强度	−12
				伸长率	−22
		圆盘振荡硫化仪 (153℃)	M_L/N·m		10.3
			M_H/N·m		45.5
			t_{10}		3 分 24 秒
			t_{90}		20 分 24 秒

混炼加料顺序：胶 + 白炭黑 碳酸钙 钛白粉 氧化锌 + 硬脂酸 防老剂 SP + 乙二醇 机油 + 硫黄 TT ——薄通 8 次下片备用

混炼辊温：45℃±5℃

表 10-4　IIR 配方（4）

基本用量/g　配方编号　材料名称	IIR-4	试验项目			试验结果
丁基胶 301	100	硫化条件(163℃)/min			20
通用炉黑	45	邵尔 A 型硬度/度			49
半补强炉黑	30	拉伸强度/MPa			12.4
硬脂酸	1	拉断伸长率/%			769
促进剂 M	0.5	定伸应力/MPa	300%		3.1
促进剂 TT	1		500%		5.5
氧化锌	5	拉断永久变形/%			33
液体古马隆	5	无割口直角撕裂强度/(kN/m)			29.0
机油 10#	18	脆性温度（单试样法）/℃			−35.5
促进剂 ZDC	0.5	热空气加速老化（140℃×48h）	拉伸强度/MPa		7.2
硫黄	0.8		拉断伸长率/%		713
合计	206.8		性能变化率/%	拉伸强度	−42
				伸长率	−7.3
		门尼焦烧(120℃)	t_5/min		32
		圆盘振荡硫化仪（163℃）	t_{10}		5 分 30 秒
			t_{90}		14 分 30 秒

混炼加料顺序:胶＋炭黑＋硬脂酸＋（TT M 氧化锌）＋（古马隆 机油）＋（硫黄 ZDC）——薄通 8 次下片备用

混炼辊温:45℃±5℃

表 10-5　IIR 配方（5）

材料名称 \ 基本用量/g \ 配方编号	IIR-5	试验项目		试验结果
丁基胶 301	100	硫化条件(163℃)/min		20
快压出炉黑	30	邵尔 A 型硬度/度		53
半补强炉黑	35	拉伸强度/MPa		12.8
硬脂酸	1	拉断伸长率/%		713
促进剂 M	0.5	定伸应力/MPa	100%	1.3
促进剂 TT	1		300%	4.2
氧化锌	5	拉断永久变形/%		38
机油 10#	20	无割口直角撕裂强度/(kN/m)		26.0
促进剂 ZDC	0.5	无割口直角撕裂强度(100℃×72h)/(kN/m)		25.0
硫黄	1	热空气加速老化 (120℃×72h)	拉伸强度/MPa	9.8
合计	194		拉断伸长率/%	547
			性能变化率/% 拉伸强度	−23.4
			伸长率	−23.3
		门尼黏度值[50ML(1+4)100℃]		38.7
		门尼焦烧(120℃)	t_5	36 分
			t_{35}	51 分 30 秒
		圆盘振荡硫化仪 (163℃)	t_{10}	4 分 30 秒
			t_{90}	16 分 35 秒

混炼加料顺序:胶＋炭黑＋硬脂酸＋ $\begin{matrix} TT \\ M \\ 氧化锌 \end{matrix}$ ＋操作油＋ $\begin{matrix} 硫黄 \\ ZDC \end{matrix}$ ——薄通 8 次下片备用

混炼辊温:45℃±5℃

表 10-6　IIR 配方（6）

基本用量/g　材料名称＼配方编号	IIR-6	试验项目		试验结果
氯化丁基胶 1068	100	硫化条件(153℃)/min		50
高耐磨炉黑	55	邵尔 A 型硬度/度		57
硬脂酸	1	拉伸强度/MPa		14.7
促进剂 M	0.7	拉断伸长率/%		452
促进剂 TT	1.2	300%定伸应力/MPa		9.4
促进剂 D	0.5	拉断永久变形/%		13
氧化锌	5	回弹性/%		12
机油 10#	6	无割口直角撕裂强度/(kN/m)		39.5
硫黄	1.5	热空气加速老化（100℃×96h）	拉伸强度/MPa	13.3
合计	170.9		拉断伸长率/%	320
			性能变化率/%　拉伸强度	−10
			伸长率	−29
		圆盘振荡硫化仪（153℃）	$M_L/N \cdot m$	7.7
			$M_H/N \cdot m$	42.0
			t_{10}	6 分
			t_{90}	51 分

混炼加料顺序：胶＋炭黑＋硬脂酸＋促进剂 氧化锌 ＋机油＋硫黄——薄通 8 次下片备用

混炼辊温：45℃±5℃

表 10-7　IIR 配方（7）

基本用量/g　　　配方编号 材料名称	IIR-7	试验项目		试验结果
丁基胶 268	100	硫化条件(153℃)/min		45
中超耐磨炉黑	40	邵尔 A 型硬度/度		62
陶土	20	拉伸强度/MPa		13.7
硬脂酸	1	拉断伸长率/%		556
防老剂 4010	1.5	定伸应力/MPa	300%	5.8
机油 10#	5		500%	11.8
氧化锌	5	拉断永久变形/%		34
促进剂 TT	3	回弹性/%		12
硫黄	1.3	无割口直角撕裂强度/(kN/m)		33.7
合计	176.8	热空气加速老化 (100℃×96h)	拉伸强度/MPa	13.5
			拉断伸长率/%	520
			性能变化率/%　拉伸强度	−1.5
			性能变化率/%　伸长率	−6.5
		圆盘振荡硫化仪 (153℃)	M_L/N·m	8.0
			M_H/N·m	42.8
			t_{10}	4 分 36 秒
			t_{90}	43 分

混炼加料顺序：胶＋炭黑 陶土＋硬脂酸＋氧化锌 4010＋机油＋硫黄 TT——薄通 8 次下片备用

混炼辊温：45℃±5℃

表 10-8 IIR 配方（8）

基本用量/g　配方编号　材料名称	IIR-8	试验项目		试验结果
丁基胶 268	100	硫化条件(163℃)/min		20
中超耐磨炉黑	40	邵尔 A 型硬度/度		72
通用炉黑	10	拉伸强度/MPa		14.9
陶土	20	拉断伸长率/%		522
机油 10#	3	定伸应力/MPa	300%	7.5
硬脂酸	1		500%	13.9
防老剂 4010	1.5	拉断永久变形/%		35
氧化锌	5	无割口直角撕裂强度/(kN/m)		36.4
促进剂 TT	3	B 型压缩永久变形(100℃×24h)/%	压缩率15%	40
硫黄	1.3		压缩率20%	70
合计	184.8	热空气加速老化(100℃×96h)	拉伸强度/MPa	13.4
			拉断伸长率/%	428
		性能变化率/%	拉伸强度	−10
			伸长率	−18
		圆盘振荡硫化仪(163℃)	M_L/N·m	10.5
			M_H/N·m	51.0
			t_{10}	4 分
			t_{90}	13 分 40 秒

混炼加料顺序：胶＋炭黑陶土＋硬脂酸＋4010氧化锌＋机油＋硫黄TT——薄通 8 次下片备用

混炼辊温：45℃±5℃

10.2 丁基胶（硬度63~76）

表 10-9　IIR 配方（9）

材料名称 基本用量/g	配方编号 IIR-9	试验项目			试验结果
丁基胶 301	100	硫化条件(150℃)/min			50
高耐磨炉黑	50	邵尔 A 型硬度/度			63
硬脂酸	1	拉伸强度/MPa			18.4
氧化锌	3	拉断伸长率/%			620
促进剂 TT	1	定伸应力/MPa	300%		6.8
硫黄	1.75		500%		14.6
合计	156.75	拉断永久变形/%			31
		无割口直角撕裂强度/(kN/m)			40.0
		无割口直角撕裂强度(120℃×72h)/(kN/m)			38.0
		屈挠龟裂/万次			25(3,4,5)
		热空气加速老化 (120℃×72h)	拉伸强度/MPa		15.4
			拉断伸长率/%		524
			性能变化率/%	拉伸强度	−16.3
				伸长率	−15.5
		门尼黏度值[50ML(3+4)100℃]			73
		门尼焦烧(120℃)	t_5		34 分
			t_{35}		45 分
		圆盘振荡硫化仪 (150℃)	t_{10}		7 分 30 秒
			t_{90}		51 分

混炼加料顺序:胶＋炭黑＋硬脂酸＋$\dfrac{氧化锌}{TT}$＋硫黄——薄通 8 次下片备用

混炼辊温:45℃±5℃

表 10-10　IIR 配方（10）

基本用量/g　材料名称＼配方编号	IIR-10	试验项目			试验结果
丁基胶 268	100	硫化条件(163℃)/min			25
高耐磨炉黑	50	邵尔 A 型硬度/度			68
硬脂酸	1	拉伸强度/MPa			16.6
氧化锌	3	拉断伸长率/%			476
促进剂 TT	1	300%定伸应力/MPa			10.0
硫黄	1.75	拉断永久变形/%			33
合计	156.75	热空气加速老化（120℃×72h）	拉伸强度/MPa		12.7
			拉断伸长率/%		501
			性能变化率/%	拉伸强度	−23.5
				伸长率	+5.3
		门尼黏度值[50ML(3+4)100℃]			71
		门尼焦烧(120℃)	t_5		29 分 45 秒
			t_{35}		41 分
		圆盘振荡硫化仪（163℃）	t_{10}		3 分 50 秒
			t_{90}		24 分 45 秒

混炼加料顺序:胶＋炭黑＋硬脂酸＋$\dfrac{\text{氧化锌}}{\text{TT}}$＋硫黄——薄通 8 次下片备用

混炼辊温:45℃±5℃

表 10-11 IIR 配方（11）

材料名称 / 基本用量/g	配方编号 IIR-11	试验项目		试验结果
丁基胶 065	100	硫化条件(163℃)/min		25
高耐磨炉黑	50	邵尔 A 型硬度/度		71
硬脂酸	1	拉伸强度/MPa		18.4
氧化锌	5	拉断伸长率/%		627
促进剂 M	1	定伸应力/MPa	300%	7.6
促进剂 TT	1		500%	15.2
硫黄	1.75	拉断永久变形/%		34
合计	159.75	回弹性/%		7
		热空气加速老化 (120℃×72h)	拉伸强度/MPa	14.6
			拉断伸长率/%	513
		性能变化率/%	拉伸强度	−20.7
			伸长率	−18.1
		门尼黏度值[50ML(1+4)100℃]		77
		门尼焦烧(120℃)	t_5	41 分
			t_{35}	58 分
		圆盘振荡硫化仪 (163℃)	t_{10}	4 分 45 秒
			t_{90}	23 分 45 秒

氧化锌

混炼加料顺序:胶＋炭黑＋硬脂酸＋　TT　＋硫黄——薄通 8 次下片备用
　　　　　　　　　　　　　　　　　M

混炼辊温:45℃±5℃

表 10-12 IIR 配方（12）

基本用量/g 配方编号 材料名称	IIR-12	试验项目			试验结果
丁基胶 365	100	硫化条件(163℃)/min			25
高耐磨炉黑	50	邵尔 A 型硬度/度			76
硬脂酸	1	拉伸强度/MPa			15.1
氧化锌	5	拉断伸长率/%			363
促进剂 DM	0.5	300%定伸应力/MPa			12.6
促进剂 TT	1	拉断永久变形/%			22
硫黄	1.75	回弹性/%			7
合计	159.25	热空气加速老化 (120℃×72h)	拉伸强度/MPa		13.9
			拉断伸长率/%		364
			性能变化率/%	拉伸强度	−8
				伸长率	+0.3
		门尼黏度值[50ML(3+4)100℃]			74.5
		门尼焦烧(120℃)	t_5		29 分
			t_{35}		38 分 30 秒
		圆盘振荡硫化仪 (163℃)	t_{10}		4 分 15 秒
			t_{90}		21 分 45 秒

氧化锌

混炼加料顺序:胶+炭黑+硬脂酸+ DM +硫黄——薄通 8 次下片备用
                                                TT

混炼辊温:45℃±5℃

第11章

三元乙丙胶（EPDM）

11.1　三元乙丙胶（硬度 53～73）

表 11-1　EPDM 配方（1）

材料名称　　基本用量/g　　配方编号	EPDM-1	试验项目		试验结果
三元乙丙胶 4045	100	硫化条件(163℃)/min		25
透明白炭黑（苏州）	15	邵尔 A 型硬度/度		53
环烷油	3	拉伸强度/MPa		6.6
硫化剂 DCP	1.5	拉断伸长率/%		503
合计	119.5	定伸应力/MPa	300%	3.0
			500%	6.5
		拉断永久变形/%		15
		无割口直角撕裂强度/(kN/m)		23.6
		圆盘振荡硫化仪 (163℃)	M_L/N·m	3.9
			M_H/N·m	59.6
			t_{10}	4 分 36 秒
			t_{90}	23 分 18 秒

混炼加料顺序：胶＋透明白炭黑＋环烷油＋DCP——薄通 8 次下片备用
（硫化胶 2mm 厚、较透明）
混炼辊温：50℃±5℃

表 11-2　EPDM 配方（2）

基本用量/g　配方编号　材料名称	EPDM-2	试验项目			试验结果
三元乙丙胶 4045	100	硫化条件(160℃)/min			25
中超耐磨炉黑	30	邵尔 A 型硬度/度			57
半补强炉黑	10	拉伸强度/MPa			13.7
癸二酸二辛酯(DOS)	6	拉断伸长率/%			348
白凡士林	5	300%定伸应力/MPa			9.8
硬脂酸	1	拉断永久变形/%			7
促进剂 CZ	0.5	回弹性/%			54
氧化锌	5	无割口直角撕裂强度/(kN/m)			34.1
氧化镁	3	脆性温度(单试样法)/℃			−70 不断
硫化剂 DCP	3.6	B 型压缩永久变形(120℃×70h)/%	压缩率 25%		17
硫黄	0.3		压缩率 30%		21
合计	164.4	耐刹车油(120℃×70h)	质量变化率/%		−0.70
			体积变化率/%		−0.26
		热空气加速老化(120℃×70h)	拉伸强度/MPa		14.4
			拉断伸长率/%		364
			性能变化率/%	拉伸强度	+5.1
				伸长率	+4.6
		圆盘振荡硫化仪(160℃)	M_L/N·m		5.1
			M_H/N·m		59.7
			t_{10}		3 分 12 秒
			t_{90}		20 分 48 秒

混炼加料顺序:胶＋ 炭黑（DOS、白凡士林）＋硬脂酸＋氧化镁＋（氧化锌、CZ）＋（DCP、硫黄）——薄通 8 次下片备用

混炼辊温:50℃±5℃

表 11-3　EPDM 配方（3）

材料名称　基本用量/g　配方编号	EPDM-3	试验项目			试验结果
三元乙丙胶 4045	100	硫化条件(153℃)/min			50
半补强炉黑	30	邵尔 A 型硬度/度			59
瓷土	20	拉伸强度/MPa			14.1
氧化锌	10	拉断伸长率/%			504
硬脂酸	1	300%定伸应力/MPa			5.6
促进剂 M	1	拉断永久变形/%			14
硫化剂 DCP	4	回弹性/%			57
硫黄	0.3	无割口直角撕裂强度/(kN/m)			36.1
合计	166.3	热空气加速老化 (100℃×96h)	拉伸强度/MPa		14.7
			拉断伸长率/%		484
			性能变化率/%	拉伸强度	+4.3
				伸长率	−4
		圆盘振荡硫化仪 (153℃)	M_L/N·m		5.0
			M_H/N·m		52.0
			t_{10}/min		5
			t_{90}/min		35

混炼加料顺序:胶＋ 炭黑 ＋硬脂酸＋M＋ $\begin{matrix}\text{氧化锌}\\\text{瓷土}\end{matrix}$ ＋ $\begin{matrix}\text{DCP}\\\text{硫黄}\end{matrix}$ ——薄通 8 次下片备用

混炼辊温:50℃±5℃

表 11-4　EPDM 配方（4）

基本用量/g　材料名称	配方编号　EPDM-4	试验项目		试验结果
三元乙丙胶 4045	100	硫化条件(153℃)/min		35
半补强炉黑	30	邵尔 A 型硬度/度		61
瓷土	20	拉伸强度/MPa		14.1
硬脂酸	1	拉断伸长率/%		504
促进剂 M	1	300%定伸应力/MPa		5.6
氧化锌	10	拉断永久变形/%		14
硫化剂 DCP	4	撕裂强度/(kN/m)		36
硫黄	0.3	回弹性/%		57
合计	166.3	热空气加速老化（100℃×96h）	拉伸强度/MPa	13.8
			拉断伸长率/%	480
		性能变化率/%	拉伸强度	−2
			伸长率	−5
		圆盘振荡硫化仪（153℃）	M_L/N·m	5.0
			M_H/N·m	52.1
			t_{10}/min	5
			t_{90}/min	35

混炼加料顺序:胶＋瓷土＋硬脂酸＋M＋炭黑氧化锌＋DCP硫黄——薄通 8 次下片备用

混炼辊温:50℃±5℃

表 11-5 EPDM 配方（5）

材料名称 ＼ 配方编号 基本用量/g	EPDM-5	试验项目			试验结果
三元乙丙胶 4045	100	硫化条件(153℃)/min			30
黏合剂 RE	2.5	邵尔 A 型硬度/度			65
半补强炉黑	30	拉伸强度/MPa			9.2
瓷土	25	拉断伸长率/%			545
硬脂酸	1	300%定伸应力/MPa			6.8
氧化锌	10	拉断永久变形/%			11
促进剂 M	0.5	回弹性/%			57
促进剂 TT	0.5	无割口直角撕裂强度/(kN/m)			38.6
黏合剂 RH	1.7	热空气加速老化 (70℃×96h)	拉伸强度/MPa		9.7
硫黄	1.5		拉断伸长率/%		340
合计	172.7		性能变化率/%	拉伸强度	+5.4
				伸长率	-37.6
		圆盘振荡硫化仪 (153℃)	M_L/N·m		5.6
			M_H/N·m		66.0
			t_{10}		3 分 12 秒
			t_{90}		27 分 12 秒

混炼加料顺序：胶＋RE(75℃±5℃)降温＋ 炭黑
瓷土 ＋硬脂酸＋ 氧化锌 M
TT ＋ RH
硫黄 ——薄通8次

下片备用

混炼辊温：50℃±5℃

表 11-6　EPDM 配方（6）

材料名称　　基本用量/g　配方编号	EPDM-6	试验项目	试验结果
三元乙丙胶 4045	100	硫化条件（163℃）/min	25
中超耐磨炉黑	30	邵尔 A 型硬度/度	68
立德粉	20	拉伸强度/MPa	13.5
硬脂酸	1	拉断伸长率/%	181
氧化锌	5	100%定伸应力/MPa	4.1
氧化镁	3	拉断永久变形/%	2
硫化剂 DCP	3.9	回弹性/%	56
合计	162.9	无割口直角撕裂强度/(kN/m)	29.5
		B 型压缩永久变形（压缩率 25%,150℃×24h）/%	27
		热空气老化　　质量变化率/%	−1.88
		（150℃×96h）　体积变化率/%	−2.23
		热空气加速老化　拉伸强度/MPa	8.7
		（150℃×70h）　拉断伸长率/%	131
		性能变化率/%　拉伸强度	−36
		伸长率	−28
		圆盘振荡硫化仪　M_L/N·m	4.8
		（163℃）　M_H/N·m	73.0
		t_{10}	2 分 48 秒
		t_{90}	16 分 24 秒

混炼加料顺序:胶+立德粉/炭黑+硬脂酸+氧化锌/氧化镁+DCP——薄通 8 次下片备用

混炼辊温:50℃±5℃

表 11-7 EPDM 配方（7）

基本用量/g 材料名称 \ 配方编号	EPDM-7	试验项目		试验结果
三元乙丙胶 4045	100	硫化条件(163℃)/min		15
喷雾炭黑	42	邵尔 A 型硬度/度		70
硬脂酸	0.5	拉伸强度/MPa		8.0
氧化锌	5	拉断伸长率/%		117
硫化剂 DCP	3.9	100%定伸应力/MPa		7.0
合计	151.4	拉断永久变形/%		4
		回弹性/%		62
		无割口直角撕裂强度/(kN/m)		26.5
		B 型压缩永久变形(压缩率 25%)/%	120℃×24h	33
			150℃×24h	37
		老化后硬度(150℃×70h)/度		73
		热空气加速老化 (150℃×70h)	拉伸强度/MPa	4.0
			拉断伸长率/%	44
		性能变化率/%	拉伸强度	−53
			伸长率	−63
		圆盘振荡硫化仪 (163℃)	M_L/N·m	4.7
			M_H/N·m	65.7
			t_{10}	2 分 12 秒
			t_{90}	12 分

混炼加料顺序:胶＋炭黑＋硬脂酸＋氧化锌＋DCP——薄通 8 次下片备用

混炼辊温:50℃±5℃

表 11-8　EPDM 配方（8）

基本用量/g　材料名称 / 配方编号	EPDM-8	试验项目		试验结果
三元乙丙胶 4045	100	硫化条件(163℃)/min		25
中超耐磨炉黑	43	邵尔 A 型硬度/度		73
硬脂酸	0.5	拉伸强度/MPa		13.7
氧化锌	3	拉断伸长率/%		153
氧化镁	3	100%定伸应力/MPa		5.0
硫化剂 DCP	3.9	拉断永久变形/%		2
合计	153.4	回弹性/%		52
		无割口直角撕裂强度/(kN/m)		33.7
		B 型压缩永久变形(压缩率 25%,150℃×24h)/%		17
		烘箱老化 (150℃×96h)	质量变化率/%	−2.59
			体积变化率/%	−2.14
		热空气加速老化 (150℃×70h)	拉伸强度/MPa	9.2
			拉断伸长率/%	88
			性能变化率/%　拉伸强度	−33
			伸长率	−42
		圆盘振荡硫化仪 (163℃)	M_L/N·m	7.2
			M_H/N·m	62.9
			t_{10}	1 分 06 秒
			t_{90}	18 分

混炼加料顺序:胶＋炭黑＋硬脂酸＋ 氧化锌 氧化镁 ＋DCP——薄通 8 次下片备用

混炼辊温:50℃±5℃

11.2 三元乙丙胶（硬度 59～88）

表 11-9　EPDM 配方（9）

基本用量/g　材料名称 ＼ 配方编号	EPDM-9	试验项目		试验结果
三元乙丙胶 4045	100	硫化条件(163℃)/min		25
中超耐磨炉黑	40	邵尔 A 型硬度/度		59
癸二酸二辛酯(DOS)	6	拉伸强度/MPa		16.6
白凡士林	5	拉断伸长率/%		360
硬脂酸	1	300%定伸应力/MPa		11.9
氧化锌	5	拉断永久变形/%		8
氧化镁	3	回弹性/%		49
促进剂 CZ	0.5	无割口直角撕裂强度/(kN/m)		37.3
硫化剂 DCP	3.6	脆性温度(单试样法)/℃		−70 不断
硫黄	0.3	B 型压缩永久变形(压缩率 25%,120℃×70h)/%		18
合计	164.4	耐刹车油 (120℃×70h)	质量变化率/%	−1.17
			体积变化率/%	−0.72
		热空气加速老化 (120℃×70h)	拉伸强度/MPa	18.7
			拉断伸长率/%	388
			性能变化率/% 拉伸强度	+12.7
			伸长率	+7.8
		圆盘振荡硫化仪 (163℃)	M_L/N·m	5.1
			M_H/N·m	63.0
			t_{10}	3 分 12 秒
			t_{90}	19 分 24 秒

混炼加料顺序：胶＋ DOS ＋硬脂酸＋氧化镁＋ 炭黑 氧化锌 CZ DCP 硫黄 ——薄通 8 次下片备用

凡士林

混炼辊温：50℃±5℃

表 11-10　EPDM 配方（10）

基本用量/g　材料名称 / 配方编号	EPDM-10	试验项目		试验结果
三元乙丙胶 4045	100	硫化条件(153℃)/min		45
高耐磨炉黑	55	邵尔 A 型硬度/度		62
机油 40#	6	拉伸强度/MPa		17.4
硬脂酸	1	拉断伸长率/%		244
氧化锌	5	拉断永久变形/%		2
硫化剂 DCP	4	回弹性/%		52
硫黄	0.3	无割口直角撕裂强度/(kN/m)		41.3
合计	171.3	热空气加速老化（100℃×96h）	拉伸强度/MPa	17.4
			拉断伸长率/%	244
			性能变化率/% 拉伸强度	0
			伸长率	0
		圆盘振荡硫化仪（153℃）	M_L/N·m	6.0
			M_H/N·m	66.9
			t_{10}	4 分
			t_{90}	43 分 24 秒

混炼加料顺序：胶＋ 炭黑 机油 ＋硬脂酸＋氧化锌＋ DCP 硫黄 ——薄通 8 次下片备用

混炼辊温：50℃±5℃

表 11-11 EPDM 配方（11）

基本用量/g 配方编号 材料名称	EPDM-11	试验项目		试验结果
三元乙丙胶 4045	100	硫化条件(153℃)/min		45
中超耐磨炉黑	46	邵尔 A 型硬度/度		65
白凡士林	6	拉伸强度/MPa		16.8
硬脂酸	1	拉断伸长率/%		290
促进剂 M	0.5	100%定伸应力/MPa		2.5
氧化锌	5	拉断永久变形/%		2
硫化剂 DCP	4	回弹性/%		50
硫黄	0.3	无割口直角撕裂强度/(kN/m)		47.7
合计	162.8	热空气加速老化 (100℃×96h)	拉伸强度/MPa	18.9
			拉断伸长率/%	296
		性能变化率/%	拉伸强度	+12.5
			伸长率	+2.1
		圆盘振荡硫化仪 (153℃)	M_L/N·m	6.0
			M_H/N·m	59.1
			t_{10}	4 分
			t_{90}	34 分 36 秒

混炼加料顺序：胶＋ 炭黑 凡士林 ＋硬脂酸＋ 氧化锌 M ＋ DCP 硫黄 ——薄通 8 次下片备用

混炼辊温：50℃±5℃

表 11-12　EPDM 配方（12）

基本用量/g 材料名称 / 配方编号	EPDM-12	试验项目			试验结果
三元乙丙胶 4045	100	硫化条件(163℃)/min			20
中超耐磨炉黑	47	邵尔 A 型硬度/度			68
环烷油	6	拉伸强度/MPa			19.5
硬脂酸	1	拉断伸长率/%			344
促进剂 CZ	0.5	定伸应力/MPa	100%		2.8
氧化锌	5		200%		8.6
氧化镁	3	拉断永久变形/%			4
硫化剂 DCP	3.9	回弹性/%			45
合计	166.4	无割口直角撕裂强度/(kN/m)			42.9
		脆性温度(单试样法)/℃			−70 不断
		B 型压缩永久变形(压缩率25%)/%	120℃×24h		20
			150℃×24h		30
			室温×24h		7
		175℃×22h	老化后撕裂强度/(kN/m)		26.5
			老化后硬度/度		75
		热空气加速老化(150℃×48h)	拉伸强度/MPa		8.0
			拉断伸长率/%		181
			性能变化率/%	拉伸强度	−59
				伸长率	−47.4
		圆盘振荡硫化仪(163℃)	M_L/N·m		14.14
			M_H/N·m		39.87
			t_{10}		1 分 27 秒
			t_{90}		15 分 21 秒

混炼加料顺序:胶+炭黑/环烷油+硬脂酸+氧化锌/氧化镁/CZ+DCP——薄通 8 次下片备用

混炼辊温:50℃±5℃

表 11-13　EPDM 配方（13）

基本用量/g 材料名称	配方编号 EPDM-13	试验项目		试验结果
三元乙丙胶 4045	100	硫化条件(163℃)/min		25
防老剂 RD	2	邵尔 A 型硬度/度		70
中超耐磨炉黑	50	拉伸强度/MPa		23.4
硬脂酸	1	拉断伸长率/%		378
促进剂 CZ	0.8	定伸应力/MPa	100%	2.4
氧化锌	5		300%	15.2
氧化镁	3	拉断永久变形/%		12
硫化剂 DCP	3.9	无割口直角撕裂强度/(kN/m)		44.4
合计	165.7	回弹性/%		43
		B 型压缩永久变形(压缩率 25%,150℃×24h)/%		44
		老化后硬度(150℃×70h)/度		76
		热空气加速老化 (150℃×70h)	拉伸强度/MPa	22.9
			拉断伸长率/%	264
			性能变化率/%　拉伸强度	−2
			伸长率	−30
		圆盘振荡硫化仪 (163℃)	$M_L/N·m$	5.6
			$M_H/N·m$	42.6
			t_{10}	3 分 48 秒
			t_{90}	17 分 36 秒

混炼加料顺序:胶＋RD(75℃±5℃)降温＋中超耐磨炉黑＋硬脂酸＋氧化镁＋DCP——
　　　　　　　　　　　　　　　　　　　　　　　　　　　氧化锌
　　　　　　　　　　　　　　　　　　　　　　　　　　　CZ

　　　薄通 8 次下片备用
混炼辊温:50℃±5℃

表 11-14　EPDM 配方（14）

配方编号 基本用量/g 材料名称	EPDM-14	试验项目			试验结果
三元乙丙胶 4045	100	硫化条件(163℃)/min			25
中超耐磨炉黑	45	邵尔 A 型硬度/度			72
喷雾炭黑	15	拉伸强度/MPa			15.1
癸二酸二辛酯(DOS)	4	拉断伸长率/%			180
硬脂酸	1	拉断永久变形/%			3
促进剂 CZ	1	回弹性/%			57
氧化锌	5	无割口直角撕裂强度/(kN/m)			26.3
氧化镁	3	脆性温度(单试样法)/℃			−70 不断
硫化剂 DCP	4	B 型压缩永久变形(压缩率 25%,120℃×22h)/%			8
合计	178	热空气加速老化 (120℃×70h)	拉伸强度/MPa		14.0
			拉断伸长率/%		188
			性能变化率/%	拉伸强度	−7
				伸长率	+4
		圆盘振荡硫化仪 (163℃)	M_L/N·m		5.1
			M_H/N·m		88.2
			t_{10}		4 分
			t_{90}		19 分 48 秒

混炼加料顺序:胶 + DOS 炭黑 + 氧化锌 硬脂酸 + 氧化镁 + DCP——薄通 8 次下片备用 CZ

混炼辊温:50℃±5℃

表 11-15　EPDM 配方（15）

材料名称 / 基本用量/g	配方编号 EPDM-15	试验项目			试验结果
三元乙丙胶 3070	100	硫化条件(163℃)/min			16
高耐磨炉黑	65	邵尔 A 型硬度/度			74
机油 40#	10	拉伸强度/MPa			23.1
硬脂酸	1	拉断伸长率/%			253
氧化锌	5	拉断永久变形/%			3
硫化剂 DCP	4	无割口直角撕裂强度/(kN/m)			28.0
硫黄	0.3	热空气加速老化 (150℃×48h)	拉伸强度/MPa		19.9
合计	185.3		拉断伸长率/%		157
			性能变化率/%	拉伸强度	−13.9
				伸长率	−38
		门尼黏度值[50ML(3+4)100℃]			87
		圆盘振荡硫化仪 (163℃)	M_L/N·m		8.3
			M_H/N·m		92.3
			t_{10}		2 分 50 秒
			t_{90}		15 分 15 秒

混炼加料顺序:胶+ 机油 炭黑 +硬脂酸+氧化锌+ DCP 硫黄 ——薄通 8 次下片备用

混炼辊温:50℃±5℃

表 11-16		EPDM 配方（16）		

配方编号 基本用量/g 材料名称	EPDM-16	试验项目		试验结果
三元乙丙胶 4045	100	硫化条件(153℃)/min		20
中超耐磨炉黑	48	邵尔 A 型硬度/度		77
机油 10#	4	拉伸强度/MPa		16.5
硬脂酸	1	拉断伸长率/%		284
促进剂 M	0.5	拉断永久变形/%		10
促进剂 TT	1.2	回弹性/%		50
氧化锌	5	无割口直角撕裂强度/(kN/m)		56.6
硫黄	1.5	热空气加速老化 (100℃×96h)	拉伸强度/MPa	14.1
合计	161.2		拉断伸长率/%	172
			性能变化率/% 拉伸强度	−14.5
			伸长率	−39
		圆盘振荡硫化仪 (153℃)	M_L/N·m	6.9
			M_H/N·m	77.2
			t_{10}	3 分 30 秒
			t_{90}	13 分

混炼加料顺序:胶＋ 机油 炭黑 ＋硬脂酸＋ 氧化锌 M TT ＋硫黄——薄通 8 次下片备用

混炼辊温:50℃±5℃

表 11-17　　**EPDM 配方（17）**

基本用量/g　　配方编号　材料名称	EPDM-17	试验项目			试验结果
三元乙丙胶 4045	100	硫化条件(153℃)/min			20
固体古马隆	6	邵尔 A 型硬度/度			80
黏合剂 RE	2	拉伸强度/MPa			18.8
中超耐磨炉黑	40	拉断伸长率/%			456
硬脂酸	1	300%定伸应力/MPa			9.8
促进剂 M	0.7	拉断永久变形/%			26
促进剂 TT	1.2	回弹性/%			48
氧化锌	5	无割口直角撕裂强度/(kN/m)			54.4
黏合剂 RH	1.5	热空气加速老化 (100℃×96h)	拉伸强度/MPa		16.7
硫黄	1.3		拉断伸长率/%		364
合计	158.7		性能变化率/%	拉伸强度	-11.2
				伸长率	-20.2
		圆盘振荡硫化仪 (153℃)	M_L/N·m		9.0
			M_H/N·m		71.5
			t_{10}		3 分
			t_{90}		21 分 30 秒

混炼加料顺序：胶 + $\genfrac{}{}{0pt}{}{RE}{古马隆}$ (75℃±5℃)降温 + 炭黑 + 硬脂酸 + $\genfrac{}{}{0pt}{}{氧化锌}{M}{TT}$ + $\genfrac{}{}{0pt}{}{硫黄}{RH}$ ——薄通 8

　　　　　　　次下片备用

混炼辊温:50℃±5℃

表 11-18　**EPDM 配方（18）**

基本用量/g　　配方编号 材料名称	EPDM-18	试验项目			试验结果
三元乙丙胶 1045	100	硫化条件(163℃)/min			20
高耐磨炉黑	40	邵尔 A 型硬度/度			82
半补强炉黑	40	拉伸强度/MPa			16.6
促进剂 M	1.6	拉断伸长率/%			326
促进剂 TT	1.4	拉断永久变形/%			12
硬脂酸	1	无割口直角撕裂强度/(kN/m)			34.0
氧化锌	5	热空气加速老化 (150℃×48h)	拉伸强度/MPa		19.2
硫黄	1.3		拉断伸长率/%		92
合计	190.3		性能变化率/%	拉伸强度	+15.7
				伸长率	−64.7
		门尼黏度值[50ML(3+4)100℃]			80
		圆盘振荡硫化仪 (163℃)	M_L/N·m		8.9
			M_H/N·m		88.5
			t_{10}		4 分 50 秒
			t_{90}		18 分 45 秒

　　　　　　　　　　　　　氧化锌

混炼加料顺序:胶＋炭黑＋硬脂酸＋　TT　＋硫黄——薄通 8 次下片备用
　　　　　　　　　　　　　　M

混炼辊温:50℃±5℃

表 11-19　**EPDM 配方**（19）

基本用量/g　材料名称 ＼ 配方编号	EPDM-19	试验项目		试验结果
三元乙丙胶 4045	100	硫化条件(163℃)/min		7
高耐磨炉黑	40	邵尔 A 型硬度/度		85
半补强炉黑	40	拉伸强度/MPa		15.2
硬脂酸	1	拉断伸长率/%		228
促进剂 M	1.6	拉断永久变形/%		7
促进剂 TT	1.4	无割口直角撕裂强度/(kN/m)		29.0
氧化锌	5	热空气加速老化 (150℃×48h)	拉伸强度/MPa	19.4
硫黄	1.3		拉断伸长率/%	106
合计	190.3		性能变化率/% 拉伸强度	+27.6
			伸长率	-53.5
		门尼黏度值[50ML(3+4)100℃]		生胶 45
				混炼胶 88
		圆盘振荡硫化仪 (163℃)	M_L/N·m	8.7
			M_H/N·m	126.0
			t_{10}	2 分 15 秒
			t_{90}	6 分 15 秒

氧化锌

混炼加料顺序:胶＋炭黑＋硬脂酸＋　TT　＋硫黄——薄通 8 次下片备用
　　　　　　　　　　　　　　　　　M

混炼辊温:50℃±5℃

表 11-20		**EPDM 配方 （20）**			

基本用量/g 材料名称	配方编号 EPDM-20	试验项目			试验结果
三元乙丙胶 512	100	硫化条件(163℃)/min			7
高耐磨炉黑	40	邵尔 A 型硬度/度			88
半补强炉黑	40	拉伸强度/MPa			18.1
硬脂酸	1	拉断伸长率/%			298
促进剂 M	1.6	拉断永久变形/%			9
促进剂 TT	1.4	无割口直角撕裂强度/(kN/m)			33.0
氧化锌	5	热空气加速老化 （150℃×48h）	拉伸强度/MPa		24.1
硫黄	1.3		拉断伸长率/%		170
合计	190.3		性能变化率/%	拉伸强度	+36.5
				伸长率	−43
		圆盘振荡硫化仪 （163℃）	$M_L/N \cdot m$		12.6
			$M_H/N \cdot m$		136.2
			t_{10}		2 分 15 秒
			t_{90}		7 分

氧化锌

混炼加料顺序:胶＋炭黑＋硬脂酸＋ TT ＋硫黄——薄通 8 次下片备用

   M

混炼辊温:50℃±5℃

第12章

聚氨酯胶（AU）

12.1 聚氨酯胶（硬度66~85）

表 12-1 **AU 配方（1）**

基本用量/g 材料名称 \ 配方编号	AU-1	试验项目		试验结果
S-聚氨酯胶（透明）	100	硫化条件(153℃)/min		15
硬脂酸锌	1	邵尔 A 型硬度/度		66
活性剂 NH-2	1	拉伸强度/MPa		12.9
促进剂 DM	4	拉断伸长率/%		528
促进剂 M	2	300%定伸应力/MPa		6.5
中超耐磨炉黑	25	拉断永久变形/%		54
硫黄	2	回弹性/%		20
合计	135	屈挠龟裂/万次	18(无,无,无)	
			39(3,6,6)	
		圆盘振荡硫化仪 （153℃）	$M_L/N \cdot m$	2.0
			$M_H/N \cdot m$	51.5
			t_{10}	5 分 36 秒
			t_{90}	8 分 24 秒

混炼加料顺序：胶＋硬脂酸锌＋NH-2＋$\overset{\text{DM}}{\underset{\text{M}}{}}$＋炭黑＋硫黄——薄通 6 次下片备用

混炼辊温：50℃±5℃

表 12-2 AU 配方（2）

基本用量/g 配方编号 材料名称	AU-2	试验项目		试验结果
S-聚氨酯胶(透明)	100	硫化条件(148℃)/min		12
硬脂酸锌	1	邵尔 A 型硬度/度		85
活性剂 NH-2	1	拉伸强度/MPa		14.6
促进剂 DM	4	拉断伸长率/%		405
促进剂 M	2	定伸应力/MPa	100%	8.5
喷雾炭黑	65		300%	13.6
硫黄	2	拉断永久变形/%		28
合计	175	圆盘振荡硫化仪 (148℃)	$M_L/N \cdot m$	2.3
			$M_H/N \cdot m$	114.0
			t_{10}	5 分 48 秒
			t_{90}	9 分 12 秒

DM

混炼加料顺序:胶＋硬脂酸锌＋ NH-2 ＋炭黑＋硫黄——薄通 6 次下片备用

M

混炼辊温:50℃±5℃

12.2 聚氨酯胶（硬度 78~92）

表 12-3 AU 配方（3）

材料名称 \ 配方编号 基本用量/g	AU-3	试验项目			试验结果
S-聚氨酯胶（透明，南京）	100	硫化条件(153℃)/min			11
硬脂酸锌	1	邵尔 A 型硬度/度			78
活性剂 NH-2	1	拉伸强度/MPa			24.0
促进剂 DM	4	拉断伸长率/%			429
促进剂 M	2	定伸应力/MPa	100%		9.2
中超耐磨炉黑	40		300%		19.1
硫黄	2	拉断永久变形/%			37
合计	150	回弹性/%			21
		脆性温度（单试样法）/℃			−26
		汽油＋苯(75∶25,室温×24h)质量变化率/%			＋4.1
		热空气加速老化 (100℃×24h)	拉伸强度/MPa		22.8
			拉断伸长率/%		370
			性能变化率/%	拉伸强度	−6.3
				伸长率	−14.2
		圆盘振荡硫化仪 (153℃)	M_L/N·m		4.1
			M_H/N·m		109.1
			t_{10}		4 分 30 秒
			t_{90}		7 分 30 秒

　　　　　　　　　　　　　　DM
混炼加料顺序:胶＋硬脂酸锌＋ NH-2 ＋炭黑＋硫黄——薄通 6 次下片备用
　　　　　　　　　　　　　　M
混炼辊温:50℃±5℃

表 12-4　AU 配方（4）

基本用量/g　配方编号 材料名称	AU-4	试验项目			试验结果
S-聚氨酯胶（透明,南京）	100	硫化条件（153℃）/min			8
硬脂酸锌	1	邵尔 A 型硬度/度			84
活性剂 NH-2	1	拉伸强度/MPa			22.9
促进剂 DM	4	拉断伸长率/%			400
促进剂 M	2	定伸应力/MPa	100%		10.8
中超耐磨炉黑（鞍山）	50		300%		21.0
硫黄	2	拉断永久变形/%			30
合计	160	回弹性/%			20
		脆性温度（单试样法）/℃			−23
		汽油＋苯（75:25,室温×24h）质量变化率/%			4.1
		热空气加速老化 （100℃×24h）	拉伸强度/MPa		22.0
			拉断伸长率/%		298
			性能变化率/%	拉伸强度	−3.9
				伸长率	−25.5
		圆盘振荡硫化仪 （153℃）	M_L/N·m		4.1
			M_H/N·m		99.3
			t_{10}		4 分 15 秒
			t_{90}		7 分 15 秒

　　　　　　　　　　　　　　　DM
混炼加料顺序:胶＋硬脂酸锌＋ NH-2 ＋炭黑＋硫黄——薄通 6 次下片备用
　　　　　　　　　　　　　　　M
混炼辊温:50℃±5℃

表 12-5　AU 配方（5）

基本用量/g 材料名称 ＼ 配方编号	AU-5	试验项目			试验结果
S-聚氨酯胶（透明，南京）	100	硫化条件(148℃)/min			12
硬脂酸锌	1	邵尔 A 型硬度/度			89
活性剂 NH-2	1	拉伸强度/MPa			17.8
促进剂 DM	2	拉断伸长率/%			394
促进剂 M	1	定伸应力/MPa	100%		9.1
促进剂 TT	1		300%		17.1
高耐磨炉黑（鞍山）	65	拉断永久变形/%			30
硫黄	2.5	回弹性/%			20
合计	173.5	热空气加速老化 (100℃×24h)	拉伸强度/MPa		16.2
			拉断伸长率/%		237
			性能变化率/%	拉伸强度	−9
				伸长率	−39.9
		圆盘振荡硫化仪 (148℃)	M_L/N·m		8.9
			M_H/N·m		76.8
			t_{10}		4 分 24 秒
			t_{90}		6 分 36 秒

混炼加料顺序:胶＋硬脂酸锌＋$\dfrac{促进剂}{NH\text{-}2}$＋炭黑＋硫黄——薄通 6 次下片备用

混炼辊温:50℃±5℃

表 12-6　AU 配方（6）

基本用量/g　　材料名称 / 配方编号	AU-6	试验项目			试验结果
S-聚氨酯胶（透明,南京）	100	硫化条件(148℃)/min			12
硬脂酸锌	1	邵尔 A 型硬度/度			92
活性剂 NH-2	1	拉伸强度/MPa			22.7
促进剂 DM	4	拉断伸长率/%			306
促进剂 M	2	100%定伸应力/MPa			13.3
高耐磨炉黑	70	拉断永久变形/%			22
硫黄	2	回弹性/%			18
合计	180	脆性温度（单试样法）/℃			−21
		耐油后质量变化率/%	汽油＋苯(75∶25,室温×24h)		+4.0
			10# 机油(70℃×24h)		−0.7
		热空气加速老化（100℃×48h）	拉伸强度/MPa		21.5
			拉断伸长率/%		180
			性能变化率/%	拉伸强度	−5.3
				伸长率	−41.2
		硫化仪（148℃）	M_L/N·m		11.0
			M_H/N·m		123.6
			t_{10}		4 分 48 秒
			t_{90}		8 分 24 秒

　　　　　　　　　　　　　　　DM
混炼加料顺序:胶＋硬脂酸锌＋ NH-2 ＋炭黑＋硫黄——薄通 6 次下片备用
　　　　　　　　　　　　　　　M
混炼辊温:50℃±5℃

12.3 聚氨酯胶（硬度 73）

表 12-7　AU 配方（7）

材料名称 \ 基本用量/g \ 配方编号	AU-7	试验项目			试验结果
S-聚氨酯胶（透明,南京）	100	硫化条件(153℃)/min			11
硬脂酸锌	1	邵尔 A 型硬度/度			73
活性剂 NH-2	1	拉伸强度/MPa			27.0
促进剂 DM	4	拉断伸长率/%			525
促进剂 M	2	定伸应力/MPa	100%		5.2
中超耐磨炉黑（鞍山）	30		300%		15.3
硫黄	2	拉断永久变形/%			39
合计	140	回弹性/%			23
		脆性温度（单试样法）/℃			−29
		耐汽油＋苯(75∶25,室温×24h)质量变化率/%			+4.3
		热空气加速老化 (100℃×24h)	拉伸强度/MPa		26.0
			拉断伸长率/%		420
			性能变化率/%	拉伸强度	−3.7
				伸长率	−20
		圆盘振荡硫化仪 (153℃)	M_L/N·m		2.9
			M_H/N·m		99.1
			t_{10}/min		5
			t_{90}/min		8

DM

混炼加料顺序:胶＋硬脂酸锌＋ NH-2 ＋炭黑＋硫黄——薄通 6 次下片备用

M

混炼辊温:50℃±5℃

第13章

硅胶（MVQ）

表 13-1 MVQ 配方（1）

基本用量/g 材料名称 \ 配方编号	MVQ-1	试验项目			试验结果
硅胶（扬中）	100	邵尔 A 型硬度/度			34
2# 白炭黑	35	拉伸强度/MPa			5.4
钛白粉	6	拉断伸长率/%			604
羟基硅油	4	定伸应力/MPa	100%		0.5
硫化剂 DCP 母胶（1∶1）	1		300%		1.9
合计	146	拉断永久变形/%			6
		回弹性/%			38
		无割口直角撕裂强度/(kN/m)			14.0
		热空气加速老化（180℃×96h）	拉伸强度/MPa		4.3
			拉断伸长率/%		436
			性能变化率/%	拉伸强度	−20
				伸长率	−21
		圆盘振荡硫化仪（153℃）	M_L/N·m		3.9
			M_H/N·m		27.9
			t_{10}		6 分 48 秒
			t_{90}		49 分 12 秒

一段硫化条件：　　　　　153℃　　　　20min
二段硫化条件：室温至100℃　　　1h
　　　　　　　100～140℃　　　1h
　　　　　　　140～180℃　　　1h
　　　　　　　180℃　　　　　　4h
逐步降温，降至80℃内取出试片

　　　　　　钛白粉
混炼加料顺序:胶+ 硅油 +DCP 母胶——薄通 10 次,停放 24h 后,再薄通 10 次下片
　　　　　　白炭黑
　　　　备用
混炼辊温:40℃内

表 13-2 MVQ 配方（2）

配方编号 基本用量/g 材料名称	MVQ-2	试验项目		试验结果
硅胶（扬中）	100	邵尔 A 型硬度/度		37
2# 白炭黑	10	拉伸强度/MPa		4.0
透明白炭黑（苏州）	20	拉断伸长率/%		668
钛白粉	5	定伸应力/MPa	100%	0.6
羟基硅油	5		300%	1.8
硫化剂 DCP 母胶（1∶1）	1.2	拉断永久变形/%		20
合计	141.2	回弹性/%		46
		无割口直角撕裂强度/(kN/m)		15.2
		圆盘振荡硫化仪 （153℃）	M_L/N·m	2.0
			M_H/N·m	23.0
			t_{10}	3 分 12 秒
			t_{90}	6 分 48 秒

一段硫化条件：　　　　 153℃　　　　15min
二段硫化条件：室温至 100℃　　　1h
　　　　　　　100～140℃　　　1h
　　　　　　　140～180℃　　　1h
　　　　　　　180℃　　　　　4h
逐步降温,降至 80℃内取出试片

　　　　　　　钛白粉
混炼加料顺序：胶＋白炭黑＋DCP 母胶——薄通 10 次,停放 24h 后再薄通 10 次下片
　　　　　　　硅油
　　　　　　　备用
混炼辊温:40℃内

表 13-3　MVQ 配方（3）

材料名称 \ 基本用量/g \ 配方编号	MVQ-3	试验项目		试验结果
硅胶（北京）	100	邵尔 A 型硬度/度		50
2# 白炭黑	27	拉伸强度/MPa		4.0
透明白炭黑（苏州）	15	拉断伸长率/%		238
钛白粉	5	拉断永久变形/%		3
羟基硅油	5	无割口直角撕裂强度/(kN/m)		17.3
硫化剂 DCP 母胶（1:1）	1.2	回弹性/%		44
合计	153.2	B 型压缩永久变形（压缩率 25%）/%	室温×70h	8
			70℃×70h	14
		圆盘振荡硫化仪（153℃）	M_L/N·m	4.8
			M_H/N·m	36.6
			t_{10}	3 分 12 秒
			t_{90}	18 分 48 秒

一段硫化条件：　　　　153℃　　　　20min
二段硫化条件：室温至 100℃　　　1h
　　　　　　　100～140℃　　　1h
　　　　　　　140～180℃　　　1h
　　　　　　　180℃　　　　　4h

逐步降温,降至 80℃内取出试片

　　　　　　钛白粉
混炼加料顺序:胶＋白炭黑＋DCP 母胶——薄通 10 次,停放 24h 后再薄通 10 次下片
　　　　　　硅油
　　　备用
混炼辊温:40℃内

表 13-4 MVQ 配方（4）

材料名称 \ 基本用量/g \ 配方编号	MVQ-4	试验项目		试验结果
硅胶（北京）	100	邵尔 A 型硬度/度		55
2# 白炭黑	35	拉伸强度/MPa		5.8
透明白炭黑（苏州）	5	拉断伸长率/%		358
羟基硅油	4	定伸应力/MPa	100%	1.3
硫化剂 DCP 母胶（1∶1）	1		300%	4.6
合计	145	拉断永久变形/%		7
		无割口直角撕裂强度/(kN/m)		20.9
		圆盘振荡硫化仪（163℃）	M_L/N·m	13.4
			M_H/N·m	42.8
			t_{10}	3 分 12 秒
			t_{90}	6 分 12 秒

一段硫化条件：　　　　163℃　　　　10min
二段硫化条件：室温至100℃　　1h
　　　　　　　　100～200℃　　1h
　　　　　　　　200℃　　　　4h
逐步降温,温度降至80℃以内取出试片

混炼加料顺序:胶+白炭黑/硅油+DCP 母胶——薄通 10 次,停放 24h 后再薄通 10 次下片备用
混炼辊温:40℃内

表 13-5 MVQ 配方（5）

材料名称 / 基本用量/g	配方编号 MVQ-5	试验项目		试验结果
加成硅胶（四川）	100	邵尔 A 型硬度/度		61
透明白炭黑	40	拉伸强度/MPa		5.6
羟基硅油	5	拉断伸长率/%		326
硫化剂 DCP 母胶（1∶1）	1.2	300%定伸应力/MPa		5.1
合计	146.2	拉断永久变形/%		8
		回弹性/%		50
		圆盘振荡硫化仪（153℃）	$M_L/N \cdot m$	5.7
			$M_H/N \cdot m$	42.7
			t_{10}	4 分 24 秒
			t_{90}	12 分 12 秒

一段硫化条件：　　　　　153℃　　　　15min
二段硫化条件：室温至100℃　　　1h
　　　　　　　100～140℃　　　1h
　　　　　　　140～180℃　　　1h
　　　　　　　180℃　　　　　　4h

逐步降温，降至80℃内取出试片

混炼加料顺序：胶＋ 白炭黑硅油 ＋DCP 母胶——薄通 10 次，停放 24h 后再薄通 10 次下片备用

混炼辊温：40℃内

表 13-6 **MVQ 配方（6）**

基本用量/g 配方编号 材料名称	MVQ-6	试验项目		试验结果
加成硅胶（四川）	100	邵尔 A 型硬度/度		66
2# 白炭黑	20	拉伸强度/MPa		5.5
透明白炭黑	30	拉断伸长率/%		226
立德粉	3	拉断永久变形/%		5
羟基硅油	5	圆盘振荡硫化仪（153℃）	M_L/N·m	12.74
硫化剂 DCP 母胶（1∶1）	1.2		M_H/N·m	32.95
合计	160.2		t_{10}	2 分 39 秒
			t_{90}	8 分 32 秒

一段硫化条件：　　153℃　　　　　　10min

二段硫化条件：　　室温至 100℃　　　1h

　　　　　　　　　100～140℃　　　1h

　　　　　　　　　140～180℃　　　1h

　　　　　　　　　180℃　　　　　　5h

逐步降温，温度降至 80℃以内取出试片

　　　　　　　　　　白炭黑
混炼加料顺序：胶＋　硅油　＋DCP 母胶——薄通 10 次，停放 24h 后再薄通 10 次下片
　　　　　　　　　　立德粉

　　　　　　　备用
混炼辊温:40℃内

（按键用）

表 13-7 MVQ 配方（7）

基本用量/g 材料名称 ＼ 配方编号	MVQ-7	试验项目		试验结果
硅胶（扬中）	100	邵尔 A 型硬度/度		65
2# 白炭黑	32	拉伸强度/MPa		4.5
氧化锌	40	拉断伸长率/%		185
钛白粉	15	拉断永久变形/%		5
氢氧化铝（山东）	98	无割口直角撕裂强度/(kN/m)		12.0
羟基硅油	5	老化后撕裂强度(100℃×96h)/(kN/m)		10.5
酞菁蓝	0.2	B 型压缩永久变形(压缩率 25%)/%	室温×22h	14
硫化剂 DCP 母胶(1∶1)	1.1		70℃×22h	23
合计	291.3	热空气加速老化 (100℃×96h)	拉伸强度/MPa	4.7
			拉断伸长率/%	203
			性能变化率/% 拉伸强度	+4.4
			伸长率	+6
		圆盘振荡硫化仪 （170℃）	M_L/N·m	7.01
			M_H/N·m	27.56
			t_{10}	1 分 30 秒
			t_{90}	4 分 20 秒

一段硫化条件：　　170℃　　　　　　10min

二段硫化条件：　　室温至 100℃　　　1h

　　　　　　　　　100～200℃　　　1h

　　　　　　　　　200℃　　　　　　4h

逐步降温,温度降至 80℃以内取出试片

混炼加料顺序:胶＋ 白炭黑 ＋酞菁蓝＋DCP 母胶——薄通 10 次,停放一天再薄通 10
　　　　　　　　硅油
　　　　　　　　钛白粉
　　　　　　　　氧化锌
　　　　　　　　氢氧化铝
次下片备用

混炼辊温:40℃内

（绝缘子用胶）

表 13-8　MVQ 配方（8）

基本用量/g　　　配方编号 材料名称	MVQ-8	试验项目		试验结果
硅胶（扬中）	100	邵尔 A 型硬度/度		69
2# 白炭黑	30	拉伸强度/MPa		4.3
钛白粉（分析纯）	5	拉断伸长率/%		211
氧化锌	40	拉断永久变形/%		2
氢氧化铝	80	回弹性/%		39
透明白炭黑	8	无割口直角撕裂强度/(kN/m)		13.0
羟基硅油	5	电阻（1000 V）/Ω		2×10^{12}
酞菁蓝	0.5	B 型压缩永久变形（压缩率 25%，室温×22h）/%		8
硫化剂 DCP 母胶（1∶1）	7.4	圆盘振荡硫化仪 （163℃）	t_{10}	3 分
合计	269.9		t_{90}	7 分 24 秒

一段硫化条件：　163℃　　　　　　10min

二段硫化条件：　室温至 100℃　　　1h

　　　　　　　　100～150℃　　　1h

　　　　　　　　150～200℃　　　1h

　　　　　　　　200℃　　　　　4h

逐步降温，降至 80℃内取出试片

　　　　　　　　　硅油
　　　　　　　　白炭黑
混炼加料顺序：胶＋　钛白粉　＋酞菁蓝＋DCP 母胶——薄通 10 次，第二天再薄通 10 次
　　　　　　　　氧化锌
　　　　　　　氢氧化铝
　　　　　下片备用
混炼辊温：40℃内

（绝缘子用胶）

表 13-9 MVQ 配方（9）

材料名称 \ 基本用量/g \ 配方编号	MVQ-9	试验项目		试验结果
硅胶（分子量 63 万）	100	邵尔 A 型硬度/度		78
透明白炭黑（苏州）	35	拉伸强度/MPa		4.2
氢氧化铝	105	拉断伸长率/%		176
羟基硅油	6	拉断永久变形/%		4
酞菁蓝	0.3	回弹性/%		39
硫化剂 DCP 母胶（1∶1）	1.4	无割口直角撕裂强度/(kN/m)		14.0
合计	247.7	B 型压缩永久变形（压缩率 25%）/%	室温×22h	11
			70℃×22h	15
		圆盘振荡硫化仪（153℃）	M_L/N·m	9.8
			M_H/N·m	57.4
			t_{10}	3 分
			t_{90}	7 分 12 秒

一段硫化条件：　153℃　　　　　20min

二段硫化条件：　室温至 100℃　　　1h

　　　　　　　　100～140℃　　　1h

　　　　　　　　140～180℃　　　1h

　　　　　　　　180℃　　　　　4h

逐步降温，降至 80℃内取出试片

　　　　　　　　　硅油

混炼加料顺序：胶＋　白炭黑　＋酞菁蓝＋DCP 母胶——薄通 10 次，第二天再薄通 10 次

　　　　　　　　　氢氧化铝

　　　　下片备用

混炼辊温：40℃内

第14章

氟胶（FKM）

14.1 氟胶（硬度 63～78）

表 14-1　FKM 配方（1）

基本用量/g　　　配方编号 材料名称	FKM-1	试验项目		试验结果
氟胶 26A(上海)	50	邵尔 A 型硬度/度		63
氟胶 26B(上海)	50	拉伸强度/MPa		9.8
氧化镁	7	拉断伸长率/%		216
氧化钙	5	100%定伸应力/MPa		30
氟化钙	5	拉断永久变形/%		3
喷雾炭黑	5	无割口直角撕裂强度/(kN/m)		27.6
3#交联剂	3	热空气加速老化 (270℃×96h)	拉伸强度/MPa	11.0
合计	125		拉断伸长率/%	200
			性能变化率/%	拉伸强度	+8.9
				伸长率	-7.4
		圆盘振荡硫化仪 (153℃)	M_L/N·m	10.1
			M_H/N·m	53.8
			t_{10}/min	17
			t_{90}/min	78

一段硫化条件：　153℃　　　　　　30min

二段硫化条件：　室温至 100℃　　　1h

　　　　　　　　100～150℃　　　　1h

　　　　　　　　150～200℃　　　　1h

　　　　　　　　200～250℃　　　　1h

　　　　　　　　250℃保持　　　　10～12h

时间到，关闭烘箱电闸，温度降至 80℃内取出试片，停放 24h 后进行试验

　　　　　　　　　　　　　　氧化镁

混炼加料顺序：胶(压炼 5min)＋　氧化钙 ＋炭黑＋3#交联剂——薄通 8 次，停放一天后，
　　　　　　　　　　　　　　氟化钙

　　　再薄通 8 次下片备用

混炼辊温：45℃以内

表 14-2　**FKM 配方（2）**

基本用量/g　配方编号　材料名称	FKM-2	试验项目		试验结果
氟胶 246B(上海)	100	邵尔 A 型硬度/度		68
活性氧化镁	12	拉伸强度/MPa		10.0
钛白粉	5	拉断伸长率/%		433
立德粉	3	定伸应力/MPa	100%	1.8
酞菁绿	0.3		300%	5.6
3# 交联剂	3	拉断永久变形/%		20
合计	123.3	回弹性/%		15
		无割口直角撕裂强度/(kN/m)		30.8
		B 型压缩永久变形(压缩率 25%)/%	室温×24h	49
			180℃×24h	43
		圆盘振荡硫化仪（163℃）	M_L/N·m	15.57
			M_H/N·m	29.55
			t_{10}	5 分 40 秒
			t_{90}	44 分 44 秒

一段硫化条件：　　163℃　　　　　　40min

二段硫化条件：　　室温至 100℃　　　1h

　　　　　　　　　100～150℃　　　　1h

　　　　　　　　　150～200℃　　　　1h

　　　　　　　　　200～250℃　　　　1h

　　　　　　　　　250℃保持　　　　10～12h

时间到,关闭烘箱电闸,温度降至 80℃内取出试片,停放 24h 后进行试验

　　　　　　　　　　　氧化镁
混炼加料顺序:胶(压炼 3min)＋　钛白粉　＋酞菁绿＋3# 交联剂——薄通 8 次,停放一天
　　　　　　　　　　　立德粉
　　后,再薄通 8 次下片备用

混炼辊温:45℃以内

表 14-3　FKM 配方（3）

基本用量/g　配方编号 材料名称	FKM-3	试验项目			试验结果
氟胶 26D(上海)	100	邵尔 A 型硬度/度			78
活性氧化镁	12	拉伸强度/MPa			9.1
喷雾炭黑	7	拉断伸长率/%			252
$R_h O_3$(含量 34.35%)	1	100%定伸应力/MPa			3.7
3# 交联剂	3	拉断永久变形/%			13
合计	123	热空气加速老化 （270℃×96h）	拉伸强度/MPa		8.1
			拉断伸长率/%		188
			性能变化率/%	拉伸强度	−11
				伸长率	−25
		门尼黏度值[50ML(1+4)100℃]			100
		圆盘振荡硫化仪 （163℃）	$M_L/N \cdot m$		10.9
			$M_H/N \cdot m$		17.6
			t_{10}		6 分 30 秒
			t_{90}		64 分 10 秒

一段硫化条件：　　　163℃　　　　　　40min

二段硫化条件：　　　室温至 100℃　　　1h

　　　　　　　　　　100～150℃　　　1h

　　　　　　　　　　150～200℃　　　1h

　　　　　　　　　　200～280℃　　　1h

　　　　　　　　　　280℃保持　　　　12h

时间到，关闭烘箱电闸，温度降至 80℃内取出试片，停放 24h 后进行试验

混炼加料顺序：胶（压炼 3min）+氧化镁+炭黑+$R_{h2} O_3$+3# 交联剂——薄通 8 次，停放
　　　　　　　一天后，再薄通 8 次下片备用

混炼辊温：45℃以内

14.2 氟胶（硬度 62~81）

表 14-4 FKM 配方（4）

基本用量/g 配方编号 材料名称	FKM-4	试验项目		试验结果
氟胶 246B(上海)	100	邵尔 A 型硬度/度		62
活性氧化镁	12	拉伸强度/MPa		11.9
钛白粉	4	拉断伸长率/%		307
立德粉	5	定伸应力/MPa	100%	1.5
酞菁绿	0.3		300%	11.0
3# 交联剂	3	拉断永久变形/%		9
合计	124.3	回弹性/%		15
		无割口直角撕裂强度/(kN/m)		28.9
		B 型压缩永久变形(压缩率 25%)/%	室温×24h	26
			180℃×24h	23
		圆盘振荡硫化仪 （163℃）	M_L/N·m	11.42
			M_H/N·m	32.59
			t_{10}	10 分 59 秒
			t_{90}	44 分 34 秒

一段硫化条件：　　163℃　　　　　　40min

二段硫化条件：　　室温至 100℃　　　1h

　　　　　　　　　100~150℃　　　　1h

　　　　　　　　　150~200℃　　　　1h

　　　　　　　　　200~250℃　　　　1h

　　　　　　　　　250℃保持　　　　10~12h

时间到,关闭烘箱电闸,温度降至 80℃内取出试片,停放 24h 后进行试验

　　　　　　　　　　　　　　　氧化镁

混炼加料顺序:胶(压炼 3min)＋ 钛白粉 ＋酞菁绿＋3# 交联剂——薄通 8 次,停放一天
　　　　　　　立德粉

　　　　后,再薄通 8 次下片备用

混炼辊温:45℃以内

表 14-5　FKM 配方（5）

基本用量/g 材料名称 ＼ 配方编号	FKM-5	试验项目		试验结果
氟胶 246B(上海)	100	邵尔 A 型硬度/度		66
活性氧化镁	12	拉伸强度/MPa		12.7
喷雾炭黑	7	拉断伸长率/%		300
3# 交联剂	3	定伸应力/MPa	100%	2.4
合计	122		300%	11.7
		拉断永久变形/%		9
		回弹性/%		12
		无割口直角撕裂强度/(kN/m)		34.2
		B 型压缩永久变形(压缩率 25%)/%	室温×24h	23
			180℃×24h	22
		热空气加速老化 (240℃×96h)	拉伸强度/MPa	11.2
			拉断伸长率/%	343
			性能变化率/% 拉伸强度	−11.8
			伸长率	+14.3
		门尼黏度值[50ML(1+4)100℃]		66
		圆盘振荡硫化仪 (163℃)	M_L/N·m	15.9
			M_H/N·m	31.2
			t_{10}	8 分 19 秒
			t_{90}	45 分 10 秒

一段硫化条件：　　163℃　　　　　40min

二段硫化条件：　　室温至 100℃　　　1h

　　　　　　　　100～150℃　　　1h

　　　　　　　　150～200℃　　　1h

　　　　　　　　200～250℃　　　1h

　　　　　　　　250℃ 保持　　　10～12h

时间到,关闭烘箱电闸,温度降至 80℃ 内取出试片,停放 24h 后进行试验

混炼加料顺序:胶(压炼 3min)＋氧化镁＋炭黑＋3# 交联剂——薄通 8 次,停放一天后,

　　　　　　再薄通 8 次下片备用

混炼辊温:45℃ 以内

表 14-6 **FKM 配方（6）**

基本用量/g　　　　配方编号 材料名称	FKM-6	试验项目		试验结果
氟胶 246B(上海)	100	邵尔 A 型硬度/度		69
氧化镁	15	拉伸强度/MPa		12.9
喷雾炭黑	8	拉断伸长率/%		390
3# 交联剂	2.75	定伸应力/MPa	100%	2.3
合计	125.75		300%	10.0
		拉断永久变形/%		11
		无割口直角撕裂强度/(kN/m)		31.2
		B 型压缩永久变形(压缩率 25%)/%	室温×22h	51
			180℃×22h	34
		圆盘振荡硫化仪 （163℃）	M_L/N·m	12.44
			M_H/N·m	29.09
			t_{10}	7 分 52 秒
			t_{90}	47 分 45 秒

一段硫化条件：　　163℃　　　　　　40min

二段硫化条件：　　室温至 100℃　　　1h

　　　　　　　　　100～150℃　　　1h

　　　　　　　　　150～200℃　　　1h

　　　　　　　　　200～250℃　　　1h

　　　　　　　　　250℃保持　　　　10～12h

时间到,关闭烘箱电闸,温度降至 80℃内取出试片,停放 24h 后进行试验

混炼加料顺序:胶(压炼 3min)＋氧化镁＋炭黑＋3# 交联剂——薄通 8 次,停放一天后,
　　　　　再薄通 8 次下片备用

混炼辊温:45℃以内

表 14-7　FKM 配方（7）

基本用量/g　配方编号 材料名称	FKM-7	试验项目			试验结果
氟胶 26A(上海)	70	邵尔 A 型硬度/度			71
氟胶 26B(上海)	30	拉伸强度/MPa			12.8
氧化镁	10	拉断伸长率/%			228
喷雾炭黑	7	100%定伸应力/MPa			3.4
氧化钙	5	拉断永久变形/%			5
3#交联剂	3	回弹性/%			5
合计	125	无割口直角撕裂强度/(kN/m)			30.7
		老化后撕裂(270℃×96h)/(kN/m)			35.9
		B 型压缩永久变形(压缩率 30%,室温×96h)/%			22.7
		热空气加速老化 (270℃×96h)	拉伸强度/MPa		11.3
			拉断伸长率/%		204
			性能变化率/%	拉伸强度	-12
				伸长率	-11
		门尼黏度值[50ML(3+4)100℃]			117
		圆盘振荡硫化仪 (153℃)	M_L/N·m		9.3
			M_H/N·m		20.8
			t_{10}		25 分
			t_{90}		85 分 36 秒

一段硫化条件：　　　153℃　　　　　　　　50min

二段硫化条件：　　　室温至 100℃　　　　1h

　　　　　　　　　　100～150℃　　　　　1h

　　　　　　　　　　150～200℃　　　　　1h

　　　　　　　　　　200～270℃　　　　　1h

　　　　　　　　　　270℃　　　　　　　　保持 18h

时间到,关闭烘箱电闸,温度降至 80℃内取出试片,停放 24h 后进行试验

混炼加料顺序:胶(压炼 5min)＋ 氧化镁
氧化钙 ＋炭黑＋3#交联剂——薄通 8 次,停放一天后,

　　　　　　再薄通 8 次下片备用

混炼辊温:45℃以内

表 14-8　FKM 配方（8）

基本用量/g　　配方编号　材料名称	FKM-8	试验项目		试验结果
氟胶 26A（上海）	100	邵尔 A 型硬度/度		74
氧化镁	15	拉伸强度/MPa		10.7
喷雾炭黑	7	拉断伸长率/%		172
3# 交联剂	3.5	100% 定伸应力/MPa		4.9
合计	125	拉断永久变形/%		5
		回弹性/%		6
		无割口直角撕裂强度/(kN/m)		27.2
		老化后撕裂强度（270℃×96h）/(kN/m)		29.3
		B 型压缩永久变形（压缩率 30%，室温×96h）/%		23.4
		热空气加速老化（270℃×96h）	拉伸强度/MPa	12.4
			拉断伸长率/%	172
			性能变化率/%　拉伸强度	+16
			性能变化率/%　伸长率	0
		门尼黏度值[50ML(3+4)100℃]		78
		圆盘振荡硫化仪（153℃）	M_L/N·m	4.7
			M_H/N·m	38.9
			t_{10}	20 分 36 秒
			t_{90}	76 分 36 秒

一段硫化条件：　153℃　　　　　　50min

二段硫化条件：　室温至 100℃　　　1h

　　　　　　　　100～150℃　　　1h

　　　　　　　　150～200℃　　　1h

　　　　　　　　200～270℃　　　1h

　　　　　　　　270℃　　　　　保持 18h

时间到，关闭烘箱电闸，温度降至 80℃内取出试片，停放 24h 后进行试验

混炼加料顺序：胶（压炼 3min）＋氧化镁＋炭黑＋3# 交联剂——薄通 8 次，停放一天后，再薄通 8 次下片备用

混炼辊温：45℃以内

表 14-9　FKM 配方（9）

材料名称　　基本用量/g　　配方编号	FKM-9	试验项目			试验结果
氟胶 246B(上海)	100	邵尔 A 型硬度/度			81
活性氧化镁	15	拉伸强度/MPa			13.7
2# 白炭黑	3	拉断伸长率/%			281
36-5 通用白炭黑	5	100%定伸应力/MPa			4.7
氧化铁红	6	拉断永久变形/%			14
3# 交联剂	3	回弹性/%			7
合计	132	无割口直角撕裂强度/(kN/m)			42.1
		B 型压缩永久变形(压缩率 20%,120℃×48h)/%			63
		热空气加速老化 (180℃×96h)	拉伸强度/MPa		12.6
			拉断伸长率/%		258
			性能变化率/%	拉伸强度	−8
				伸长率	−8
		圆盘振荡硫化仪 (163℃)	M_L/N·m		12.2
			M_H/N·m		40.5
			t_{10}		3 分 36 秒
			t_{90}		43 分

一段硫化条件：　　　163℃　　　　　　　40min
二段硫化条件：　　　室温至 100℃　　　1h
　　　　　　　　　　100～150℃　　　　1h
　　　　　　　　　　150～200℃　　　　1h
　　　　　　　　　　200～270℃　　　　1h
　　　　　　　　　　270℃　　　　　　　保持 18h
时间到,关闭烘箱电闸,温度降至 80℃内取出试片,停放 24h 后进行试验

混炼加料顺序:胶(压炼 3min)＋氧化镁＋白炭黑＋氧化铁红＋3# 交联剂——薄通 8 次,
　　　　　　　停放一天后,再薄通 8 次下片备用
混炼辊温:45℃以内

14.3 氟胶（硬度 68）

表 14-10 FKM 配方（10）

基本用量/g　　配方编号 材料名称	FKM-10	试验项目			试验结果
氟胶 2602-1（成都）	100	邵尔 A 型硬度/度			68
活性氧化镁	12	拉伸强度/MPa			15.5
喷雾炭黑	6.5	拉断伸长率/%			261
3# 交联剂（上海）	3	100%定伸应力/MPa			3.6
合计	121.5	拉断永久变形/%			7
		回弹性/%			4
		脆性温度（单试样法）/℃			−42
		B 型压缩永久变形（压缩率 25%,180℃×24h）/%			23
		老化后硬度（240℃×96h）/度			72
		热空气加速老化（240℃×96h）	拉伸强度/MPa		17.2
			拉断伸长率/%		295
			性能变化率/%	拉伸强度	+15
				伸长率	+13
		门尼黏度值[50ML(5+4)100℃]	混炼胶		79
			原胶		80
		无转子硫化仪（163℃）	M_L/N·m		2.22
			M_H/N·m		4.09
			t_{10}		3 分 59 秒
			t_{90}		41 分 23 秒

一段硫化条件：　　163℃　　　　　　30min
二段硫化条件：　　室温至 100℃　　　1h
　　　　　　　　　100～150℃　　　　1h
　　　　　　　　　150～200℃　　　　1h
　　　　　　　　　200～250℃　　　　1h
　　　　　　　　　250℃　　　　　　保持 10～12h
时间到,关闭烘箱电闸,温度降至 80℃内取出试片,停放 24h 后进行试验

混炼加料顺序:胶（压炼 3min）+氧化镁+炭黑+3# 交联剂——薄通 8 次,停放一天后,
　　　　　再薄通 8 次下片备用
混炼辊温:45℃以内

第15章
氯化聚乙烯胶（CPE）

15.1 氯化聚乙烯胶（硬度57~73）

表 15-1　CPE 配方（1）

材料名称 \ 配方编号 基本用量/g	CPE-1	试验项目			试验结果
氯化聚乙烯135AB 片状	100	硫化条件(163℃)/min			20
氧化镁	3	邵尔 A 型硬度/度			57
硬脂酸锌	3	拉伸强度/MPa			14.7
半补强炉黑	50	拉断伸长率/%			416
邻苯二甲酸二辛酯(DOP)	22	300%定伸应力/MPa			10.1
硫化剂 DCP	4	拉断永久变形/%			17
合计	182	回弹性/%			40
		无割口直角撕裂强度/(kN/m)			36.3
		热空气加速老化 (100℃×76h)	拉伸强度/MPa		14.8
			拉断伸长率/%		388
			性能变化率/%	拉伸强度	+0.6
				伸长率	-7
		圆盘振荡硫化仪 (163℃)	M_L/N·m		3.6
			M_H/N·m		58.0
			t_{10}		3 分 12 秒
			t_{90}		16 分 36 秒

混炼加料顺序：辊温(80℃±5℃)，氯化聚乙烯压至透明＋硬脂酸锌＋氧化镁——薄通3次下片

氯化聚乙烯母胶＋$\dfrac{\text{DOP}}{\text{炭黑}}$＋DCP——薄通6次下片备用

混炼辊温：55℃±5℃

表 15-2　CPE 配方（2）

材料名称 / 基本用量/g	配方编号 CPE-2	试验项目		试验结果
氯化聚乙烯 135AB 片状	100	硫化条件(163℃)/min		12
硬脂酸锌	3	邵尔 A 型硬度/度		63
氧化镁	3	拉伸强度/MPa		13.5
邻苯二甲酸二辛酯(DOP)	20	拉断伸长率/%		400
半补强炉黑	45	定伸应力/MPa	100%	2.0
水果型香料	0.1		300%	9.6
硫化剂 DCP	4	拉断永久变形/%		21
合计	175.1	回弹性/%		44
		无割口直角撕裂强度/(kN/m)		34.7
		屈挠龟裂/万次		49.5 (无,6,4)
		圆盘振荡硫化仪 (163℃)	M_L/N·m	2.6
			M_H/N·m	27.0
			t_{10}	3 分 12 秒
			t_{90}	9 分 36 秒

混炼加料顺序：辊温(80℃±5℃)，氯化聚乙烯压至透明＋硬脂酸锌＋氧化镁——薄通 3 次下片

氯化聚乙烯母胶＋$\dfrac{\text{DOP}}{\text{炭黑}}$＋香料＋DCP——薄通 6 次下片备用

混炼辊温：55℃±5℃

表 15-3 CPE 配方（3）

材料名称 / 配方编号 基本用量/g	CPE-3	试验项目	试验结果
氯化聚乙烯 135AB 片状	100	硫化条件(163℃)/min	12
硬脂酸锌	3	邵尔 A 型硬度/度	69
氧化镁	3	拉伸强度/MPa	13.8
邻苯二甲酸二辛酯(DOP)	10	拉断伸长率/%	284
半补强炉黑	40	100%定伸应力/MPa	2.8
水果型香料	0.1	拉断永久变形/%	17
硫化剂 DCP	4	回弹性/%	38
合计	160.1	无割口直角撕裂强度/(kN/m)	34.9

屈挠龟裂/万次		3(6,3,5)

	圆盘振荡硫化仪 （163℃）	M_L/N·m	7.4
		M_H/N·m	51.9
		t_{10}	3 分 36 秒
		t_{90}	9 分 12 秒

混炼加料顺序:辊温(80℃±5℃),氯化聚乙烯压至透明＋硬脂酸锌＋氧化镁——薄通 3
次下片

氯化聚乙烯母胶＋$\dfrac{DOP}{炭黑}$＋香料＋DCP——薄通 6 次下片备用

混炼辊温:55℃±5℃

表 15-4 CPE 配方（4）

基本用量/g 材料名称	配方编号 CPE-4	试验项目		试验结果
氯化聚乙烯 135AB 片状	100	硫化条件(163℃)/min		12
硬脂酸锌	3	邵尔 A 型硬度/度		73
氧化镁	3	拉伸强度/MPa		12.8
半补强炉黑	30	拉断伸长率/%		208
水果型香料	0.1	100%定伸应力/MPa		3.8
硫化剂 DCP	4	拉断永久变形/%		16
合计	140.1	回弹性/%		29
		无割口直角撕裂强度/(kN/m)		32.7
		屈挠龟裂/万次		1.5 (6,6,6)
		圆盘振荡硫化仪 （163℃）	$M_L/N·m$	11.9
			$M_H/N·m$	76.5
			t_{10}	3 分
			t_{90}	9 分 36 秒

混炼加料顺序:辊温(80℃±5℃),氯化聚乙烯压至透明＋硬脂酸锌＋氧化镁——薄通 3
　　　次下片
氯化聚乙烯母胶＋炭黑＋香料＋DCP——薄通 6 次下片备用
混炼辊温:55℃±5℃

15.2 氯化聚乙烯胶（硬度 54~67）

表 15-5 **CPE 配方（5）**

基本用量/g 材料名称	CPE-5	试验项目			试验结果
氯化聚乙烯 135A	100	硫化条件(163℃)/min			15
硬脂酸锌	2	邵尔 A 型硬度/度			54
氧化镁	5	拉伸强度/MPa			21.0
半补强炉黑	30	拉断伸长率/%			600
邻苯二甲酸二辛酯（DOP）	26	定伸应力/MPa	300%		4.9
硫化剂 DCP	3		500%		11.2
合计	166	拉断永久变形/%			35
		撕裂强度/(kN/m)			34
		回弹性/%			46
		热空气加速老化 （100℃×96h）	拉伸强度/MPa		23.0
			拉断伸长率/%		585
			性能变化率/%	拉伸强度	+10
				伸长率	−3
		B 型压缩永久变形(120℃×22h)/%	压缩率20%		19
			压缩率25%		24
		圆盘振荡硫化仪 （163℃）	M_L/N·m		12.1
			M_H/N·m		53.9
			t_{10}/min		4
			t_{90}/min		16

混炼加料顺序：辊温(85℃±5℃)CPE 压至透明＋硬脂酸锌＋MgO（降温）＋ 炭黑 ＋ DOP

DCP——薄通 6 次下片备用

混炼辊温：55℃±5℃

表 15-6 CPE 配方（6）

材料名称 \ 基本用量/g \ 配方编号	CPE-6	试验项目			试验结果
氯化聚乙烯 135AB 片状	100	硫化条件(163℃)/min			65
硬脂酸锌	2	邵尔 A 型硬度/度			59
氧化镁	3	拉伸强度/MPa			26.4
邻苯二甲酸二辛酯(DOP)	20	拉断伸长率/%			532
半补强炉黑	30	定伸应力/MPa	300%		7.5
促进剂 DM	2		500%		20.6
硫黄	0.5	拉断永久变形/%			34
促进剂 NA-22	3.5	回弹性/%			38
合计	161	无割口直角撕裂强度/(kN/m)			43.0
		B 型压缩永久变形/%	压缩率 20%,120℃×22h		22
			压缩率 25%,120℃×22h		25
		热空气加速老化(100℃×96h)	拉伸强度/MPa		27.6
			拉断伸长率/%		487
			性能变化率/%	拉伸强度	+4.6
				伸长率	−8.5
		圆盘振荡硫化仪(163℃)	M_L/N·m		10.0
			M_H/N·m		57.4
			t_{10}		11 分 24 秒
			t_{90}		66 分

混炼加料顺序:辊温(80℃±5℃),氯化聚乙烯压至透明＋硬脂酸锌＋氧化镁——薄通 3 次下片

氯化聚乙烯母胶＋ $\dfrac{DOP}{炭黑}$ ＋DM＋ $\dfrac{硫黄}{NA\text{-}22}$ ——薄通 6 次下片备用

混炼辊温:55℃±5℃

表 15-7 CPE 配方（7）

基本用量/g 材料名称 \ 配方编号	CPE-7	试验项目			试验结果
氯化聚乙烯 135AB 片状	100	硫化条件(163℃)/min			15
硬脂酸锌	3	邵尔 A 型硬度/度			62
氧化镁	3	拉伸强度/MPa			18.4
邻苯二甲酸二辛酯(DOP)	30	拉断伸长率/%			536
半补强炉黑	50	定伸应力/MPa	300%		8.5
氧化锌	5		500%		16.7
硫化剂 DCP	4.5	拉断永久变形/%			22
合计	195.5	回弹性/%			28
		无割口直角撕裂强度/(kN/m)			39.6
		热空气加速老化 (70℃×96h)	拉伸强度/MPa		20.1
			拉断伸长率/%		524
			性能变化率/%	拉伸强度	+9.2
				伸长率	-2.2
		圆盘振荡硫化仪 (163℃)	M_L/N·m		5.0
			M_H/N·m		52.6
			t_{10}		3 分 24 秒
			t_{90}		11 分 12 秒

混炼加料顺序：辊温(80℃±5℃)，氯化聚乙烯压至透明＋硬脂酸锌＋ $\frac{氧化镁}{氧化锌}$ ——薄通 3 次下片

氯化聚乙烯母胶＋ $\frac{DOP}{炭黑}$ ＋DCP——薄通 6 次下片备用

混炼辊温：55℃±5℃

表 15-8 CPE 配方（8）

材料名称 / 基本用量/g / 配方编号	CPE-8	试验项目			试验结果
氯化聚乙烯 135AB 片状	100	硫化条件（163℃）/min			20
硬脂酸锌	3	邵尔 A 型硬度/度			67
氧化镁	3	拉伸强度/MPa			15.2
邻苯二甲酸二辛酯（DOP）	20	拉断伸长率/%			376
半补强炉黑	53	300%定伸应力/MPa			12.1
水果型香料	0.1	拉断永久变形/%			19
硫化剂 DCP	4	回弹性/%			40
合计	183.1	无割口直角撕裂强度/(kN/m)			38.7
		脆性温度（单试样法）/℃			−48
		热空气加速老化 （100℃×96h）	拉伸强度/MPa		15.6
			拉断伸长率/%		376
			性能变化率/%	拉伸强度	+3
				伸长率	0
		圆盘振荡硫化仪 （163℃）	M_L/N·m		6.0
			M_H/N·m		65.3
			t_{10}		3 分 12 秒
			t_{90}		18 分 36 秒

混炼加料顺序:辊温(80℃±5℃),氯化聚乙烯压至透明＋硬脂酸锌＋氧化镁——薄通 3
    次下片

氯化聚乙烯母胶＋$\dfrac{DOP}{炭黑}$＋香料＋DCP——薄通 6 次下片备用

混炼辊温:55℃±5℃

第16章

再生胶

表 16-1 再生胶配方（1）

配方编号 基本用量/g 材料名称	A-1	试验项目			试验结果
胎面再生胶	100	硫化条件(153℃)/min			6
石蜡	1	邵尔 A 型硬度/度			51
硬脂酸	2.5	拉伸强度/MPa			5.5
防老剂 A	0.8	拉断伸长率/%			250
防老剂 D	0.8	100%定伸应力/MPa			1.6
促进剂 DM	1	拉断永久变形/%			7
促进剂 TT	0.1	回弹性/%			42
氧化锌	3	无割口直角撕裂强度/(kN/m)			18
芳烃油	15	热空气加速老化 (70℃×96h)	拉伸强度/MPa		5.6
硫黄	1.2		拉断伸长率/%		197
合计	125.4		性能变化率/%	拉伸强度	+2
				伸长率	−21
		圆盘振荡硫化仪 (153℃)	M_L/N·m		6.0
			M_H/N·m		65.3
			t_{10}		2 分 36 秒
			t_{90}		4 分 53 秒

混炼加料顺序：再生胶(薄通 5 次,压炼 3min)＋ 石蜡 促进剂
硬脂酸 ＋ 氧化锌 ＋芳烃油＋硫
防老剂 A 防老剂 D

黄——薄通 4 次下片备用

混炼辊温:50℃±5℃

表 16-2 再生胶配方（2）

基本用量/g 配方编号 材料名称	A-2	试验项目		试验结果
胎面再生胶	100	硫化条件(153℃)/min		5
硬脂酸	2.5	邵尔 A 型硬度/度		58
促进剂 DM	1	拉伸强度/MPa		6.8
促进剂 TT	0.1	拉断伸长率/%		246
氧化锌	3	100%定伸应力/MPa		2.2
芳烃油	8	拉断永久变形/%		7
硫黄	1.3	回弹性/%		40
合计	115.9	无割口直角撕裂强度/(kN/m)		23.2
		热空气加速老化 (70℃×96h)	拉伸强度/MPa	7.4
			拉断伸长率/%	196
			性能变化率/% 拉伸强度	+9
			伸长率	−20
		圆盘振荡硫化仪 (153℃)	M_L/N·m	7.71
			M_H/N·m	26.97
			t_{10}	1 分 55 秒
			t_{90}	4 分 12 秒

混炼加料顺序：再生胶(薄通 5 次,压炼 3min)＋硬脂酸＋ 促进剂 ＋芳烃油＋硫黄——薄
　　　　　　　　　　　　　　　　　　　　 氧化锌
通 4 次下片备用
混炼辊温：50℃±5℃

表 16-3 再生胶配方（3）

基本用量/g 材料名称 / 配方编号	A-3	试验项目		试验结果
胎面再生胶	100	硫化条件(153℃)/min		15
石蜡	0.5	邵尔 A 型硬度/度		68
硬脂酸	3	拉伸强度/MPa		5.1
防老剂 A	0.8	拉断伸长率/%		232
防老剂 D	0.8	拉断永久变形/%		14
促进剂 DM	1	门尼焦烧(120℃)	t_5/min	13
促进剂 TT	0.05		t_{35}/min	17
氧化锌	3	圆盘振荡硫化仪 (148℃)	M_L/N·m	8.7
碳酸钙	27		M_H/N·m	43.4
硫黄	1		t_{10}	5 分 15 秒
合计	137.15		t_{90}	9 分 30 秒

混炼加料顺序：再生胶（薄通 5 次，压炼 3min）＋ 石蜡 硬脂酸 防老剂 A ＋ 促进剂 氧化锌 防老剂 D ＋碳酸钙＋硫黄——薄通 4 次下片备用

混炼辊温:45℃±5℃

表 16-4　再生胶配方（4）

基本用量/g 材料名称	配方编号 A-4	试验项目			试验结果
胎面再生胶	100	硫化条件(143℃)/min			8
石蜡	0.5	邵尔 A 型硬度/度			78
硬脂酸	2	拉伸强度/MPa			6.0
促进剂 DM	1	拉断伸长率/%			107
促进剂 TT	0.4	100%定伸应力/MPa			5.2
氧化锌	3	拉断永久变形/%			5
碳酸钙	25	回弹性/%			37
通用炉黑	20	无割口直角撕裂强度/(kN/m)			16
机油 10#	10	脆性温度(单试样法)/℃			−47
硫黄	1.3	热空气加速老化 (70℃×72h)	拉伸强度/MPa		6.6
合计	162.2		拉断伸长率/%		73
			性能变化率/%	拉伸强度	+10
				伸长率	−32
		圆盘振荡硫化仪 (143℃)	M_L/N·m		16.46
			M_H/N·m		39.97
			t_{10}		2 分 08 秒
			t_{90}		5 分 57 秒

混炼加料顺序：再生胶（薄通 5 次，压炼 3min）＋ 硬脂酸 石蜡 ＋ 氧化锌 促进剂 ＋ 炭黑 机油 碳酸钙 ＋ 硫

黄——薄通 4 次下片备用

混炼辊温：50℃±5℃

表 16-5 再生胶配方（5）

基本用量/g 材料名称 / 配方编号	A-5	试验项目		试验结果
胎面再生胶	100	硫化条件(143℃)/min		20
石蜡	1	邵尔 A 型硬度/度		86
硬脂酸	4	拉伸强度/MPa		9.0
促进剂 DM	1.5	拉断伸长率/%		120
氧化锌	3	100%定伸应力/MPa		8.2
机油 15#	5	拉断永久变形/%		7
高耐磨炉黑	20	回弹性/%		26
硫酸钡	40	无割口直角撕裂强度/(kN/m)		21.3
硫黄	2.5	耐酸碱(室温× 24h)质量变化率 /%	厂用 H₂SO₄ 硫酸液	+0.09
合计	177		20% H₂SO₄	+0.05
			20% NaOH	+0.21
		热空气加速老化 (70℃×96h)	拉伸强度/MPa	9.0
			拉断伸长率/%	76
		性能变化率/%	拉伸强度	0
			伸长率	−36.7
		圆盘振荡硫化仪 (143℃)	M_L/N·m	16.46
			M_H/N·m	39.97
			t_{10}	5 分
			t_{90}	15 分 12 秒

混炼加料顺序：再生胶（薄通 5 次，压炼 3min）＋ 硬脂酸 石蜡 ＋ 氧化锌 促进剂 ＋ 机油 炭黑 ＋硫 硫酸钡

黄——薄通 4 次下片备用

混炼辊温：50℃±5℃

第3篇

并用橡胶配方

该部分共分 15 章、160 例。这部分主要收录了各种并用胶的配方，包括天然胶与丁苯胶、顺丁胶、氯丁胶、再生胶并用胶；氯丁胶与顺丁胶、丁腈胶、丁苯胶并用胶；丁腈胶与顺丁胶、乙丙胶、高苯乙烯并用胶；乙丙胶与丁基胶并用胶及氯化聚乙烯与橡胶并用胶等（参见目录）。配方按胶料硬度拉伸强度自低至高排列组成。每个配方附有工艺条件、物理机械性能，根据胶料不同特性，有的配方附有耐高低温、耐油、耐酸碱、耐屈挠、耐磨耗、耐老化、耐压缩永久变形等性能。对从事新产品开发和配方研究的技术人员有较高的参考价值。

第17章
天然胶/丁苯胶（NR/SBR）

17.1 天然胶/丁苯胶（硬度 32～83）

表 17-1　NR/SBR 配方（1）

基本用量/g　　配方编号 材料名称	NS-1	试验项目		试验结果
烟片胶 1#（1 段）	55	硫化条件(153℃)/min		20
丁苯胶 1502	45	邵尔 A 型硬度/度		32
硬脂酸	2	拉伸强度/MPa		9.8
防老剂 SP	1.5	拉断伸长率/%		732
促进剂 DM	1.3	定伸应力/MPa	300%	1.0
促进剂 M	0.3		500%	2.5
促进剂 TT	0.1	拉断永久变形/%		9
氧化锌	3	回弹性/%		66
硫黄	0.7	圆盘振荡硫化仪 （153℃）	M_L/N·m	2.0
合计	108.9		M_H/N·m	14.4
			t_{10}	12 分 12 秒
			t_{90}	21 分 48 秒

混炼加料顺序：NR＋SBR＋ 防老剂 SP 硬脂酸 ＋ 氧化锌 促进剂 ＋硫黄——薄通 6 次下片备用

混炼辊温：65℃±5℃

表 17-2 NR/SBR 配方（2）

基本用量/g 材料名称	配方编号 NS-2	试验项目			试验结果
烟片胶 1#（1 段）	70	硫化条件(153℃)/min			20
丁苯胶 1500	30	邵尔 A 型硬度/度			45
石蜡	0.5	拉伸强度/MPa			14.5
硬脂酸	2	拉断伸长率/%			616
防老剂 SP	1.5	定伸应力/MPa	300%		3.8
促进剂 DM	1.2		500%		8.5
促进剂 M	0.4	拉断永久变形/%			16
促进剂 TT	0.1	回弹性/%			54
氧化锌	10	无割口直角撕裂强度/(kN/m)			28.4
氧化镁	2	低温脆性温度(单试样法)/℃			−54
立德粉	10	屈挠龟裂/万次			4.5(无，无，无)
沉淀法白炭黑	25	热空气加速老化 (70℃×96h)	拉伸强度/MPa		15.3
碳酸钙	20		拉断伸长率/%		692
大红粉（天津）	1.5		性能变化率/%	拉伸强度	+6
				伸长率	+12
硫黄	0.7	圆盘振荡硫化仪 (153℃)	M_L/N·m		5.1
合计	174.9		M_H/N·m		34.1
			t_{10}		11 分 36 秒
			t_{90}		18 分 48 秒

混炼加料顺序：NR＋SBR＋ 防老剂 SP 硬脂酸 石蜡 ＋ 氧化锌 促进剂 氧化镁 ＋ 大红粉 立德粉 白炭黑 碳酸钙 ＋硫黄——薄通 6 次下片

备用
混炼辊温：55℃±5℃

（硫化胶大红色）

表 17-3　NR/SBR 配方（3）

基本用量/g　　材料名称	配方编号 NS-3	试验项目			试验结果
颗粒胶 1#（薄 5 次）	70	硫化条件(153℃)/min			10
丁苯胶 1502（山东）	30	邵尔 A 型硬度/度			59
石蜡	0.5	拉伸强度/MPa			14.9
硬脂酸	1.5	拉断伸长率/%			706
防老剂 SP	1.5	定伸应力/MPa	300%		3.4
促进剂 CZ	0.9		500%		7.8
促进剂 TT	0.3	拉断永久变形/%			30
氧化锌	8	回弹性/%			49
乙二醇	0.6	无割口直角撕裂强度/(kN/m)			26.6
白凡士林	2	屈挠龟裂/万次			3(无,无,1)
碳酸钙	63	B 型压缩永久变形(压缩率 25%)/%	室温×22h		10
沉淀法白炭黑	27		70℃×22h		46
钛白粉	6	热空气加速老化（70℃×96h）	拉伸强度/MPa		14.1
酞菁蓝	0.6		拉断伸长率/%		624
水果型香料	0.06		性能变化率/%	拉伸强度	−5
硫黄	1.6			伸长率	−12
合计	213.56	圆盘振荡硫化仪（153℃）	M_L/N·m		6.2
			M_H/N·m		38.7
			t_{10}		5 分
			t_{90}		6 分 24 秒

混炼加料顺序：NR＋SBR＋（防老剂 SP　石蜡　硬脂酸）＋（氧化锌　TT　CZ）＋（白凡士林　乙二醇　白炭黑　钛白粉　碳酸钙　酞菁蓝）＋香料＋硫黄——薄通 8 次下片备用

混炼辊温：55℃±5℃

（用于健身罐）

表 17-4 **NR/SBR 配方（4）**

配方编号 基本用量/g 材料名称	NS-4	试验项目		试验结果
颗粒胶 1#（1 段）	50	硫化条件(153℃)/min		7
丁苯胶 1500	50	邵尔 A 型硬度/度		69
石蜡	0.5	拉伸强度/MPa		14.9
硬脂酸	1.5	拉断伸长率/%		446
防老剂 A	1	300%定伸应力/MPa		10.5
防老剂 4010	1.5	拉断永久变形/%		12
促进剂 DM	1.3	回弹性/%		37
促进剂 M	0.3	无割口直角撕裂强度/(kN/m)		47.2
促进剂 TT	0.2	B 型压缩永久变形(压缩率 25%)/%	室温×96h	13
氧化锌	5		70℃×22h	36
机油 10#	18	浸蒸馏水(室温×7d)	质量变化率/%	+0.53
高耐磨炉黑	45		体积变化率/%	+0.54
通用炉黑	35	圆盘振荡硫化仪 (153℃)	M_L/N·m	12.46
碳酸钙	30		M_H/N·m	34.09
硫黄	1.3		t_{10}	2 分 38 秒
合计	240.6		t_{90}	5 分 48 秒

混炼加料顺序：NR＋SBR＋ 硬脂酸 ＋ 防老剂 A
4010 ＋ 促进剂 氧化锌
炭黑 ＋ 机油
碳酸钙 硫黄——薄通 6 次下片
石蜡
备用

混炼辊温：55℃±5℃

表 17-5 NR/SBR 配方（5）

基本用量/g 材料名称	配方编号 NS-5	试验项目			试验结果
颗粒胶 1#（薄 6 次）	85	硫化条件(143℃)/min			10
溶聚丁苯胶(北京)	15	邵尔 A 型硬度/度			74
石蜡	0.5	拉伸强度/MPa			11.2
硬脂酸	1.5	拉断伸长率/%			320
促进剂 CZ	1.5	300%定伸应力/MPa			10.6
氧化锌	5	拉断永久变形/%			10
机油 10#	16	回弹性/%			44
通用炉黑	55	无割口直角撕裂强度/(kN/m)			26.7
碳酸钙	120	脆性温度(单试样法)/℃			−49
水果型香料	0.07	B 型压缩永久变形(压缩率 25%)/%		室温×22h	5
硫黄	1.6			70℃×22h	28
合计	301.17	热空气加速老化 (70℃×96h)	拉伸强度/MPa		10.0
			拉断伸长率/%		273
			性能变化率/%	拉伸强度	−11
				伸长率	−15
		圆盘振荡硫化仪 (143℃)	M_L/N·m		9.38
			M_H/N·m		37.86
			t_{10}		6 分 42 秒
			t_{90}		8 分 59 秒

混炼加料顺序:NR+SBR+ 石蜡 硬脂酸 + 氧化锌 CZ + 机油 炭黑 碳酸钙 +香料+硫黄——薄通 8 次

下片备用

混炼辊温:55℃±5℃

表 17-6	NR/SBR 配方（6）

配方编号 基本用量/g 材料名称	NS-6	试验项目			试验结果
烟片胶 1#（1 段）	70	硫化条件(143℃)/min			10
丁苯胶 1500(吉化)	30	邵尔 A 型硬度/度			83
固体古马隆	5	拉伸强度/MPa			13.3
石蜡	0.5	拉断伸长率/%			228
硬脂酸	2	200%定伸应力/MPa			12.4
防老剂 A	1	拉断永久变形/%			9
防老剂 4010	1.5	回弹性/%			37
促进剂 DM	2.4	阿克隆磨耗/cm³			0.486
促进剂 TT	0.9	试样密度/(g/cm³)			1.288
氧化锌	2	无割口直角撕裂强度/(kN/m)			35.5
沉淀法白炭黑	20	热空气加速老化 (100℃×72h)	拉伸强度/MPa		11.7
碳酸钙	40		拉断伸长率/%		88
混气炭黑	25		性能变化率/%	拉伸强度	−15
半补强炉黑	35			伸长率	−61
硫黄	2	圆盘振荡硫化仪 (143℃)	M_L/N·m		11.9
合计	237.3		M_H/N·m		105.3
			t_{10}		4 分 30 秒
			t_{90}		6 分 48 秒

混炼加料顺序：NR＋SBR＋古马隆(80℃±5℃)降温＋ 石蜡 促进剂 炭黑 硬脂酸 ＋氧化锌＋白炭黑＋ 防老剂 A 4010 碳酸钙

硫黄——薄通 8 次下片备用

混炼辊温：55℃±5℃

17.2 天然胶/丁苯胶（硬度 43~87）

表 17-7 NR/SBR 配方（7）

材料名称 · 基本用量/g · 配方编号	NS-7	试验项目		试验结果
烟片胶 1#（1 段）	60	硫化条件(153℃)/min		20
丁苯胶 1500	40	邵尔 A 型硬度/度		43
石蜡	0.5	拉伸强度/MPa		19.0
硬脂酸	2.5	拉断伸长率/%		656
防老剂 A	1.5	定伸应力/MPa	300%	4.5
防老剂 4010	1.5		500%	11.2
促进剂 DM	0.8	拉断永久变形/%		11
促进剂 M	0.3	回弹性/%		58
促进剂 TT	0.3	无割口直角撕裂强度/(kN/m)		37.7
氧化锌	8	脆性温度(单试样法)/℃		−61
机油 10#	15	屈挠龟裂/万次		51 (1,2,2)
高耐磨炉黑	35	热空气加速老化 (70℃×96h)	拉伸强度/MPa	19.9
硫黄	0.7		拉断伸长率/%	592
合计	166.1		性能变化率/% 拉伸强度	+5
			伸长率	−10
		圆盘振荡硫化仪 (153℃)	M_L/N·m	3.9
			M_H/N·m	41.0
			t_{10}	7 分
			t_{90}	16 分

混炼加料顺序：NR＋SBR＋ 石蜡 硬脂酸 防老剂 A ＋ 促进剂 氧化锌 4010 ＋ 炭黑 机油 ＋硫黄——薄通 8 次下片备用

混炼辊温：55℃±5℃

表 17-8 NR/SBR 配方（8）

基本用量/g 配方编号 材料名称	NS-8	试验项目		试验结果
烟片胶 1#（1 段）	70	硫化条件（143℃）/min		7
丁苯胶 1500	30	邵尔 A 型硬度/度		48
硬脂酸	2	拉伸强度/MPa		19.9
防老剂 D	1.5	拉断伸长率/%		664
促进剂 DM	1.3	定伸应力/MPa	300%	3.4
促进剂 M	0.3		500%	8.9
促进剂 TT	0.3	拉断永久变形/%		12
氧化锌	5	回弹性/%		63
乙二醇	3	无割口直角撕裂强度/(kN/m)		30.0
碳酸钙	40	屈挠龟裂/万次		23（无，无，无）
硫黄	0.7	电阻(500V)/Ω		1.5×10^{13}
合计	154.1	热空气加速老化 （70℃×96h）	拉伸强度/MPa	19.0
			拉断伸长率/%	552
			性能变化率/% 拉断力	−4.5
			伸长率	−16.9
		圆盘振荡硫化仪 （143℃）	M_L/N·m	5.0
			M_H/N·m	43.2
			t_{10}	3 分 24 秒
			t_{90}	6 分 24 秒

混炼加料顺序：NR＋SBR＋硬脂酸＋ 防老剂 D 促进剂 氧化锌 ＋ 碳酸钙 乙二醇 ＋硫黄——薄通 8 次下片备用

混炼辊温：55℃±5℃

表 17-9　NR/SBR 配方（9）

材料名称　　基本用量/g　　配方编号	NS-9	试验项目			试验结果
烟片胶 3#（1 段）	30	硫化条件（143℃）/min			30
丁苯胶 1500	70	邵尔 A 型硬度/度			56
石蜡	1	拉伸强度/MPa			24.5
硬脂酸	2	拉断伸长率/%			612
防老剂 4010NA	1.5	定伸应力/MPa	300%		8.6
防老剂 D	1.2		500%		19.6
促进剂 NOBS	1	拉断永久变形/%			17
防老剂 H	0.3	回弹性/%			38
氧化锌	5	阿克隆磨耗（100℃×48h）/cm³			0.255
机油 10#	9	老化后硬度（70℃×96h）/度			65
中超耐磨炉黑	45	热空气加速老化（70℃×96h）	拉伸强度/MPa		24.1
硫黄	1.2		拉断伸长率/%		446
二硫代二吗啉（DTDM）	0.5		性能变化率/%	拉伸强度	−1.6
合计	167.7			伸长率	−27.1
		门尼焦烧（120℃）	t_5		51 分 30 秒
			t_{35}		60 分 30 秒
		圆盘振荡硫化仪（143℃）	t_{10}		18 分 45 秒
			t_{90}		31 分

混炼加料顺序：NR＋SBR＋ 石蜡 硬脂酸 4010NA ＋ 防老剂 D 防老剂 H 氧化锌 NOBS ＋ 炭黑 机油 ＋ 硫黄 DTDM ——薄通 8 次

下片备用

混炼辊温：55℃±5℃

表 17-10 NR/SBR 配方（10）

基本用量/g 材料名称	配方编号 NS-10	试验项目			试验结果
烟片胶 3#（1 段）	50	硫化条件（148℃）/min			25
丁苯胶 1500	50	邵尔 A 型硬度/度			65
防老剂 RD	1.5	拉伸强度/MPa			24.7
石蜡	1	拉断伸长率/%			624
硬脂酸	3	定伸应力/MPa	300%		8.3
防老剂 4010NA	1		500%		18.3
促进剂 NOBS	0.7	拉断永久变形/%			30
氧化锌	4	回弹性/%			36
机油 10#	7	阿克隆磨耗（100℃×48h）/cm³			0.264
新工艺低结构中超炉黑	50	无割口直角撕裂强度/（kN/m）			70.3
硫黄	1.5	脆性温度（单试样法）/℃			−57
合计	169.7	热空气加速老化 （70℃×96h）	拉伸强度/MPa		25.8
			拉断伸长率/%		535
			性能变化率/%	拉伸强度	+4
				伸长率	−14
		圆盘振荡硫化仪 （148℃）	M_L/N·m		9.37
			M_H/N·m		28.39
			t_{10}		9 分 20 秒
			t_{90}		23 分 29 秒

混炼加料顺序：NR＋SBR＋防老剂 RD(80℃±5℃)降温＋ 石蜡 硬脂酸 4010NA ＋ NOBS 氧化锌 ＋ 炭黑 机油 ＋

硫黄——薄通 8 次下片备用

混炼辊温：55℃±5℃

表 17-11 NR/SBR 配方（11）

材料名称 / 基本用量/g（配方编号）	NS-11	试验项目		试验结果
烟片胶 3#（1段）	70	硫化条件(148℃)/min		15
丁苯胶 1500#	30	邵尔 A 型硬度/度		77
石蜡	0.5	拉伸强度/MPa		19.1
硬脂酸	2.5	拉断伸长率/%		304
防老剂 A	1.5	300%定伸应力/MPa		18.6
防老剂 4010	1	拉断永久变形/%		10
促进剂 CZ	1	回弹性/%		30
促进剂 TT	0.1	无割口直角撕裂强度/(kN/m)		51.6
氧化锌	12	脆性温度(单试样法)/℃		−53
机油 10#	6	B 型压缩永久变形(压缩率 25%)/%	室温×24h	11
高耐磨炉黑	30		70℃×24h	17
通用炉黑	65	热空气加速老化 (70℃×96h)	拉伸强度/MPa	19.5
硫黄	1.3		拉断伸长率/%	239
合计	220.9	性能变化率/%	拉伸强度	+2
			伸长率	−21
		圆盘振荡硫化仪 (148℃)	M_L/N·m	12.25
			M_H/N·m	36.75
			t_{10}	5 分 14 秒
			t_{90}	9 分 12 秒

混炼加料顺序:NR＋SBR＋ 石蜡 硬脂酸 防老剂 A ＋ 4010 促进剂 氧化锌 ＋ 炭黑 机油 ＋硫黄——薄通 8 次下片备用

混炼辊温:55℃±5℃

表 17-12　NR/SBR 配方（12）

配方编号 基本用量/g 材料名称	NS-12	试验项目			试验结果
烟片胶 1#（1 段）	50	硫化条件(143℃)/min			10
丁苯胶 1500	50	邵尔 A 型硬度/度			87
固体古马隆	8	拉伸强度/MPa			17.3
石蜡	0.5	拉断伸长率/%			258
硬脂酸	2	200％定伸应力/MPa			14.8
防老剂 A	1	拉断永久变形/%			11
防老剂 4010	1.5	回弹性/%			29
促进剂 DM	2	阿克隆磨耗/cm³			0.200
促进剂 M	1.2	无割口直角撕裂强度/(kN/m)			47.9
促进剂 TT	1	轨枕垫测电阻(100V)/Ω			7×10^7
氧化锌	4	热空气加速老化 (100℃×72h)	拉伸强度/MPa		15.4
乙二醇	2		拉断伸长率/%		102
陶土	35		性能变化率/%	拉伸强度	−11
混气炭黑	30			伸长率	−60.5
半补强炉黑	30	圆盘振荡硫化仪 (143℃)	M_L/N·m		14.0
硫黄	2.7		M_H/N·m		86.7
合计	220.9		t_{10}		4 分 48 秒
			t_{90}		7 分 12 秒

混炼加料顺序：NR＋SBR＋古马隆(80℃±5℃)降温＋ 硬脂酸 ＋ 石蜡
防老剂 A　　 促进剂
4010 ＋乙二醇＋
氧化锌　　　炭黑　陶土

硫黄——薄通 8 次下片备用

混炼辊温：55℃±5℃

17.3 天然胶/丁苯胶（硬度 56~73）

表 17-13 NR/SBR 配方（13）

基本用量/g 材料名称	配方编号 NS-13	试验项目			试验结果
烟片胶 2#（1 段）	80	硫化条件(138℃)/min			40
丁苯胶 1500	20	邵尔 A 型硬度/度			56
松香	1	拉伸强度/MPa			26.4
硬脂酸	2	拉断伸长率/%			614
防老剂 A	1.5	定伸应力/MPa	300%		6.3
防老剂 D	1		500%		16.2
促进剂 CZ	0.5	拉断永久变形/%			22
促进剂 DM	0.7	回弹性/%			52
促进剂 TT	0.05	老化后硬度(100℃×48h)/度			58
氧化锌	5	热空气加速老化 （100℃×48h）	拉伸强度/MPa		16.9
机油 10#	3.5		拉断伸长率/%		460
半补强炉黑	20		性能变化率/%	拉伸强度	−26.3
高耐磨炉黑	10			伸长率	−25.1
硫黄	2.2	门尼黏度值[50ML(3+4)100℃]			34
合计	147.45	门尼焦烧(120℃)	t_5		29 分 30 秒
			t_{35}		32 分
		圆盘振荡硫化仪 （138℃）	t_{10}		9 分 50 秒
			t_{90}		16 分 20 秒

混炼加料顺序：NR＋SBR＋松香＋ 硬脂酸
防老剂 A ＋ 防老剂 D
促进剂
氧化锌 ＋ 炭黑
机油 ＋硫黄——薄通 8

次下片备用

混炼辊温：55℃±5℃

表 17-14　NR/SBR 配方（14）

基本用量/g　　配方编号 材料名称	NS-14	试验项目			试验结果
烟片胶 1#（1 段）	70	硫化条件(143℃)/min			40
丁苯胶 1500	30	邵尔 A 型硬度/度			63
石蜡	1	拉伸强度/MPa			29.1
硬脂酸	2	拉断伸长率/%			585
防老剂 4010NA	1.5	定伸应力/MPa	300%		1.8
防老剂 D	1.2		500%		11.4
防老剂 H	0.3	拉断永久变形/%			24
促进剂 NOBS	0.9	回弹性/%			42
氧化锌	5	阿克隆磨耗(70℃×48h)/cm³			0.222
机油 10#	6	老化后硬度(70℃×48h)/度			66
中超耐磨炉黑	45	热空气加速老化 (70℃×48h)	拉伸强度/MPa		27.2
硫黄	1.8		拉断伸长率/%		485
合计	164.7		性能变化率/%	拉伸强度	−6.5
				伸长率	−17.1
		门尼黏度值[50ML(3+4)100℃]			56
		门尼焦烧(120℃)	t_5		54 分 30 秒
			t_{35}		60 分 30 秒
		圆盘振荡硫化仪 (143℃)	t_{10}		16 分
			t_{90}		27 分

混炼加料顺序：NR＋SBR＋ {石蜡 硬脂酸 4010NA} ＋ {防老剂 D 防老剂 H 氧化锌 NOBS} ＋ {炭黑 机油} ＋硫黄——薄通 8 次下片

备用
混炼辊温：55℃±5℃

表 17-15 NR/SBR 配方（15）

材料名称 \ 配方编号 基本用量/g	NS-15	试验项目			试验结果
烟片胶 1#（1 段）	70	硫化条件(138℃)/min			35
丁苯胶 1500	30	邵尔 A 型硬度/度			73
硬脂酸	2.5	拉伸强度/MPa			26.9
防老剂 4010NA	2	拉断伸长率/%			612
防老剂 AW	1	定伸应力/MPa	300%		11.7
促进剂 NOBS	0.9		500%		22.6
氧化锌	5	拉断永久变形/%			34
芳烃油	7	回弹性/%			30
中超耐磨炉黑	45	阿克隆磨耗(100℃×48h)/cm³			0.379
四川槽法炭黑	15	热空气加速老化 （100℃×48h）	拉伸强度/MPa		20.0
硫黄	2		拉断伸长率/%		314
合计	180.4		性能变化率/%	拉伸强度	−25.7
				伸长率	−48.7
		门尼黏度值[50ML(3+4)100℃]			65
		门尼焦烧(120℃)	t_5		29 分
			t_{35}		34 分
		圆盘振荡硫化仪 （138℃）	t_{10}		12 分 30 秒
			t_{90}		33 分

混炼加料顺序：NR＋SBR＋ 硬脂酸 4010NA 防老剂 AW ＋ NOBS 氧化锌 ＋ 炭黑 芳烃油 炉黑 ＋硫黄——薄通 8 次下片

备用

混炼辊温:55℃±5℃

第18章

天然胶/顺丁胶（NR/BR）

18.1 天然胶/顺丁胶（硬度 35~84）

表 18-1　NR/BR 配方（1）

基本用量/g　　配方编号 材料名称	NB-1	试验项目		试验结果
烟片胶 1#（1 段）	70	硫化条件(143℃)/min		30
顺丁胶（北京）	30	邵尔 A 型硬度/度		35
硬脂酸	2	拉伸强度/MPa		14.2
防老剂 4010NA	1.5	拉断伸长率/%		760
防老剂 4010	1	定伸应力/MPa	300%	2.0
促进剂 DM	1		500%	5.7
促进剂 M	0.4	拉断永久变形/%		12
促进剂 TT	0.01	回弹性/%		67
氧化锌	10	热空气加速老化 （70℃×72h）	拉伸强度/MPa		10.2
机油 10#	24		拉断伸长率/%		530
半补强炉黑	30		性能变化率/%	拉伸强度	−28
硫黄	2.3			伸长率	−30
合计	172.21	圆盘振荡硫化仪 （143℃）	$M_L/N \cdot m$	3.1
			$M_H/N \cdot m$	37.3
			t_{10}	10 分 50 秒
			t_{90}	20 分 50 秒

混炼加料顺序：NR＋BR＋ 硬脂酸 4010NA ＋ 4010 促进剂 氧化锌 ＋ 炭黑 机油 ＋硫黄——薄通 8 次下片备用

混炼辊温：55℃±5℃

表 18-2 NR/BR 配方（2）

材料名称 / 基本用量/g 配方编号	NB-2	试验项目			试验结果
烟片胶1#（1段）	50	硫化条件（148℃）/min			10
顺丁胶（北京）	50	邵尔A型硬度/度			45
石蜡	1	拉伸强度/MPa			7.3
硬脂酸	2	拉断伸长率/%			652
防老剂D	1.5	定伸应力/MPa	300%		1.9
促进剂DM	1		500%		4.3
促进剂M	0.6	拉断永久变形/%			28
促进剂TT	0.3	回弹性/%			54
氧化锌	5	无割口直角撕裂强度/(kN/m)			18.7
机油10#	30	脆性温度（单试样法）/℃			—70 不断
陶土	30	屈挠龟裂/万次			39 (5,3,5)
碳酸钙	80	热空气加速老化（70℃×96h）	拉伸强度/MPa		6.4
沉淀法白炭黑	15		拉断伸长率/%		568
硫酸钡	20		性能变化率/%	拉伸强度	—12
硫黄	1.7			伸长率	—13
合计	288.1	门尼焦烧（120℃）	t_5		10分
			t_{35}		11分
		圆盘振荡硫化仪（148℃）	M_L/N·m		5.2
			M_H/N·m		34.5
			t_{10}		4分40秒
			t_{90}		8分12秒

混炼加料顺序：NR＋BR＋ 石蜡 硬脂酸 ＋ 防老剂D 促进剂 氧化锌 ＋ 陶土 机油 碳酸钙 白炭黑 硫酸钡 ＋硫黄——薄通8次下片备用

混炼辊温：55℃±5℃

表 18-3　NR/BR 配方（3）

基本用量/g　配方编号　材料名称	NB-3	试验项目		试验结果
颗粒胶 1#（不塑炼）	65	硫化条件（148℃）/min		15
顺丁胶	35	邵尔 A 型硬度/度		57
硬脂酸	2	拉伸强度/MPa		10.7
防老剂 4010NA	1.5	拉断伸长率/%		364
防老剂 4010	1	300%定伸应力/MPa		7.7
促进剂 CZ	1	圆盘振荡硫化仪（148℃）	$M_L/N \cdot m$	3.1
氧化锌	6		$M_H/N \cdot m$	68.2
丁子油	6		t_{10}	9 分 36 秒
石墨 200 目	17		t_{90}	13 分 24 秒
通用炉黑	25			
二硫代二吗啉（DTDM）	2			
硫黄	2.3			
合计	163.8			

混炼加料顺序：NR＋BR＋ 硬脂酸/4010NA ＋ 4010 CZ 氧化锌 ＋ 炭黑 石墨 锭子油 ＋ DTDM 硫黄 ——薄通 8 次下片　备用

混炼辊温：55℃±5℃

表 18-4　NR/BR 配方（4）

材料名称　　基本用量/g　　配方编号	NB-4	试验项目			试验结果
烟片胶 1# (1段)	50	硫化条件(120℃)/min			10
顺丁胶	50	邵尔 A 型硬度/度			68
防老剂 RD	1	拉伸强度/MPa			8.0
石蜡	1	拉断伸长率/%			440
硬脂酸	2	300%定伸应力/MPa			4.9
防老剂 A	1.5	拉断永久变形/%			21
促进剂 M	0.7	回弹性/%			57
促进剂 TT	0.2	热空气加速老化 (70℃×72h)	拉伸强度/MPa		5.8
促进剂 D	0.6		拉断伸长率/%		332
氧化锌	5		性能变化率/%	拉伸强度	−28
芳烃油	19			伸长率	−25
碳酸钙	160	门尼焦烧(100℃)	t_5		4 分
通用炉黑	30		t_{35}		5 分
滑石粉	10	圆盘振荡硫化仪 (120℃)	$M_L/N \cdot m$		9.2
硫黄	2		$M_H/N \cdot m$		82.7
合计	333		t_{10}		2 分 50 秒
			t_{90}		7 分 30 秒

混炼加料顺序：NR＋BR＋RD(80℃±5℃)降温＋ 石蜡 硬脂酸 防老剂 A ＋ 促进剂 氧化锌 ＋ 炭黑 碳酸钙 滑石粉 芳烃油 ＋硫

黄——薄通 8 次下片备用

混炼辊温：55℃±5℃

表 18-5 NR/BR 配方（5）

材料名称 / 基本用量/g / 配方编号	NB-5	试验项目		试验结果
烟片胶 3#（1 段）	60	硫化条件(143℃)/min		15
顺丁胶	40	邵尔 A 型硬度/度		80
石蜡	1	拉伸强度/MPa		14.0
硬脂酸	2	拉断伸长率/%		300
防老剂 A	1.5	200%定伸应力/MPa		10.0
防老剂 4010	1.5	拉断永久变形/%		12
促进剂 DM	2.4	回弹性/%		47
促进剂 M	1	阿克隆磨耗/cm³		0.298
促进剂 TT	0.1	脆性温度（单试样法）/℃		−71
氧化锌	4	电阻(500V)/Ω		8×10^8
乙二醇	3	热空气加速老化（100℃×72h）	拉伸强度/MPa	11.3
邻苯二甲酸二辛酯（DOP）	4		拉断伸长率/%	100
混气炭黑	30	性能变化率/%	拉伸强度	−11
半补强炉黑	30		伸长率	−66
沉淀法白炭黑	30	圆盘振荡硫化仪（143℃）	M_L/N·m	11.4
硫黄	2.7		M_H/N·m	90.0
合计	213.2		t_{10}	5 分 24 秒
			t_{90}	11 分 36 秒

混炼加料顺序：NR＋BR＋　石蜡　　　4010　　　　炭黑
　　　　　　　　　　　　硬脂酸　＋促进剂＋白炭黑　＋硫黄——薄通 8 次下片备用
　　　　　　　　　　　　防老剂 A　氧化锌　乙二醇
　　　　　　　　　　　　　　　　　　　　　　DOP

混炼辊温：55℃±5℃

表 18-6　NR/BR 配方（6）

基本用量/g 材料名称	配方编号 NB-6	试验项目			试验结果
烟片胶 1#（1 段）	55	硫化条件(143℃)/min			15
顺丁胶	45	邵尔 A 型硬度/度			84
石蜡	1	拉伸强度/MPa			11.8
硬脂酸	2	拉断伸长率/%			252
防老剂 A	1	200%定伸应力/MPa			9.5
防老剂 D	1.5	拉断永久变形/%			13
促进剂 DM	1.4	回弹性/%			41
促进剂 M	0.3	阿克隆磨耗/cm³			0.276
促进剂 TT	0.3	试样密度/(g/cm³)			1.337
氧化锌	30	脆性温度(单试样法)/℃			−70
乙二醇	4	热空气加速老化 （100℃×72h）	拉伸强度/MPa		6.8
沉淀法白炭黑	40		拉断伸长率/%		76
混气炭黑	40		性能变化率/%	拉伸强度	−42
硫黄	2.5			伸长率	−70
合计	224	圆盘振荡硫化仪 （143℃）	M_L/N·m		22.4
			M_H/N·m		102.9
			t_{10}		6 分
			t_{90}		13 分

混炼加料顺序：NR＋BR＋ 石蜡 ＋ 防老剂 D ＋ 炭黑
　　　　　　　　　　硬脂酸　　促进剂　　白炭黑 ＋硫黄——薄通 8 次下片
　　　　　　　　　　防老剂 A　氧化锌　　乙二醇

　　　　　　　　　备用
混炼辊温:55℃±5℃

18.2 天然胶/顺丁胶（硬度 35~85）

表 18-7 NR/BR 配方（7）

基本用量/g 配方编号 材料名称	NB-7	试验项目		试验结果
颗粒胶 1# (不塑炼)	75	硫化条件(153℃)/min		6
顺丁胶	25	邵尔 A 型硬度/度		35
硬脂酸	2	拉伸强度/MPa		19.8
防老剂 SP	1.5	拉断伸长率/%		652
乙二醇	2	定伸应力/MPa	300%	2.5
促进剂 DM	1.3		500%	6.5
促进剂 TT	0.2	回弹性/%		76
氧化锌	5	圆盘振荡硫化仪 (153℃)	M_L/N·m	2.4
硫黄	2		M_H/N·m	19.6
合计	114		t_{10}	3 分 12 秒
			t_{90}	4 分 30 秒

混炼加料顺序：NR＋BR＋ 硬脂酸 防老剂 SP 乙二醇 ＋ 促进剂 氧化锌 ＋硫黄——薄通 8 次下片备用

混炼辊温：60℃±5℃

表 18-8 NR/BR 配方（8）

基本用量/g 配方编号 材料名称	NB-8	试验项目			试验结果
烟片胶 1#（1 段）	30	硫化条件(143℃)/min			30
顺丁胶	70	邵尔 A 型硬度/度			48
石蜡	1	拉伸强度/MPa			18.7
硬脂酸	2	拉断伸长率/%			827
防老剂 4010NA	1.5	定伸应力/MPa	300%		3.0
防老剂 D	1.2		500%		7.8
促进剂 H	0.3	拉断永久变形/%			23
促进剂 NOBS	1	回弹性/%			36
氧化锌	4	阿克隆磨耗(100℃×48h)/cm³			0.224
芳烃油	25	热空气加速老化 （100℃×48h）	拉伸强度/MPa		15.4
中超耐磨炉黑（鞍山）	51		拉断伸长率/%		663
硫黄	1.2		性能变化率/%	拉伸强度	−17.7
合计	188.2			伸长率	−23.5
		门尼焦烧(120℃)	t_5		70 分 30 秒
			t_{35}		80 分
		圆盘振荡硫化仪 （143℃）	t_{10}		18 分 30 秒
			t_{90}		30 分

混炼加料顺序：NR＋BR＋ 石蜡 硬脂酸 4010NA ＋ 防老剂 D 防老剂 H 氧化锌 NOBS ＋ 炭黑 芳烃油 ＋硫黄——薄通 8 次下片

备用
混炼辊温：55℃±5℃

表 18-9　NR/BR 配方（9）

基本用量/g　配方编号 材料名称	NB-9	试验项目		试验结果
颗粒胶 1#（不塑炼）	70	硫化条件（148℃）/min		20
顺丁胶	30	邵尔 A 型硬度/度		59
硬脂酸	2	拉伸强度/MPa		18.6
防老剂 4010NA	1.5	拉断伸长率/%		540
防老剂 4010	1	300％定伸应力/MPa		9.7
促进剂 M	0.6	拉断永久变形/%		22
促进剂 D	0.5	圆盘振荡硫化仪 （148℃）	M_L/N·m	3.7
促进剂 TT	0.1		M_H/N·m	55.4
氧化锌	6		t_{10}	3 分 12 秒
白凡士林	5		t_{90}	16 分 24 秒
快压出炉黑	48			
硫黄	2.8			
合计	167.5			

混炼加料顺序：NR＋BR＋ 硬脂酸 4010NA ＋ 4010 促进剂 氧化锌 ＋ 凡士林 炭黑 ＋硫黄——薄通 8 次下片 备用

混炼辊温：55℃±5℃

表 18-10　NR/BR 配方（10）

材料名称　基本用量/g　配方编号	NB-10	试验项目			试验结果
烟片胶 3#（1 段）	55	硫化条件(153℃)/min			15
顺丁胶	45	邵尔 A 型硬度/度			67
石蜡	0.5	拉伸强度/MPa			19.1
硬脂酸	2.5	拉断伸长率/%			440
防老剂 4010NA	1	300%定伸应力/MPa			13.3
防老剂 4010	1.5	拉断永久变形/%			11
促进剂 CZ	1.6	回弹性/%			48
促进剂 TT	0.1	阿克隆磨耗/cm³			0.324
氧化锌	3	试样密度/(g/cm³)			1.140
机油 10#	7	无割口直角撕裂强度/(kN/m)			54.1
快压出炉黑	56	脆性温度(单试样法)/℃			−59.4
硫黄	1.8	屈挠龟裂/万次			3 (1,2,无)
合计	175	B 型压缩永久变形(压缩率 25%)/%		室温×22h	6
				70℃×24h	20
		热空气加速老化 (70℃×96h)	拉伸强度/MPa		17.8
			拉断伸长率/%		339
			性能变化率/%	拉伸强度	−7
				伸长率	−23
		圆盘振荡硫化仪 (153℃)	M_L/N·m		9.35
			M_H/N·m		39.02
			t_{10}		3 分 45 秒
			t_{90}		5 分 37 秒

混炼加料顺序：NR＋BR＋　石蜡　硬脂酸　4010NA ＋ 4010　促进剂　氧化锌 ＋ 炭黑　机油 ＋硫黄——薄通 8 次下片备用

混炼辊温：55℃±5℃

表 18-11 NR/BR 配方（11）

基本用量/g 材料名称 / 配方编号	NB-11	试验项目			试验结果
烟片胶 3#（1 段）	70	硫化条件（148℃）/min			10
顺丁胶	30	邵尔 A 型硬度/度			73
石蜡	0.5	拉伸强度/MPa			18.0
硬脂酸	2.5	拉断伸长率/%			339
防老剂 A	1.5	300%定伸应力/MPa			16.5
防老剂 4010	1	拉断永久变形/%			8
促进剂 CZ	1	回弹性/%			37
促进剂 TT	0.1	无割口直角撕裂强度/(kN/m)			52.0
氧化锌	12	脆性温度（单试样法）/℃			－63
机油 10#	6	B 型压缩永久变形（压缩率 25%）/%		室温×24h	11
高耐磨炉黑	30			70℃×24h	29
通用炉黑	65	热空气加速老化（70℃×96h）	拉伸强度/MPa		18.8
硫黄	0.9		拉断伸长率/%		273
合计	220.5		性能变化率/%	拉伸强度	＋4
				伸长率	－19
		圆盘振荡硫化仪（148℃）	M_L/N·m		12.24
			M_H/N·m		34.25
			t_{10}		4 分 18 秒
			t_{90}		7 分 20 秒

混炼加料顺序:NR＋BR＋ 石蜡 硬脂酸 防老剂 A ＋ 4010 促进剂 氧化锌 ＋ 炭黑 机油 ＋硫黄——薄通 8 次下片备用

混炼辊温:55℃±5℃

表 18-12　NR/BR 配方（12）

材料名称 基本用量/g	配方编号 NB-12	试验项目			试验结果
烟片胶 1#（1 段）	70	硫化条件(138℃)/min			40
顺丁胶	30	邵尔 A 型硬度/度			85
硬脂酸	2	拉伸强度/MPa			21.1
防老剂 4010NA	1	拉断伸长率/%			338
防老剂 BLE	1	300%定伸应力/MPa			19.8
促进剂 NOBS	0.6	拉断永久变形/%			16
氧化锌	5	回弹性/%			40
苯甲酸	3.5	热空气加速老化 （100℃×48h）	拉伸强度/MPa		14.2
松焦油	4		拉断伸长率/%		175
高耐磨炉黑	35		性能变化率/%	拉伸强度	−31.2
快压出炉黑	35			伸长率	−48.2
不溶性硫黄	3	门尼焦烧(120℃)	t_5		20 分
合计	190.1		t_{35}		24 分
		圆盘振荡硫化仪 （138℃）	t_{10}		11 分 30 秒
			t_{90}		45 分

混炼加料顺序：烟片胶＋顺丁胶＋ 　4010NA
硬脂酸 ＋ 　氧化锌
BLE　　 NOBS 　＋ 松焦油
苯甲酸 ＋不溶性硫黄——薄
炭黑

　　　　　　　通 8 次下片备用

混炼辊温：55℃±5℃

18.3 天然胶/顺丁胶（硬度 59～73）

表 18-13　NR/BR 配方（13）

基本用量/g　配方编号 材料名称	NB-13	试验项目			试验结果
烟片胶 1#（1 段）	80	硫化条件(143℃)/min			30
顺丁胶	20	邵尔 A 型硬度/度			59
黏合剂 RE	1	拉伸强度/MPa			26.5
硬脂酸	3	拉断伸长率/%			625
氧化锌	5	定伸应力/MPa	300%		9.5
防老剂 BLE	1.5		500%		19.7
促进剂 4010NA	1.5	拉断永久变形/%			26
促进剂 NOBS	0.6	回弹性/%			50
机油 10#	6	钢丝单根抽出/N	老化前		510
高耐磨炉黑	15		老化后(100℃×48h)		431
快压出炉黑	25	热空气加速老化 (100℃×48h)	拉伸强度/MPa		18.7
黏合剂 A	0.5		拉断伸长率/%		430
硫黄	1.8		性能变化率/%	拉伸强度	-29.4
合计	160.9			伸长率	-31.2
		门尼黏度值[50ML(3+4)100℃]			52.5
		门尼焦烧(120℃)	t_5		61 分 30 秒
			t_{35}		68 分
		圆盘振荡硫化仪 (143℃)	t_{10}		15 分
			t_{90}		33 分 45 秒

混炼加料顺序：天然胶＋顺丁胶＋ 硬脂酸
氧化锌（80℃±5℃）降温＋防老剂＋NOBS＋ 机油
RE 炭黑

黏合剂 A＋硫黄——薄通 8 次下片备用

混炼辊温：55℃±5℃

表 18-14　NR/BR 配方（14）

材料名称 / 基本用量/g	配方编号 NB-14	试验项目			试验结果
烟片胶 1#（1 段）	70	硫化条件(143℃)/min			40
顺丁胶	30	邵尔 A 型硬度/度			61
硬脂酸	2	拉伸强度/MPa			27.7
防老剂 4010NA	1.5	拉断伸长率/%			638
防老剂 BLE	1.5	定伸应力/MPa	300%		9.4
促进剂 CZ	0.5		500%		20.9
氧化锌	4	拉断永久变形/%			21
机油 10#	6	回弹性/%			45
中超耐磨炉黑	50	阿克隆磨耗/cm³			0.307
二硫代二吗啉(DTDM)	2	热空气加速老化（100℃×48h）	拉伸强度/MPa		21.8
硫黄	0.5		拉断伸长率/%		456
合计	168		性能变化率/%	拉伸强度	－21.3
				伸长率	－28.5
		门尼焦烧(120℃)	t_5		35 分 30 秒
			t_{35}		41 分 30 秒
		圆盘振荡硫化仪（143℃）	t_{10}		11 分
			t_{90}		18 分 30 秒

混炼加料顺序：NR＋BR＋ 硬脂酸 4010NA 防老剂 BLE ＋ CZ 氧化锌 ＋ 炭黑 机油 ＋ DTDM 硫黄 ——薄通 8 次下片

备用

混炼辊温：55℃±5℃

表 18-15 NR/BR 配方（15）

基本用量/g 材料名称	配方编号 NB-15	试验项目			试验结果
烟片胶 1#（1 段）	50	硫化条件（143℃）/min			40
顺丁胶	50	邵尔 A 型硬度/度			69
石蜡	1	拉伸强度/MPa			26.1
硬脂酸	2	拉断伸长率/%			443
防老剂 A	1	300%定伸应力/MPa			14.9
防老剂 4010NA	2	拉断永久变形/%			10
促进剂 NOBS	1.1	回弹性/%			42
氧化锌	4	阿克隆磨耗（100℃×48h 后）/cm³			0.081
芳烃油	7	热空气加速老化 （100℃×48h）	拉伸强度/MPa		22.5
中超耐磨炉黑	60		拉断伸长率/%		334
二硫代二吗啡啉（DTDM）	1		性能变化率/%	拉伸强度	−13.8
硫黄	0.7			伸长率	−24.6
合计	179.8	门尼焦烧（120℃）	t_5		47 分 05 秒
			t_{30}		54 分
		圆盘振荡硫化仪 （143℃）	t_{10}		30 分
			t_{90}		48 分 05 秒

混炼加料顺序：NR＋BR＋ 石蜡 硬脂酸 防老剂 ＋ NOBS 氧化锌 ＋ 炭黑 芳烃油 ＋ DTDM 硫黄 ——薄通 8 次下片

备用

混炼辊温：55℃±5℃

表 18-16　NR/BR 配方（16）

材料名称　基本用量/g　配方编号	NB-16	试验项目			试验结果
烟片胶 1#（1 段）	50	硫化条件(143℃)/min			40
顺丁胶	50	邵尔 A 型硬度/度			73
石蜡	1	拉伸强度/MPa			25.5
硬脂酸	2	拉断伸长率/%			412
防老剂 4010NA	2	300%定伸应力/MPa			18.8
防老剂 A	1	拉断永久变形/%			11
促进剂 NOBS	0.6	回弹性/%			43
氧化锌	4	阿克隆磨耗(100℃×48h)/cm³			0.110
芳烃油	7	热空气加速老化 （100℃×48h）	拉伸强度/MPa		19.9
中超耐磨炉黑	60		拉断伸长率/%		267
二硫代二吗啉(DTDM)	2.5		性能变化率/%	拉伸强度	−22
硫黄	0.6			伸长率	−35.2
合计	180.7	门尼焦烧(120℃)	t_5		60 分
			t_{35}		71 分 30 秒
		圆盘振荡硫化仪 （143℃）	t_{10}		32 分
			t_{90}		59 分

混炼加料顺序：NR＋BR＋ 石蜡 硬脂酸＋ 防老剂 ＋ NOBS 氧化锌 ＋ 炭黑 芳烃油 ＋ DTDM 硫黄 ——薄通 8 次下片

　　　　　　　　备用
混炼辊温：55℃±5℃

第19章

天然胶/丁苯胶/顺丁胶（NR/SBR/BR）

19.1 天然胶/丁苯胶/顺丁胶（硬度 35～85）

表 19-1 NR/SBR/BR 配方（1）

基本用量/g（材料名称）\配方编号	NSB-1	试验项目		试验结果
烟片胶 1#（1 段）	70	硫化条件（143℃）/min		30
丁苯胶 1500	10	邵尔 A 型硬度/度		35
顺丁胶（北京）	20	拉伸强度/MPa		14.2
硬脂酸	2	拉断伸长率/%		740
防老剂 4010NA	1.5	定伸应力/MPa	300%	2.1
防老剂 4010	1		500%	5.9
促进剂 DM	1	拉断永久变形/%		13
促进剂 M	0.4	回弹性/%		67
促进剂 TT	0.01	热空气加速老化（70℃×72h）	拉伸强度/MPa	15.5
氧化锌	10		拉断伸长率/%	620
机油 10#	24		性能变化率/% 拉伸强度	+9
半补强炉黑	30		性能变化率/% 伸长率	−16
硫黄	2.3	圆盘振荡硫化仪（143℃）	M_L/N·m	2.8
合计	172.21		M_H/N·m	36.0
			t_{10}	11 分 45 秒
			t_{90}	22 分

混炼加料顺序：NR＋SBR＋BR＋硬脂酸 4010NA＋4010 促进剂 氧化锌＋炭黑 机油＋硫黄——薄通 8 次下片

备用

混炼辊温：55℃±5℃

表 19-2 NR/SBR/BR 配方 （2）

材料名称 基本用量/g 配方编号	NSB-2	试验项目		试验结果
烟片胶 1#（1 段）	50	硫化条件（153℃）/min		15
丁苯胶 1500	15	邵尔 A 型硬度/度		45
顺丁胶（北京）	35	拉伸强度/MPa		11.9
黏合剂 RE	4	拉断伸长率/%		737
固体古马隆	5	定伸应力/MPa	300%	2.8
硬脂酸	2		500%	6.5
氧化锌	5	拉断永久变形/%		24
防老剂 4010NA	1.5	脆性温度（单试样法）/℃		−75 不断
防老剂 4010	1.2	门尼焦烧（120℃）	t_5	51 分 30 秒
防老剂 H	0.3		t_{35}	58 分 30 秒
促进剂 DM	0.8	圆盘振荡硫化仪（153℃）	M_L/N·m	3.2
机油 10#	20		M_H/N·m	28.6
中超耐磨炉黑	10		t_{10}	5 分 45 秒
半补强炉黑	10		t_{90}	12 分
混气炭黑	15			
黏合剂 RH	4			
硫黄	0.7			
合计	179.5			

混炼加料顺序：NR＋SBR＋BR＋ RE/古马隆/硬脂酸/氧化锌 （80℃±5℃）降温＋4010NA＋ 4010/防老剂 H ＋促进剂

炭黑/机油 ＋ RH/硫黄 ——薄通 8 次下片备用

混炼辊温：55℃±5℃

表 19-3　NR/SBR/BR 配方（3）

基本用量/g 配方编号 材料名称	NSB-3	试验项目			试验结果
烟片胶 1#（1 段）	50	硫化条件（153℃）/min			10
丁苯胶 1500	15	邵尔 A 型硬度/度			57
顺丁胶	35	拉伸强度/MPa			15.0
黏合剂 RE	2	拉断伸长率/%			520
硬脂酸	2	300％定伸应力/MPa			7.7
氧化锌	10	拉断永久变形/%			9
防老剂 BLE	2	脆性温度（单试样法）/℃			−69
防老剂 4010	1	屈挠龟裂/万次			50（无，无，无）
促进剂 DM	1.3	热空气加速老化 （100℃×48h）	拉伸强度/MPa		10.9
促进剂 TT	0.3		拉断伸长率/%		243
机油 10#	12		性能变化率/%	拉伸强度	−27.3
液体古马隆	7			伸长率	−53.3
高耐磨炉黑	20	圆盘振荡硫化仪 （153℃）	M_L/N·m		5.6
半补强炉黑	40		M_H/N·m		62.3
黏合剂 RH	1		t_{10}		4 分
硫黄	1.4		t_{90}		7 分
合计	200				

混炼加料顺序：NR＋SBR＋BR＋ 硬脂酸（RE/硬脂酸/氧化锌）（80℃±5℃）降温＋BLE＋（4010/促进剂）＋

（炭黑/古马隆/机油）＋（RH/硫黄）——薄通 8 次下片备用

混炼辊温：55℃±5℃

表 19-4 NR/SBR/BR 配方（4）

材料名称 \ 配方编号 / 基本用量/g	NSB-4	试验项目		试验结果
颗粒胶 1#（1 段）	50	硫化条件（163℃）/min		5
丁苯胶 1500	20	邵尔 A 型硬度/度		61
顺丁胶	30	拉伸强度/MPa		13.1
石蜡	0.5	拉断伸长率/%		486
硬脂酸	1.5	300%定伸应力/MPa		8.0
促进剂 DM	1.3	拉断永久变形/%		10
促进剂 M	0.3	回弹性/%		50
促进剂 TT	0.2	无割口直角撕裂强度/(kN/m)		36.0
防老剂 4010	1	脆性温度（单试样法）/℃		−65
氧化锌	5	B 型压缩永久变形（压缩率 25%）/%	室温×22h	5
机油 10#	16		70℃×22h	30
碳酸钙	40		70℃×96h	46
高耐磨炉黑	20	老化后硬度（70℃×96h）/度		67
半补强炉黑	50	热空气加速老化（70℃×96h）	拉伸强度/MPa	11.4
硫黄	1.3		拉断伸长率/%	322
合计	237.1		性能变化率/% 拉伸强度	−13
			伸长率	−34
		圆盘振荡硫化仪（163℃）	M_L/N·m	11.16
			M_H/N·m	32.68
			t_{10}	1 分 33 秒
			t_{90}	2 分 47 秒

混炼加料顺序:NR＋SBR＋BR＋ 石蜡 硬脂酸 ＋ 促进剂 4010 氧化锌 ＋ 碳酸钙 炭黑 机油 ＋硫黄——薄通 8 次下片备用

混炼辊温:55℃±5℃

表 19-5 NR/SBR/BR 配方（5）

基本用量/g 材料名称 \ 配方编号	NSB-5	试验项目			试验结果
烟片胶 1#（1 段）	15	硫化条件（148℃）/min			10
溶聚丁苯胶	70	邵尔 A 型硬度/度			68
顺丁胶	15	拉伸强度/MPa			10.0
硬脂酸	1.5	拉断伸长率/%			800
促进剂 CZ	1	定伸应力/MPa	100%		1.5
促进剂 TT	0.1		300%		2.5
氧化锌	8	回弹性/%			44
乙二醇	2	无割口直角撕裂强度/(kN/m)			26.5
白凡士林	2	热空气加速老化（70℃×72h）	拉伸强度/MPa		9.6
碳酸钙	75		拉断伸长率/%		670
沉淀法白炭黑	30		性能变化率/%	拉伸强度	−4
水果型香料	0.06			伸长率	−16
硫黄	1.5	圆盘振荡硫化仪（148℃）	M_L/N·m		14.3
合计	221.16		M_H/N·m		55.5
			t_{10}		6 分 48 秒
			t_{90}		10 分 48 秒

混炼加料顺序： NR/SBR ＋BR＋硬脂酸＋ 促进剂 氧化锌 ＋ 白炭黑 碳酸钙 凡士林 乙二醇 ＋香料＋硫黄——薄通 8 次下

片备用

混炼辊温：55℃±5℃

表 19-6　NR/SBR/BR 配方（6）

基本用量/g 材料名称	配方编号 NSB-6	试验项目			试验结果
烟片胶 1#（1 段）	50	硫化条件(143℃)/min			20
丁苯胶 1500	20	邵尔 A 型硬度/度			74
顺丁胶	30	拉伸强度/MPa			13.4
石蜡	1	拉断伸长率/%			380
硬脂酸	2	200%定伸应力/MPa			6.6
防老剂 A	1.5	拉断永久变形/%			10
防老剂 D	1	回弹性/%			50
促进剂 DM	1.4	阿克隆磨耗/cm³			0.558
促进剂 M	0.3	脆性温度(单试样法)/℃			−71 不断
促进剂 TT	0.3	电阻(500V)/Ω			$1.8×10^{11}$
氧化锌	30	热空气加速老化 (100℃×72h)	拉伸强度/MPa		7.2
乙二醇	2		拉断伸长率/%		128
沉淀法白炭黑	20		性能变化率/%	拉伸强度	−46
混气炭黑	30			伸长率	−66
硫酸钡	30	圆盘振荡硫化仪 (143℃)	M_L/N·m		8.0
硫黄	2.5		M_H/N·m		80.6
合计	222		t_{10}		7 分 48 秒
			t_{90}		18 分

混炼加料顺序：NR＋SBR＋BR＋ 石蜡 硬脂酸 防老剂 A ＋ 防老剂 D 促进剂 ＋ 炭黑 白炭黑 ＋ 乙二醇 氧化锌 硫酸钡 ＋ 硫

黄——薄通 8 次下片备用

混炼辊温：55℃±5℃

表 19-7 **NR/SBR/BR 配方（7）**

基本用量/g 材料名称	配方编号 NSB-7	试验项目			试验结果
烟片胶 1#（1 段）	45	硫化条件(143℃)/min			20
丁苯胶 1500	20	邵尔 A 型硬度/度			85
顺丁胶	35	拉伸强度/MPa			14.6
固体古马隆	2	拉断伸长率/%			184
石蜡	1	拉断永久变形/%			7
硬脂酸	2	回弹性/%			41
防老剂 A	1.5	阿克隆磨耗/cm³			0.224
防老剂 D	0.8	脆性温度（单试样法）/℃			−72 不断
防老剂 4010	1.5	轨枕垫测电阻(500V)/Ω			8×10^8
促进剂 DM	2.4	热空气加速老化 (100℃×72h)	拉伸强度/MPa		11.2
氧化锌	4		拉断伸长率/%		64
乙二醇	4		性能变化率/%	拉伸强度	−23
混气炭黑	40			伸长率	−65
半补强炉黑	30	圆盘振荡硫化仪 (143℃)	$M_L/N\cdot m$		15.5
沉淀法白炭黑	40		$M_H/N\cdot m$		108.8
硫黄	2.5		t_{10}		6 分 36 秒
合计	231.7		t_{90}		18 分 36 秒

混炼加料顺序：NR＋SBR＋BR＋古马隆（80℃±5℃）降温＋ 石蜡
硬脂酸 ＋ 氧化锌
防老剂 A DM
防老剂 D ＋
防老剂 4010

　　　　　　　　　　炭黑
　　　　　　白炭黑＋硫黄——薄通 8 次下片备用
　　　　　　乙二醇
混炼辊温：55℃±5℃

19.2 天然胶/丁苯胶/顺丁胶（硬度48~85）

表 19-8 NR/SBR/BR 配方（8）

配方编号 基本用量/g 材料名称	NSB-8	试验项目			试验结果
烟片胶 2#（2 段）	60	硫化条件(138℃)/min			30
丁苯胶 1500（日本）	30	邵尔 A 型硬度/度			48
顺丁胶	10	拉伸强度/MPa			22.1
硬脂酸	2	拉断伸长率/%			809
防老剂 4010NA	1	定伸应力/MPa	300%		3.9
防老剂 BLE	2		500%		9.7
促进剂 CZ	0.8	拉断永久变形/%			21
促进剂 DM	0.4	回弹性/%			51
促进剂 TT	0.05	热空气加速老化 （100℃×48h）	拉伸强度/MPa		20.9
氧化锌	5		拉断伸长率/%		552
机油 10#	4		性能变化率/%	拉伸强度	−5.4
沉淀法白炭黑	10			伸长率	−31.8
通用炉黑	15	门尼黏度值[50ML(3+4)100℃]			63
快压出炉黑	13	门尼焦烧（120℃）	t_5		36 分
硫黄	2.2		t_{35}		43 分
合计	155.45	圆盘振荡硫化仪 （138℃）	t_{10}		14 分 40 秒
			t_{90}		34 分

混炼加料顺序：NR＋SBR＋BR＋ $\begin{matrix} BLE \\ 硬脂酸 \\ 4010NA \end{matrix}$ ＋ $\begin{matrix} 促进剂 \\ 氧化锌 \end{matrix}$ ＋ $\begin{matrix} 白炭黑 \\ 炭黑 \\ 机油 \end{matrix}$ ＋硫黄——薄通 8 次下

片备用

混炼辊温：55℃±5℃

表 19-9　NR/SBR/BR 配方（9）

配方编号　基本用量/g　材料名称	NSB-9	试验项目			试验结果
烟片胶 1#（2 段）	50	硫化条件（143℃）/min			50
丁苯胶 1500	10	邵尔 A 型硬度/度			56
顺丁胶	40	拉伸强度/MPa			18.0
石蜡	1	拉断伸长率/%			617
硬脂酸	3	定伸应力/MPa	300%		6.8
防老剂 4010NA	1		500%		14.3
防老剂 A	1	拉断永久变形/%			12
促进剂 NOBS	0.6	回弹性/%			42
氧化锌	4	热空气加速老化（100℃×48h）	拉伸强度/MPa		14.5
机油 10#	8		拉断伸长率/%		385
通用炉黑	20		性能变化率/%	拉伸强度	−19.4
高耐磨炉黑	35			伸长率	−37.6
硫黄	1.2	门尼黏度值[50ML(1+4)100℃]			47.5
合计	174.8	门尼焦烧（120℃）	t_5		75 分 30 秒
			t_{35}		89 分
		圆盘振荡硫化仪（143℃）	t_{10}		20 分
			t_{90}		45 分

混炼加料顺序：NR＋SBR＋BR＋ 石蜡 硬脂酸 防老剂 ＋ NOBS 氧化锌 ＋ 炭黑 机油 ＋硫黄——薄通 8 次下片

备用

混炼辊温：55℃±5℃

表 19-10　NR/SBR/BR 配方（10）

基本用量/g 材料名称	配方编号 NSB-10	试验项目		试验结果
烟片胶 3#（1 段）	40	硫化条件(148℃)/min		25
丁苯胶 1500	30	邵尔 A 型硬度/度		63
顺丁胶	30	拉伸强度/MPa		21.6
防老剂 RD	1.5	拉断伸长率/%		621
石蜡	1	定伸应力/MPa	300%	7.5
硬脂酸	3		500%	16.0
防老剂 4010NA	1	拉断永久变形/%		20
促进剂 NOBS	0.7	回弹性/%		39
氧化锌	4	阿克隆磨耗/cm³		0.158
机油 10#	7	试样密度/(g/cm³)		1.110
新工艺高结构高耐磨炉黑	50	无割口直角撕裂强度/(kN/m)		67.8
硫黄	1.5	脆性温度(单试样法)/℃		−70 不断
合计	169.7	热空气加速老化 (70℃×96h)	拉伸强度/MPa	23.4
			拉断伸长率/%	525
			性能变化率/% 拉伸强度	+8
			伸长率	−15
		圆盘振荡硫化仪 (148℃)	M_L/N·m	9.67
			M_H/N·m	28.80
			t_{10}	10 分 32 秒
			t_{90}	22 分 40 秒

混炼加料顺序:NR＋SBR＋BR＋RD(80℃±5℃)降温＋ 石蜡 硬脂酸 4010NA ＋ NOBS 氧化锌 ＋ 炭黑 机油 ＋

硫黄——薄通 8 次下片备用

混炼辊温:55℃±5℃

表 19-11　NR/SBR/BR 配方（11）

基本用量/g　配方编号 材料名称	NSB-11	试验项目		试验结果
烟片胶 1#（1 段）	40	硫化条件（143℃）/min		25
丁苯胶 1500（吉化）	40	邵尔 A 型硬度/度		75
顺丁胶	20	拉伸强度/MPa		16.8
石蜡	1	拉断伸长率/%		302
硬脂酸	2	200%定伸应力/MPa		12.3
防老剂 A	2	拉断永久变形/%		6
防老剂 D	2	回弹性/%		35
促进剂 DM	1.8	电阻（500V）/Ω		$5×10^7$
促进剂 TT	0.5	圆盘振荡硫化仪 （143℃）	$M_L/N·m$	9.0
氧化锌	2		$M_H/N·m$	78.0
机油 10#	7		t_{10}	10 分 36 秒
混气炭黑	60		t_{90}	25 分 12 秒
半补强炉黑	20			
陶土	15			
碳酸钙	15			
硫黄	2			
合计	230.3			

混炼加料顺序：NR＋SBR＋BR＋ 石蜡 硬脂酸 防老剂 A ＋ 氧化锌 促进剂 防老剂 D ＋ 炭黑 机油 陶土 碳酸钙 ＋硫黄——薄通 8 次

下片备用

混炼辊温：55℃±5℃

表 19-12 NR/SBR/BR 配方 (12)

材料名称 基本用量/g 配方编号	NSB-12	试验项目		试验结果
烟片胶 1# (1 段)	50	硫化条件(143℃)/min		15
丁苯胶 1500	30	邵尔 A 型硬度/度		85
顺丁胶	20	拉伸强度/MPa		18.0
固体古马隆	8	拉断伸长率/%		227
硬脂酸	2	200%定伸应力/MPa		17.3
防老剂 A	2	拉断永久变形/%		6
防老剂 D	2	回弹性/%		43
促进剂 DM	2.4	圆盘振荡硫化仪 (143℃)	$M_L/N \cdot m$	11.9
促进剂 TT	0.8		$M_H/N \cdot m$	108.6
氧化锌	2		t_{10}	5 分 36 秒
混气炭黑	60		t_{90}	12 分 48 秒
半补强炉黑	30			
沉淀法白炭黑	10			
硫黄	2.5			
合计	221.7			

混炼加料顺序:NR+SBR+BR+古马隆(80℃±5℃)降温+ 硬脂酸 防老剂 A + 促进剂 氧化锌 防老剂 D +

炭黑 白炭黑 +硫黄——薄通 8 次下片备用

混炼辊温:55℃±5℃

19.3 天然胶/丁苯胶/顺丁胶（硬度 57~75）

表 19-13 NR/SBR/BR 配方（13）

基本用量/g \ 配方编号 材料名称	NSB-13	试验项目			试验结果
烟片胶 1#（1 段）	70	硫化条件(138℃)/min			30
丁苯胶 1712	10	邵尔 A 型硬度/度			57
顺丁胶	20	拉伸强度/MPa			25.4
硬脂酸	2	拉断伸长率/%			615
防老剂 A	1	定伸应力/MPa	300%		7.9
防老剂 BLE	1		500%		17.9
促进剂 DM	0.9	拉断永久变形/%			21
促进剂 M	0.5	回弹性/%			51
氧化锌	5	阿克隆磨耗/cm³			0.127
松焦油	4	热空气加速老化（100℃×48h）	拉伸强度/MPa		18.0
低结构高耐磨炉黑	10		拉断伸长率/%		393
通用炉黑	30		性能变化率/%	拉伸强度	−29.1
硫黄	2.5			伸长率	−36.1
合计	156.9	门尼焦烧(120℃)	t_5		19 分
			t_{30}		24 分
		圆盘振荡硫化仪（138℃）	t_{10}		10 分
			t_{90}		27 分

混炼加料顺序:NR＋SBR＋BR＋ 硬脂酸 防老剂 ＋ 促进剂 氧化锌 ＋ 炭黑 松焦油 ＋硫黄——薄通 8 次下片 备用

混炼辊温:55℃±5℃

表 19-14 NR/SBR/BR 配方（14）

基本用量/g 材料名称	配方编号 NSB-14	试验项目			试验结果
烟片胶 3#（1 段）	55	硫化条件(143℃)/min			25
丁苯胶 1500	25	邵尔 A 型硬度/度			62
顺丁胶（北京）	20	拉伸强度/MPa			26.5
石蜡	1	拉断伸长率/%			581
硬脂酸	2.5	定伸应力/MPa	300%		10.1
防老剂 RD	1.5		500%		22.1
防老剂 4010NA	1	拉断永久变形/%			20
氧化锌	6	撕裂强度/(kN/m)			46
机油 10#	6	回弹性/%			39
促进剂 NOBS	1.6	阿克隆磨耗/cm³			0.123
中超耐磨炉黑	35	热空气加速老化 (100℃×24h)	拉伸强度/MPa		21.5
四川槽法炭黑	15		伸长率/%		471
硫黄	1.5		性能变化率/%	拉伸强度	−19
合计	171.1			伸长率	−19
		圆盘振荡硫化仪 (143℃)	t_{10}		12 分 10 秒
			t_{90}		19 分 15 秒

混炼加料顺序：NR＋SBR＋BR＋RD(80℃±5℃)降温＋ 石蜡 硬脂酸 4010NA ＋ NOBS 氧化锌 ＋ 机油 炭黑 ＋硫

黄——薄通 8 次下片备用

混炼辊温：55℃±5℃

表 19-15 NR/SBR/BR 配方（15）

基本用量/g　配方编号 材料名称	NSB-15	试验项目			试验结果
烟片胶 3#（1 段）	50	硫化条件（141℃）/min			40
丁苯胶 1500	35	邵尔 A 型硬度/度			69
顺丁胶（北京）	15	拉伸强度/MPa			26.8
硬脂酸	1	拉断伸长率/%			605
氧化锌	8	定伸应力/MPa	300%		10.9
黏合剂 RE	1.5		500%		225
防老剂 4010	1.5	拉断永久变形/%			28
防老剂 4010NA	1	撕裂强度/（kN/m）			61
促进剂 CZ	0.6	热空气加速老化 （100℃×48h）	拉伸强度/MPa		20.1
促进剂 DZ	0.6		拉断伸长率/%		385
机油 10#	5		性能变化率/%	拉伸强度	−25
四川槽法炭黑	25			伸长率	−36
高耐磨炉黑	20	钢丝黏合单根 抽出/N	老化前		764
黏合剂 A	1.5		老化后（100℃×48h）		510
合计	168.1	圆盘振荡硫化仪 （141℃）	t_{10}		15 分 10 秒
			t_{90}		38 分 35 秒

混炼加料顺序：烟片胶＋丁苯胶＋顺丁胶＋硬脂酸（85℃±5℃）降温＋氧化锌 RE ＋防老剂 促进剂 ＋

炭黑 机油 ＋环烷酸钴 黏合剂 A ＋硫黄——薄通 8 次下片备用

混炼辊温：55℃±5℃

表 19-16 NR/SBR/BR 配方（16）

基本用量/g 材料名称	配方编号 NSB-16	试验项目		试验结果
烟片胶 1#（1 段）	65	硫化条件(141℃)/min		45
丁苯胶 1500	25	邵尔 A 型硬度/度		75
顺丁胶（北京）	10	拉伸强度/MPa		28.6
黏合剂 RE	1.3	拉断伸长率/%		460
硬脂酸	2	300％定伸应力/MPa		16.5
氧化锌	6	拉断永久变形/%		33
防老剂 RD	1.5	回弹性/%		51
防老剂 4010NA	1	热空气加速老化 (100℃×48h)	拉伸强度/MPa	16.5
机油 10#	6		拉断伸长率/%	178
促进剂 DZ	1.6		性能变化率/% 拉伸强度	−42
四川槽法炉黑	35		伸长率	−61
高耐磨炉黑	20	钢丝黏合单根 抽出/N	老化前	784
环烷酸钴	0.5		老化后(100℃×48h)	480
黏合剂 A	1.6	圆盘振荡硫化仪 (141℃)	t_{10}	23 分 10 秒
硫黄	3.6		t_{90}	46 分
合计	180.1			

混炼加料顺序：烟片胶＋丁苯胶＋顺丁胶＋ RE／硬脂酸／氧化锌／RD （85℃±5℃）降温＋4010NA＋DZ＋

炭黑／机油＋黏合剂 A＋硫黄——薄通 8 次下片备用

混炼辊温：55℃±5℃

第20章

天然胶/氯丁胶（NR/CR）

20.1　天然胶/氯丁胶（硬度 49~63）

表 20-1　NR/CR 配方（1）

基本用量/g　　　配方编号　材料名称	NC-1	试验项目			试验结果
烟片胶 1#（1 段）	50	硫化条件(143℃)/min			40
氯丁胶（通用）	50	邵尔 A 型硬度/度			49
石蜡	2	拉伸强度/MPa			13.4
硬脂酸	2	拉断伸长率/%			504
防老剂 A	0.5	定伸应力/MPa	300%		4.4
防老剂 D	1		500%		13.0
促进剂 DM	1.3	拉断永久变形/%			14
促进剂 M	0.3	回弹性/%			26.0
促进剂 TT	0.1	脆性温度（单试样法）/℃			−53
高耐磨炉黑	15	应力松弛系数/%	室温×96h		0.89
半补强炉黑	15		70℃×96h		0.48
碳酸钙	15	热空气加速老化（70℃×96h）	拉伸强度/MPa		12.6
邻苯二甲酸二丁酯（DBP）	15		拉断伸长率/%		488
氧化锌	6.5		性能变化率/%	拉伸强度	−6
硫黄	1			伸长率	−4
合计	174.7	圆盘振荡硫化仪（143℃）	M_L/N·m		2.5
			M_H/N·m		34.0
			t_{10}		9 分 24 秒
			t_{90}		35 分 48 秒

混炼加料顺序:烟片胶＋氯丁胶＋　硬脂酸 石蜡 防老剂 A　＋　促进剂 防老剂 D　＋　DBP 炭黑 碳酸钙　＋　硫黄 氧化锌　——薄通

8 次下片备用

混炼辊温:45℃±5℃

（减枕垫用）

表 20-2　NR/CR 配方（2）

基本用量/g　　材料名称	配方编号 NC-2	试验项目		试验结果
烟片胶 1#（1 段）	60	硫化条件（143℃）/min		20
氯丁胶 120（山西）	40	邵尔 A 型硬度/度		63
氧化镁	2	拉伸强度/MPa		13.8
石蜡	0.5	拉断伸长率/%		364
硬脂酸	1	300%定伸应力/MPa		11.0
防老剂 A	1	拉断永久变形/%		10
防老剂 4010	1	回弹性/%		39
促进剂 DM	1	无割口直角撕裂强度/(kN/m)		32.6
促进剂 M	0.3	脆性温度（单试样法）/℃		−56
机油 10#	12	热空气加速老化（70℃×96h）	拉伸强度/MPa	12.7
邻苯二甲酸二辛酯（DOP）	10		拉断伸长率/%	280
高耐磨炉黑	40	性能变化率/%	拉伸强度	−8
半补强炉黑	40		伸长率	−23
氧化锌	5	圆盘振荡硫化仪（143℃）	$M_L/N·m$	7.0
硫黄	0.8		$M_H/N·m$	49.9
合计	214.6		t_{10}	5 分
			t_{90}	17 分

混炼加料顺序：烟片胶＋氯丁胶＋氧化镁＋ 硬脂酸 石蜡 防老剂 A ＋ DM 4010 M ＋ DOP 炭黑 机油 ＋ 硫黄 氧化锌 ——薄

通 8 次下片备用

混炼辊温：45℃±5℃

20.2 天然胶/氯丁胶（硬度 59~70）

表 20-3 NR/CR 配方（3）

材料名称 / 基本用量/g	配方编号 NC-3	试验项目		试验结果
烟片胶 3#（1 段）	15	硫化条件(143℃)/min		15
氯丁胶 121（山西）	85	邵尔 A 型硬度/度		59
氧化镁	3.4	拉伸强度/MPa		17.3
硬脂酸	1	拉断伸长率/%		462
防老剂 A	1	300%定伸应力/MPa		11.2
防老剂 4010	1.5	拉断永久变形/%		8
促进剂 CZ	0.12	回弹性/%		41
邻苯二甲酸二辛酯（DOP）	14	无割口直角撕裂强度/(kN/m)		51.8
通用炉黑	50	脆性温度（单试样法）/℃		−41
氧化锌	2.6	屈挠龟裂/万次		38(无,无,无)
促进剂 NA-22	0.17			51(1,1,1)
硫黄	0.12	B 型压缩永久变形(压缩率 25%)/%	室温×22h	11
合计	173.91		70℃×22h	36
		热空气加速老化 (70℃×96h)	拉伸强度/MPa	17.0
			拉断伸长率/%	377
		性能变化率/%	拉伸强度	−2
			伸长率	−18
		圆盘振荡硫化仪 (153℃)	M_L/N·m	6.06
			M_H/N·m	31.94
			t_{10}	2 分 14 秒
			t_{90}	5 分 39 秒

混炼加料顺序:烟片胶＋氯丁胶＋氧化镁＋ 硬脂酸/防老剂 A ＋ CZ/4010 ＋ DOP/炭黑 ＋ 硫黄/氧化锌/NA-22 —— 薄

通 8 次下片备用

混炼辊温:45℃±5℃

表 20-4　NR/CR 配方（4）

基本用量/g 配方编号 材料名称	NC-4	试验项目		试验结果
颗粒胶 1#（不塑炼）	30	硫化条件（148℃）/min		9
氯丁胶	70	邵尔 A 型硬度/度		62
氧化镁	3	拉伸强度/MPa		17.7
硬脂酸	1	拉断伸长率/%		496
防老剂 4010NA	1.5	300%定伸应力/MPa		10.7
防老剂 4010	1	拉断永久变形/%		16
促进剂 DM	0.5	圆盘振荡硫化仪 （148℃）	M_L/N·m	2.8
促进剂 TT	0.2		M_H/N·m	27.2
促进剂 D	0.5		t_{10}	2 分 36 秒
机油 10#	10		t_{90}	6 分 06 秒
半补强炉黑	15			
高耐磨炉黑	30			
氧化锌	5			
促进剂 NA-22	0.2			
硫黄	0.7			
合计	168.6			

混炼加料顺序：烟片胶＋氯丁胶＋氧化镁＋硬脂酸 4010NA＋促进剂 4010＋炭黑 机油＋硫黄 氧化锌 NA-22——薄

通 8 次下片备用

混炼辊温：45℃±5℃

表 20-5　NR/CR 配方（5）

基本用量/g　　　配方编号 材料名称	NC-5	试验项目		试验结果
烟片胶 3#（1 段）	85	硫化条件(143℃)/min		10
氯丁胶 121(山西)	15	邵尔 A 型硬度/度		66
氧化镁	0.6	拉伸强度/MPa		22.8
石蜡	0.5	拉断伸长率/%		457
硬脂酸	2.5	定伸应力/MPa	100%	3.5
防老剂 4010NA	1		300%	13.7
防老剂 4010	1.5	拉断永久变形/%		16
促进剂 CZ	1	回弹性/%		44
机油 10#	8	阿克隆磨耗/cm³		0.300
快压出炉黑	55	试样密度/(g/cm³)		1.16
氧化锌	3	无割口直角撕裂强度/(kN/m)		55.8
促进剂 NA-22	0.03	脆性温度(单试样法)/℃		−60
硫黄	1.1	屈挠龟裂/万次		1.5(无,无,1)
合计	174.23	B 型压缩永久变形(压缩率 25%)/%	室温×72h	8
			70℃×24h	32
		老化后硬度(70℃×168h)/度		72
		热空气加速老化 (70℃×168h)	拉伸强度/MPa	21.9
			拉断伸长率/%	421
			性能变化率/%	拉伸强度 −4
				伸长率 −8
		圆盘振荡硫化仪 (153℃)	M_L/N·m	9.31
			M_H/N·m	35.40
			t_{10}	2 分 18 秒
			t_{90}	3 分 21 秒

混炼加料顺序:烟片胶＋氯丁胶＋氧化镁＋ 硬脂酸／4010NA／石蜡 ＋ CZ／4010 ＋ 机油／炭黑 ＋ 硫黄／氧化锌／NA-22 ——薄

　　　　　　通 8 次下片备用

混炼辊温:45℃±5℃

表 20-6 NR/CR 配方（6）

材料名称 / 配方编号 / 基本用量/g	NC-6	试验项目		试验结果
烟片胶 3#（1 段）	70	硫化条件（143℃）/min		10
氯丁胶 121（山西）	30	邵尔 A 型硬度/度		70
氧化镁	1.2	拉伸强度/MPa		19.8
石蜡	0.5	拉断伸长率/%		438
硬脂酸	2.5	定伸应力/MPa	100%	4.4
防老剂 4010NA	1.5		300%	15.2
防老剂 4010	1	拉断永久变形/%		8
促进剂 CZ	1	回弹性/%		43
机油 10#	8	阿克隆磨耗/cm³		0.216
快压出炉黑	56	试样密度/(g/cm³)		1.19
氧化锌	3	无割口直角撕裂强度/(kN/m)		54.3
促进剂 NA-22	0.06	脆性温度（单试样法）/℃		−60
硫黄	0.9	屈挠龟裂/万次		3 (1,1,1)
合计	175.66	B 型压缩永久变形（压缩率 25%）/%	室温×72h	7
			70℃×24h	32
		老化后硬度（70℃×168h）/度		75
		热空气加速老化 （70℃×168h）	拉伸强度/MPa	19.4
			拉断伸长率/%	278
		性能变化率/%	拉伸强度	−2
			伸长率	−37
		圆盘振荡硫化仪 （153℃）	M_L/N·m	9.38
			M_H/N·m	35.54
			t_{10}	1 分 53 秒
			t_{90}	2 分 58 秒

混炼加料顺序：烟片胶＋氯丁胶＋氧化镁＋ 硬脂酸/4010NA/石蜡 ＋ CZ/4010 ＋ 机油/炭黑 ＋ 硫黄/氧化锌/NA-22 ——薄

通 8 次下片备用

混炼辊温：45℃±5℃

第21章

氯丁胶/顺丁胶（CR/BR）

21.1 氯丁胶/顺丁胶（硬度 62~79）

表 21-1 CR/BR 配方（1）

基本用量/g 材料名称 \ 配方编号	CB-1	试验项目		试验结果
氯丁胶 120	50	硫化条件(153℃)/min		40
顺丁胶（北京）	50	邵尔 A 型硬度/度		62
石蜡	0.5	拉伸强度/MPa		11.2
硬脂酸	2	拉断伸长率/%		540
防老剂 A	1.5	定伸应力/MPa	300%	6.9
防老剂 4010	1		500%	10.6
促进剂 DM	1.2	屈挠龟裂/万次		51(无,无,无)
促进剂 TT	0.2	门尼焦烧(120℃)	t_5	3 分
机油 10#	18		t_{35}	7 分
苯甲酸	4	圆盘振荡硫化仪 (153℃)	$M_L/N \cdot m$	7.2
通用炉黑	65		$M_H/N \cdot m$	40.5
氧化锌	6		t_{10}	2 分 50 秒
硫黄	0.6			
合计	200		t_{90}	45 分 15 秒

混炼加料顺序:氯丁胶＋顺丁胶＋ 防老剂 A ＋ 硬脂酸 石蜡 ＋ DM TT 4010 ＋ 苯甲酸 炭黑 机油 ＋ 硫黄 氧化锌 ——薄通 8 次

下片备用

混炼辊温:45℃±5℃

表 21-2　CR/BR 配方（2）

材料名称　　基本用量/g　　配方编号	CB-2	试验项目		试验结果
氯丁胶 120（通用）	80	硫化条件（153℃）/min		30
顺丁胶	20	邵尔 A 型硬度/度		65
石蜡	0.5	拉伸强度/MPa		12.5
硬脂酸	2	拉断伸长率/%		496
防老剂 A	1.5	300%定伸应力/MPa		7.6
防老剂 4010	1	屈挠龟裂/万次		51 (4,1,1)
促进剂 DM	1.2	门尼焦烧（120℃）	t_5	2 分
促进剂 TT	0.2		t_{35}	4 分
机油 10#	18	圆盘振荡硫化仪（153℃）	$M_L/N \cdot m$	7.0
苯甲酸	4		$M_H/N \cdot m$	32.9
通用炉黑	65		t_{10}	2 分
氧化锌	6		t_{90}	30 分 50 秒
硫黄	0.6			
合计	200			

混炼加料顺序：氯丁胶＋顺丁胶＋防老剂 A　硬脂酸＋DM　苯甲酸＋炭黑　硫黄＋氧化锌——薄通 8 次
石蜡　4010　TT　机油

下片备用

混炼辊温：45℃±5℃

表 21-3　CR/BR 配方（3）

配方编号 基本用量/g 材料名称	CB-3	试验项目		试验结果	
氯丁胶 120	60	硫化条件(143℃)/min		35	
顺丁胶	40	邵尔 A 型硬度/度		79	
氧化镁	2	拉伸强度/MPa		12.7	
石蜡	1	拉断伸长率/%		188	
硬脂酸	2	拉断永久变形/%		3	
防老剂 A	1.5	回弹性/%		37	
防老剂 D	1	阿克隆磨耗/cm³		0.263	
促进剂 DM	1.5	试样密度/(g/cm³)		1.314	
促进剂 TT	0.2	脆性温度(单试样法)/℃		−71 不断	
邻苯二甲酸二辛酯(DOP)	3	热空气加速老化 (100℃×72h)	拉伸强度/MPa	11.5	
沉淀法白炭黑	20		拉断伸长率/%	92	
混气炭黑	40		性能变化率/%	拉伸强度	−9
半补强炉黑	40			伸长率	−51
氧化锌	2	圆盘振荡硫化仪 (143℃)	M_L/N·m	21.5	
硫黄	1		M_H/N·m	90.9	
合计	215.2		t_{10}	8 分 15 秒	
			t_{90}	30 分 15 秒	

混炼加料顺序：氯丁胶＋顺丁胶＋氧化镁＋防老剂 A ＋ 硬脂酸 DM DOP
TT ＋ 炭黑 ＋
石蜡 防老剂 D 白炭黑

硫黄
氧化锌 ——薄通 8 次下片备用

混炼辊温：45℃±5℃

21.2 氯丁胶/顺丁胶（硬度 57~77）

表 21-4 CR/BR 配方（4）

基本用量/g 材料名称	配方编号 CB-4	试验项目		试验结果
氯丁胶（通用）	90	硫化条件(148℃)/min		10
顺丁胶	10	邵尔 A 型硬度/度		57
石蜡	1	拉伸强度/MPa		22.6
硬脂酸	1	拉断伸长率/%		770
防老剂 A	1.5	定伸应力/MPa	300%	6.1
防老剂 4010	1		500%	12.8
促进剂 DM	1	拉断永久变形/%		16
促进剂 D	0.5			
机油 10#	7			
通用炉黑	15			
高耐磨炉黑	15			
硫酸钡	15			
氧化铅	17	圆盘振荡硫化仪（148℃）	M_L/N·m	3.3
促进剂 NA-22	1		M_H/N·m	40.4
合计	176		t_{10}	2 分 30 秒
			t_{90}	7 分 50 秒

混炼加料顺序：氯丁胶＋顺丁胶＋ 硬脂酸 ＋ DM ＋ 硫酸钡 ＋氧化锌＋NA-
防老剂 A 石蜡 4010 机油 炭黑
促进剂 D
22——薄通 8 次下片备用

混炼辊温：45℃±5℃

表 21-5　CR/BR 配方（5）

基本用量/g　　　配方编号 材料名称	CB-5	试验项目		试验结果
氯丁胶（通用）	85	硫化条件（143℃）/min		15
顺丁胶	15	邵尔 A 型硬度/度		63
氧化镁	3.4	拉伸强度/MPa		17.0
硬脂酸	1	拉断伸长率/%		496
防老剂 A	1	300%定伸应力/MPa		12.4
防老剂 4010	1.5	拉断永久变形/%		6
促进剂 CZ	0.12	回弹性/%		45
邻苯二甲酸二辛酯（DOP）	12	无割口直角撕裂强度/(kN/m)		52.0
通用炉黑	50	脆性温度（单试样法）/℃		−41
氧化锌	2.6	屈挠龟裂/万次		51（无,1,无）
促进剂 NA-22	0.17			45（无,无,无）
硫黄	0.12	B 型压缩永久变形（压缩率25%）/%	室温×22h	14
			70℃×22h	40
合计	171.91	圆盘振荡硫化仪（153℃）	M_L/N·m	7.29
			M_H/N·m	29.72
			t_{10}	1 分 44 秒
			t_{90}	3 分 48 秒

混炼加料顺序:氯丁胶＋顺丁胶＋氧化镁＋ 硬脂酸 防老剂 A ＋ CZ 4010 ＋ DOP 炭黑 ＋ 硫黄 氧化锌 NA-22 ——薄

通 8 次下片备用

混炼辊温:45℃±5℃

表 21-6　CR/BR 配方（6）

材料名称 \ 配方编号 / 基本用量/g	CB-6	试验项目			试验结果
氯丁胶（通用）	92	硫化条件(143℃)/min			10
顺丁胶	8	邵尔 A 型硬度/度			68
石蜡	1	拉伸强度/MPa			17.0
硬脂酸	1	拉断伸长率/%			644
防老剂 A	1.5	定伸应力/MPa	300%		9.6
防老剂 4010	1		500%		14.9
促进剂 DM	1	拉断永久变形/%			15
机油 10#	3	回弹性/%			43
通用炉黑	40	阿克隆磨耗/cm³			0.288
高耐磨炉黑	10	脆性温度（单试样法）/℃			−35.6
硫酸钡	10	热空气加速老化 (70℃×96h)	拉伸强度/MPa		18.5
氧化锌	3		拉断伸长率/%		490
合计	171.5		性能变化率/%	拉伸强度	+8.8
				伸长率	−23.9
		圆盘振荡硫化仪 (143℃)	M_L/N·m		6.6
			M_H/N·m		44.7
			t_{10}		3 分 15 秒
			t_{90}		6 分 05 秒

混炼加料顺序：氯丁胶＋顺丁胶＋ （硬脂酸 石蜡 防老剂 A）＋（DM 4010）＋（硫酸钡 机油 炭黑）＋氧化锌——薄通 8 次

　　　　　　　　下片备用

混炼辊温：45℃±5℃

表 21-7　CR/BR 配方（7）

材料名称 / 基本用量/g（配方编号）	CB-7	试验项目			试验结果
氯丁胶（通用）	92	硫化条件(143℃)/min			15
顺丁胶	8	邵尔 A 型硬度/度			74
石蜡	1	拉伸强度/MPa			16.8
硬脂酸	1	拉断伸长率/%			404
防老剂 A	1.5	300%定伸应力/MPa			14.7
防老剂 4010	1	拉断永久变形/%			8
促进剂 DM	1	回弹性/%			37
机油 10#	7	阿克隆磨耗/cm³			0.100
高耐磨炉黑	20	脆性温度（单试样法）/℃			−35.2
通用炉黑	50	热空气加速老化 (70℃×72h)	拉伸强度/MPa		17.7
氧化锌	2		拉断伸长率/%		298
促进剂 NA-22	0.1		性能变化率/%	拉伸强度	+5.4
合计	184.6			伸长率	−26.2
		门尼焦烧(120℃)	t_5		6 分
			t_{35}		9 分
		圆盘振荡硫化仪 (148℃)	M_L/N·m		6.9
			M_H/N·m		52.7
			t_{10}		3 分 15 秒
			t_{90}		11 分 50 秒

混炼加料顺序：氯丁胶＋顺丁胶＋ 硬脂酸 石蜡 防老剂 A ＋ DM 4010 ＋ 炭黑 机油 ＋ 氧化锌 NA-22 ——薄通 8 次

下片备用

混炼辊温：45℃±5℃

表 21-8　CR/BR 配方（8）

基本用量/g　配方编号 材料名称	CB-8	试验项目			试验结果
氯丁胶（通用）	40	硫化条件(143℃)/min			20
顺丁胶	60	邵尔 A 型硬度/度			77
氧化镁	3	拉伸强度/MPa			15.9
石蜡	1	拉断伸长率/%			304
硬脂酸	2	拉断永久变形/%			4
防老剂 A	2	脆性温度（单试样法）/℃			−72 不断
防老剂 D	2	热空气加速老化 （100℃×72h）	拉伸强度/MPa		17.1
促进剂 DM	1.5		拉断伸长率/%		190
促进剂 TT	0.1		性能变化率/%	拉伸强度	+7.6
机油 10#	11			伸长率	−37
半补强炉黑	40	门尼焦烧(120℃)	t_5		20 分
高耐磨炉黑	50		t_{35}		25 分 30 秒
氧化锌	5	圆盘振荡硫化仪 （143℃）	M_L/N·m		12.1
硫黄	0.8		M_H/N·m		67.0
合计	218.4		t_{10}		6 分 30 秒
			t_{90}		16 分 45 秒

混炼加料顺序：氯丁胶＋顺丁胶＋氧化镁＋ 硬脂酸 石蜡 防老剂 A ＋ DM TT 防老剂 D ＋ 炭黑 机油 ＋ 硫黄 氧化锌 —— 薄

通 8 次下片备用

混炼辊温：45℃±5℃

第 **22** 章

氯丁胶/丁苯胶（CR/SBR）

22.1 氯丁胶/丁苯胶（硬度 64~79）

表 22-1 CR/SBR 配方（1）

材料名称 / 基本用量/g	配方编号 CS-1	试验项目		试验结果
氯丁胶（通用）	85	硫化条件(153℃)/min		15
丁苯胶 1712	15	邵尔 A 型硬度/度		64
氧化镁	3.4	拉伸强度/MPa		15.3
硬脂酸	1	拉断伸长率/%		425
促进剂 CZ	0.2	300%定伸应力/MPa		10.9
邻苯二甲酸二辛酯（DOP）	8	拉断永久变形/%		8
环烷油	12	回弹性/%		42
高耐磨炉黑	10	脆性温度（单试样法）/℃		-38
通用炉黑	40	无割口直角撕裂强度/(kN/m)		40.3
碳酸钙	20	屈挠龟裂/万次		51(2,6,6)
氧化锌	1.7			13.5(无,无,2)
硫黄	0.2	B 型压缩永久变形（压缩率 25%）/%	室温×22h	14
促进剂 NA-22	0.17		70℃×22h	40
合计	196.67	热空气加速老化 (70℃×96h)	拉伸强度/MPa	15.7
			拉断伸长率/%	332
		性能变化率/%	拉伸强度	+1
			伸长率	-22
		圆盘振荡硫化仪 (153℃)	t_{10}	2 分 49 秒
			t_{90}	8 分 05 秒

混炼加料顺序:氯丁胶+丁苯胶+氧化镁+硬脂酸+促进剂+ DOP 炭黑 碳酸钙 环烷油 + 硫黄 氧化锌 ——薄 NA-22

通 8 次下片备用

混炼辊温:45℃±5℃

表 22-2　CR/SBR 配方（2）

基本用量/g 材料名称	配方编号 CS-2	试验项目			试验结果
氯丁胶（通用）	30	硫化条件(143℃)/min			25
丁苯胶 1500	70	邵尔 A 型硬度/度			79
氧化镁	2	拉伸强度/MPa			14.4
石蜡	2	拉断伸长率/%			258
硬脂酸	3	拉断永久变形/%			6
防老剂 A	2	脆性温度（单试样法）/℃			−38
防老剂 D	2	热空气加速老化 （100℃×72h）	拉伸强度/MPa		15.5
促进剂 DM	1.5		拉断伸长率/%		140
促进剂 TT	0.1		性能变化率/%	拉伸强度	+7.6
固体古马隆	8			伸长率	−45.7
高耐磨炉黑	40	圆盘振荡硫化仪 （143℃）	M_L/N·m		11.5
半补强炉黑	60		M_H/N·m		67.9
氧化锌	5		t_{10}		5 分 45 秒
硫黄	1.6		t_{90}		19 分 30 秒
合计	227.2				

混炼加料顺序：氯丁胶＋丁苯胶＋氧化镁＋防老剂 A ＋ ^{硬脂酸} 石蜡 ＋ ^{促进剂} 防老剂 D ＋ ^{炭黑} 古马隆 ＋

混炼加料顺序：氯丁胶＋丁苯胶＋氧化镁＋防老剂 A ＋ 硬脂酸 石蜡 ＋ 促进剂 防老剂 D ＋ 炭黑 古马隆 ＋

硫黄 氧化锌 ——薄通 8 次下片备用

混炼辊温:45℃±5℃

22.2　氯丁胶/丁苯胶（硬度 63~75）

表 22-3　CR/SBR 配方（3）

材料名称 / 基本用量/g	配方编号 CS-3	试验项目		试验结果
氯丁胶 121（山西）	85	硫化条件(143℃)/min		15
丁苯胶 1500	15	邵尔 A 型硬度/度		63
氧化镁	3.4	拉伸强度/MPa		17.3
硬脂酸	1	拉断伸长率/%		430
防老剂 A	1	300%定伸应力/MPa		12.5
防老剂 4010	1.5	拉断永久变形/%		6
促进剂 CZ	0.23	回弹性/%		42
邻苯二甲酸二辛酯（DOP）	12	无割口直角撕裂强度/(kN/m)		55.8
通用炉黑	50	脆性温度（单试样法）/℃		−38
氧化锌	2.6	屈挠龟裂/万次		51(1,无,无)
促进剂 NA-22	0.17			21(无,无,无)
硫黄	0.23	B 型压缩永久变形（压缩率 25%）/%	室温×22h	14
合计	172.13		70℃×22h	41
		热空气加速老化 (70℃×96h)	拉伸强度/MPa	17.7
			拉断伸长率/%	344
		性能变化率/%	拉伸强度	+2
			伸长率	−20
		圆盘振荡硫化仪 (153℃)	M_L/N·m	7.80
			M_H/N·m	29.37
			t_{10}	1 分 47 秒
			t_{90}	4 分 08 秒

混炼加料顺序：氯丁胶＋丁苯胶＋氧化镁＋（硬脂酸 防老剂 A）＋（促进剂 4010）＋（炭黑 DOP）＋（硫黄 氧化锌 NA-22）——薄

通 8 次下片备用

混炼辊温：45℃±5℃

表 22-4 CR/SBR 配方（4）

材料名称 / 基本用量/g	配方编号 CS-4	试验项目			试验结果
氯丁胶（通用）	30	硫化条件(143℃)/min			20
丁苯胶 1712	70	邵尔 A 型硬度/度			71
氧化镁	2	拉伸强度/MPa			17.6
石蜡	1	拉断伸长率/%			296
硬脂酸	2	拉断永久变形/%			7
防老剂 A	2	脆性温度（单试样法）/℃			−47
防老剂 D	2	热空气加速老化 (100℃×72h)	拉伸强度/MPa		16.9
促进剂 DM	1.5		拉断伸长率/%		163
促进剂 TT	0.1		性能变化率/%	拉伸强度	−4
机油 10#	12			伸长率	−44.9
半补强炉黑	40	门尼焦烧（120℃）	t_5		21 分
高耐磨炉黑	50		t_{35}		35 分
氧化锌	5	圆盘振荡硫化仪 (143℃)	M_L/N·m		8.5
硫黄	1.2		M_H/N·m		53.7
合计	218.8		t_{10}		6 分 45 秒
			t_{90}		16 分 30 秒

混炼加料顺序：氯丁胶＋丁苯胶＋氧化镁＋ 防老剂 A 石蜡 硬脂酸 ＋ 促进剂 防老剂 D ＋ 机油 炭黑 ＋ 硫黄 氧化锌 ——薄

通 8 次下片备用

混炼辊温：45℃±5℃

表 22-5　CR/SBR 配方（5）

材料名称　基本用量/g　配方编号	CS-5	试验项目			试验结果
氯丁胶（通用）	85	硫化条件(148℃)/min			10
丁苯胶 1500	15	邵尔 A 型硬度/度			75
石蜡	1	拉伸强度/MPa			24.1
硬脂酸	1	拉断伸长率/%			438
防老剂 A	1.5	300%定伸应力/MPa			17.7
防老剂 4010	1	拉断永久变形/%			10
促进剂 DM	1	回弹性/%			37
促进剂 D	0.5	阿克隆磨耗/cm³			0.237
半补强炉黑	15	脆性温度（单试样法）/℃			−36.8
高耐磨炉黑	30	摩擦系数(清水)	不锈钢		0.07
硫酸钡	15		3# 钢		0.10
促进剂 NA-22	0.5	热空气加速老化 （70℃×72h）	拉伸强度/MPa		23.8
氧化锌	5		拉断伸长率/%		342
合计	171.5		性能变化率/%	拉伸强度	−1.3
				伸长率	−21.9
		门尼焦烧(120℃)	t_5		7 分 30 秒
			t_{35}		11 分
		圆盘振荡硫化仪 （148℃）	M_L/N·m		6.7
			M_H/N·m		63.0
			t_{10}		3 分 30 秒
			t_{90}		6 分 45 秒

混炼加料顺序:氯丁胶＋丁苯胶＋ 硬脂酸 防老剂 A ＋ 石蜡 ＋ 促进剂 4010 ＋ 硫酸钡 炭黑 ＋ 氧化锌 NA-22 ——薄通 8

次下片备用

混炼辊温:45℃±5℃

第23章

丁苯胶/顺丁胶（SBR/BR）

23.1　丁苯胶/顺丁胶(硬度 44~85)

表 23-1　SBR/BR 配方（1）

基本用量/g　配方编号　材料名称	SB-1	试验项目		试验结果
丁苯胶 1500#	55	硫化条件(143℃)/min		15
顺丁胶(北京)	45	邵尔 A 型硬度/度		44
石蜡	1	拉伸强度/MPa		5.7
硬脂酸	2	拉断伸长率/%		612
防老剂 A	1.5	300%定伸应力/MPa		2.5
防老剂 4010	1	拉断永久变形/%		20
促进剂 DM	1.1	回弹性/%		46
促进剂 M	0.8	脆性温度(单试样法)/℃		−70 不断
促进剂 TT	0.4	热空气加速老化（70℃×96h）	拉伸强度/MPa	4.9
氧化锌	4		拉断伸长率/%	382
机油 10#	30		性能变化率/%　拉伸强度	−14
陶土	38		伸长率	−37
碳酸钙	60	门尼焦烧(120℃)	t_5	15 分
通用炉黑	40		t_{35}	19 分
硫黄	1.2	圆盘振荡硫化仪（143℃）	$M_L/N \cdot m$	5.6
合计	281		$M_H/N \cdot m$	34.7
			t_{10}	5 分 45 秒
			t_{90}	13 分 50 秒

混炼加料顺序：丁苯胶＋顺丁胶＋ 硬脂酸 石蜡 防老剂 A ＋ 促进剂 4010 氧化锌 ＋ 机油 炭黑 陶土 碳酸钙 ＋硫黄——薄通 8 次

下片备用

混炼辊温：45℃±5℃

表 23-2 SBR/BR 配方（2）

基本用量/g　　　配方编号　材料名称	SB-2	试验项目		试验结果
丁苯胶 1500#	60	硫化条件(143℃)/min		40
顺丁胶	40	邵尔 A 型硬度/度		49
石蜡	1	拉伸强度/MPa		6.9
硬脂酸	2.5	拉断伸长率/%		467
防老剂 4010NA	1.5	300%定伸应力/MPa		3.8
防老剂 AW	1.5	拉断永久变形/%		4
促进剂 NOBS	1.2	阿克隆磨耗(100℃×48h)/cm³		0.341
氧化锌	5	门尼黏度值[50ML(3+4)100℃]		37
机油 10#	5	门尼焦烧(120℃)	t_5	40 分
高耐磨炉黑	2	圆盘振荡硫化仪(143℃)	t_{10}	13 分 30 秒
硫黄	1.8		t_{90}	22 分
合计	139.5			

混炼加料顺序：丁苯胶＋顺丁胶＋ 硬脂酸 4010NA 防老剂 AW 石蜡 ＋ 促进剂 氧化锌 ＋ 机油 炭黑 ＋硫黄——薄通 8 次下

片备用

混炼辊温：45℃±5℃

表 23-3　SBR/BR 配方（3）

基本用量/g 材料名称	配方编号 SB-3	试验项目		试验结果
丁苯胶 1500#	55	硫化条件(143℃)/min		15
顺丁胶	45	邵尔 A 型硬度/度		54
石蜡	1	拉伸强度/MPa		8.2
硬脂酸	2	拉断伸长率/%		456
防老剂 A	1.5	300%定伸应力/MPa		5.9
防老剂 4010	1	拉断永久变形/%		12
促进剂 DM	1.1	回弹性/%		44
促进剂 TT	0.4	无割口直角撕裂强度/(kN/m)		28.4
促进剂 M	0.8	脆性温度(单试样法)/℃		−70 不断
氧化锌	4	热空气加速老化 (70℃×96h)	拉伸强度/MPa	7.9
机油 10#	30		拉断伸长率/%	388
碳酸钙	45		性能变化率/%　拉伸强度	−4
陶土	30		伸长率	−37
高耐磨炉黑	25	门尼焦烧(120℃)	t_5	14 分
通用炉黑	43		t_{35}	19 分
硫黄	1.2	圆盘振荡硫化仪 (143℃)	$M_L/N \cdot m$	7.1
合计	286		$M_H/N \cdot m$	41.0
			t_{10}	5 分 45 秒
			t_{90}	14 分 45 秒

混炼加料顺序：丁苯胶＋顺丁胶＋ 石蜡 ＋ 4010 ＋ 机油 ＋硫黄——薄通 8 次下
　　　　　　　　　　　　　　　硬脂酸 　促进剂　炭黑
　　　　　　　　　　　　　　　防老剂 A　氧化锌　陶土
　　　　　　　　　　　　　　　　　　　　　　　碳酸钙

　　　　　　片备用
混炼辊温：45℃±5℃

表 23-4 SBR/BR 配方（4）

材料名称 \ 配方编号 基本用量/g	SB-4	试验项目		试验结果	
丁苯胶 1502（山东）	55	硫化条件（143℃）/min		8	
顺丁胶	45	邵尔 A 型硬度/度		67	
硬脂酸	1	拉伸强度/MPa		11.3	
防老剂 SP	1	拉断伸长率/%		564	
促进剂 M	0.7	300%定伸应力/MPa		4.1	
促进剂 DM	1.3	拉断永久变形/%		24	
促进剂 TT	0.6	阿克隆磨耗/cm³		0.141	
氧化锌	6	脆性温度（单试样法）/℃		−70.5 不断	
乙二醇	1.5	屈挠龟裂/万次		51（无，无，6）	
白油	13	热空气加速老化（70℃×72h）	拉伸强度/MPa	12.2	
透明白炭黑（苏州 60-3）	44		拉断伸长率/%	380	
中铬黄	0.02		性能变化率/%	拉伸强度	+8
硫黄	2.4			伸长率	−33
合计	171.52	圆盘振荡硫化仪（143℃）	M_L/N·m	19.2	
			M_H/N·m	80.3	
			t_{10}	4 分 45 秒	
			t_{90}	6 分 15 秒	

混炼加料顺序:丁苯胶＋顺丁胶＋ 硬脂酸 防老剂 SP ＋ 促进剂 氧化锌 ＋ 白油 乙二醇 ＋中铬黄＋硫黄——薄 白炭黑

通 8 次下片备用

混炼辊温:45℃±5℃

表 23-5　SBR/BR 配方（5）

基本用量/g　　配方编号　　材料名称	SB-5	试验项目		试验结果
丁苯胶 1500	60	硫化条件(143℃)/min		12
顺丁胶	40	邵尔 A 型硬度/度		72
石蜡	1	拉伸强度/MPa		11.5
硬脂酸	2	拉断伸长率/%		346
防老剂 A	1.5	200%定伸应力/MPa		7.1
防老剂 4010	1.5	拉断永久变形/%		6
促进剂 DM	2.4	回弹性/%		45
促进剂 M	1	阿克隆磨耗/cm³		0.280
促进剂 TT	0.4	脆性温度(单试样法)/℃		−70
氧化锌	4	电阻(500V)/Ω		8×10^{11}
邻苯二甲酸二辛酯(DOP)	3	热空气加速老化(100℃×72h)	拉伸强度/MPa	10.1
乙二醇	4		拉断伸长率/%	72
混气炭黑	35		性能变化率/%　拉伸强度	−12
硫酸钡	30		伸长率	−71
沉淀法白炭黑	35	圆盘振荡硫化仪(143℃)	M_L/N·m	12.0
硫黄	2.5		M_H/N·m	89.0
合计	223.3		t_{10}	5 分 36 秒
			t_{90}	11 分 24 秒

混炼加料顺序：丁苯胶＋顺丁胶＋
硬脂酸　　促进剂　　DOP
石蜡　＋　4010　＋炭黑
防老剂 A　　氧化锌　　白炭黑＋硫黄——薄通 8 次
　　　　　　　　乙二醇　　硫酸钡

　　　　　　下片备用

混炼辊温：45℃±5℃

表 23-6 SBR/BR 配方（6）

基本用量/g 材料名称	配方编号 SB-6	试验项目		试验结果
丁苯胶 1500	60	硫化条件（143℃）/min		12
顺丁胶	40	邵尔 A 型硬度/度		79
石蜡	0.5	拉伸强度/MPa		11.6
硬脂酸	2	拉断伸长率/%		228
防老剂 A	1.5	200%定伸应力/MPa		10.3
防老剂 4010	1.5	拉断永久变形/%		8
防老剂 DM	2.6	回弹性/%		41
促进剂 M	1.2	阿克隆磨耗/cm³		0.294
促进剂 TT	0.8	脆性温度（单试样法）/℃		－68
氧化锌	4	电阻（500V）/Ω		1×10^{11}
邻苯二甲酸二辛酯（DOP）	3	热空气加速老化（100℃×72h）	拉伸强度/MPa	11.9
沉淀法白炭黑	30		拉断伸长率/%	88
混气炭黑	35		性能变化率/% 拉伸强度	+4
陶土	25		性能变化率/% 伸长率	－65
乙二醇	3	圆盘振荡硫化仪（143℃）	M_L/N·m	15.3
硫黄	2.5		M_H/N·m	102.8
合计	212.6		t_{10}	6 分
			t_{90}	10 分 12 秒

混炼加料顺序：丁苯胶＋顺丁胶＋ 硬脂酸 石蜡 防老剂 A ＋ 促进剂 4010 氧化锌 ＋ DOP 炭黑 陶土 白炭黑 乙二醇 ＋硫黄——薄通 8 次

下片备用

混炼辊温:45℃±5℃

表 23-7　SBR/BR 配方（7）

材料名称　　　配方编号 基本用量/g	SB-7	试验项目		试验结果
丁苯胶 1500	70	硫化条件(143℃)/min		9
顺丁胶	30	邵尔 A 型硬度/度		85
石蜡	0.5	拉伸强度/MPa		13.0
硬脂酸	2	拉断伸长率/%		208
防老剂 A	1.5	200%定伸应力/MPa		12.6
防老剂 4010	1.5	拉断永久变形/%		7
促进剂 DM	2.6	回弹性/%		42
促进剂 TT	1.3	阿克隆磨耗/cm³		0.291
氧化锌	4	脆性温度(单试样法)/℃		−60
乙二醇	2	电阻(500V)/Ω		$8×10^{10}$
沉淀法白炭黑	20	热空气加速老化 (100℃×72h)	拉伸强度/MPa	10.4
陶土	49		拉断伸长率/%	84
高耐磨炉黑	37		性能变化率/% 拉伸强度	−20
硫黄	2.3		伸长率	−60
合计	214.7	圆盘振荡硫化仪 (143℃)	M_L/N·m	14.3
			M_H/N·m	103.5
			t_{10}	4 分
			t_{90}	6 分 36 秒

混炼加料顺序：丁苯胶＋顺丁胶＋　硬脂酸　　促进剂　乙二醇
　　　　　　　　　　　　　　　　石蜡　＋氧化锌＋白炭黑＋硫黄——薄通 8 次
　　　　　　　　　　　　　　防老剂 A　　4010　　陶土
　　　　　　　　　　　　　　　　　　　　　　　炭黑

　　　　　　　下片备用
混炼辊温：45℃±5℃

23.2 丁苯胶/顺丁胶(硬度 59~88)

表 23-8 SBR/BR 配方 (8)

基本用量/g 材料名称	配方编号 SB-8	试验项目			试验结果
丁苯胶 1500	30	硫化条件(143℃)/min			40
顺丁胶	70	邵尔 A 型硬度/度			59
石蜡	1	拉伸强度/MPa			20.1
硬脂酸	2	拉断伸长率/%			540
防老剂 4010NA	1.5	定伸应力/MPa	100%		1.7
防老剂 D	1.2		300%		8.5
防老剂 H	0.3	拉断永久变形/%			11
促进剂 NOBS	1.2	回弹性/%			44
氧化锌	4	阿克隆磨耗(70℃×48h)/cm³			0.122
机油 10#	6	试样密度/(g/cm³)			1.111
中超耐磨炉黑	50	无割口直角撕裂强度/(kN/m)			37.0
硫黄	1.2	热空气加速老化 (70℃×48h)	拉伸强度/MPa		18.1
合计	168.4		拉断伸长率/%		414
			性能变化率/%	拉伸强度	−10
				伸长率	−23.3
		门尼黏度值[50ML(3+4)100℃]			59
		门尼焦烧(120℃)	t_5		51 分 30 秒
			t_{35}		62 分 30 秒
		圆盘振荡硫化仪 (143℃)	t_{10}		18 分 15 秒
			t_{90}		36 分 36 秒

混炼加料顺序:丁苯胶+顺丁胶+ 硬脂酸 石蜡 4010NA + 促进剂 防老剂 D 防老剂 H 氧化锌 + 机油 炭黑 +硫黄——薄通 8 次下

片备用

混炼辊温:45℃±5℃

表 23-9 SBR/BR 配方（9）

材料名称 / 基本用量/g	配方编号 SB-9	试验项目		试验结果
丁苯胶 1500	50	硫化条件(143℃)/min		40
顺丁胶	50	邵尔 A 型硬度/度		63
石蜡	1	拉伸强度/MPa		20.4
硬脂酸	2	拉断伸长率/%		537
防老剂 4010NA	1.5	定伸应力/MPa	100%	1.9
防老剂 AW	1.2		300%	9.0
防老剂 H	0.3	拉断永久变形/%		8
促进剂 NOBS	0.9	回弹性/%		43
氧化锌	4	阿克隆磨耗/cm³		0.137
机油 10#	5	无割口直角撕裂强度/(kN/m)		40.0
中超耐磨炉黑	50	热空气加速老化 (70℃×48h)	拉伸强度/MPa	18.8
硫黄	1.7		拉断伸长率/%	403
合计	167.6		性能变化率/% 拉伸强度	-7.8
			伸长率	-25
		门尼黏度值[50ML(3+4)100℃]		58
		门尼焦烧(120℃)	t_5	35 分
			t_{35}	68 分
		圆盘振荡硫化仪 (143℃)	t_{10}	18 分 30 秒
			t_{90}	38 分 30 秒

混炼加料顺序：丁苯胶＋顺丁胶＋ 硬脂酸 石蜡 4010NA 防老剂 AW ＋ 促进剂 氧化锌 防老剂 H ＋ 机油 炭黑 ＋硫黄——薄通 8 次

下片备用

混炼辊温：45℃±5℃

表 23-10 **SBR/BR 配方**（10）

基本用量/g　配方编号 材料名称	SB-10	试验项目			试验结果
丁苯胶 1500	80	硫化条件(138℃)/min			35
顺丁胶	20	邵尔 A 型硬度/度			69
石蜡	1	拉伸强度/MPa			22.8
硬脂酸	2.5	拉断伸长率/%			451
防老剂 4010NA	1.5	300 定伸应力/MPa			14.9
防老剂 AW	1.5	拉断永久变形/%			11
促进剂 NOBS	1.2	回弹性/%			39
氧化锌	5	阿克隆磨耗(100℃×48h)/cm³			0.131
机油 10#	7	热空气加速老化 (100℃×48h)	拉伸强度/MPa		20.6
高耐磨炉黑	60		拉断伸长率/%		259
硫黄	1.8		性能变化率/%	拉伸强度	−9.7
合计	181.5			伸长率	−42.6
		门尼黏度值[50ML(3+4)100℃]			63.5
		门尼焦烧(120℃)	t_5		36 分 30 秒
			t_{35}		42 分 30 秒
		圆盘振荡硫化仪 (138℃)	t_{10}		13 分
			t_{90}		27 分

混炼加料顺序:丁苯胶＋顺丁胶＋ 硬脂酸 石蜡 防老剂 AW 4010NA ＋ 促进剂 氧化锌 ＋ 机油 炭黑 ＋硫黄——薄通 8 次下

片备用

混炼辊温:45℃±5℃

表 23-11 SBR/BR 配方（11）

基本用量/g 材料名称	配方编号 SB-11	试验项目		试验结果
丁苯胶 1500	50	硫化条件(143℃)/min		30
顺丁胶	50	邵尔 A 型硬度/度		72
石蜡	1	拉伸强度/MPa		16.3
硬脂酸	2	拉断伸长率/%		326
防老剂 A	2	200%定伸应力/MPa		15.9
防老剂 D	2	拉断永久变形/%		6
促进剂 DM	1.5	脆性温度(单试样法)/℃		−56
促进剂 TT	0.5	热空气加速老化 (100℃×72h)	拉伸强度/MPa	18.3
氧化锌	5		拉断伸长率/%	198
机油 10#	15		性能变化率/%　拉伸强度	+12.3
高耐磨炉黑	50		伸长率	−39.3
半补强炉黑	40	圆盘振荡硫化仪 (143℃)	t_{10}	8 分 15 秒
硫黄	1.2		t_{90}	23 分 45 秒
合计	220.2			

混炼加料顺序:丁苯胶＋顺丁胶＋ 硬脂酸 石蜡 防老剂 A ＋ 促进剂 氧化锌 防老剂 D ＋ 机油 炭黑 ＋硫黄──薄通 8

次下片备用

混炼辊温:45℃±5℃

表 23-12 SBR/BR 配方（12）

基本用量/g　　　配方编号 材料名称	SB-12	试验项目		试验结果
丁苯胶 1500	70	硫化条件(143℃)/min		35
顺丁胶	30	邵尔 A 型硬度/度		79
石蜡	1.5	拉伸强度/MPa		16.8
硬脂酸	2.5	拉断伸长率/%		273
防老剂 A	2	200%定伸应力/MPa		14.5
防老剂 D	2	拉断永久变形/%		7
促进剂 DM	1.5	阿克隆磨耗/cm³		0.098
促进剂 TT	0.05	热空气加速老化 （100℃×72h）	拉伸强度/MPa	16.8
氧化锌	5		拉断伸长率/%	98
机油 10#	8		性能变化率/%　拉伸强度	0
高耐磨炉黑	70		伸长率	−64.1
半补强炉黑	40	圆盘振荡硫化仪 （143℃）	M_L/N·m	17.0
硫黄	2.2		M_H/N·m	90.9
合计	234.75		t_{10}	6 分 50 秒
			t_{90}	34 分 30 秒

混炼加料顺序：丁苯胶＋顺丁胶＋ 硬脂酸 石蜡 防老剂 A ＋ 促进剂 氧化锌 防老剂 D ＋ 机油 炭黑 ＋硫黄——薄通 8 次下片备用

混炼辊温：45℃±5℃

表 23-13 SBR/BR 配方（13）

基本用量/g 材料名称	配方编号 SB-13	试验项目		试验结果
丁苯胶 1500	60	硫化条件(143℃)/min		15
顺丁胶	40	邵尔 A 型硬度/度		88
石蜡	0.5	拉伸强度/MPa		15.5
硬脂酸	2	拉断伸长率/%		160
防老剂 A	1.5	拉断永久变形/%		2
防老剂 4010	1.5	回弹性/%		37
促进剂 DM	2.4	阿克隆磨耗/cm³		0.182
促进剂 M	1	脆性温度(单试样法)/℃		−70
促进剂 TT	0.4	电阻(100V)/Ω		1.7×10^7
氧化锌	2	热空气加速老化 (100℃×72h)	拉伸强度/MPa	16.1
乙二醇	4		拉断伸长率/%	72
沉淀法白炭黑	35		性能变化率/% 拉伸强度	+3.9
混气炭黑	40		伸长率	−55
半补强炉黑	30	圆盘振荡硫化仪 (143℃)	M_L/N·m	25.5
硫黄	2.5		M_H/N·m	109.9
合计	222.8		t_{10}	4 分 36 秒
			t_{90}	11 分

混炼加料顺序：丁苯胶＋顺丁胶＋ 硬脂酸 石蜡 防老剂 A ＋ 促进剂 4010 氧化锌 ＋ 炭黑 白炭黑＋硫黄——薄通 8 次 乙二醇

下片备用

混炼辊温：45℃±5℃

第24章

丁腈胶/氯丁胶（NBR/CR）

24.1 丁腈胶/氯丁胶(硬度 42～88)

表 24-1 NBR/CR 配方（1）

基本用量/g 材料名称 / 配方编号	NBC-1	试验项目		试验结果
丁腈胶 270#(1 段)	80	硫化条件(143℃)/min		15
氯丁胶 120(山西)	20	邵尔 A 型硬度/度		42
氧化镁	1	拉伸强度/MPa		5.2
硫黄	1.2	拉断伸长率/%		508
硬脂酸	1	定伸应力/MPa	300%	2.1
防老剂 A	1		500%	5.1
防老剂 4010	1	拉断永久变形/%		4
邻苯二甲酸二丁酯(DBP)	35	回弹性/%		57
半补强炉黑	30	圆盘振荡硫化仪 (143℃)	$M_L/N \cdot m$	4.5
促进剂 DM	1		$M_H/N \cdot m$	34.5
氧化锌	5		t_{10}	9 分 20 秒
合计	176.2		t_{90}	12 分 15 秒

混炼加料顺序:丁腈胶＋氯丁胶＋ 氯化镁 硫黄 （薄通 3 次）＋ 硬脂酸 防老剂 A ＋4010＋ 炭黑 DBP ＋

氧化锌 DM ——薄通 8 次下片备用

混炼辊温:45℃以内

表 24-2 NBR/CR 配方（2）

基本用量/g · 配方编号 · 材料名称	NBC-2	试验项目		试验结果
丁腈胶 220S(日本)	80	硫化条件(153℃)/min		15
氯丁胶 121(山西)	20	邵尔 A 型硬度/度		49
氧化镁	0.8	拉伸强度/MPa		13.4
硫黄	0.6	拉断伸长率/%		725
硬脂酸	1	定伸应力/MPa	100%	1.2
防老剂 A	1		300%	3.2
防老剂 4010	1.5	拉断永久变形/%		15
癸二酸二辛酯(DOS)	19	回弹性/%		19
高耐磨炉黑	10	无割口直角撕裂强度/(kN/m)		29.4
通用炉黑	15	脆性温度(单试样法)/℃		−25
陶土	15	B 型压缩永久变形(压缩率 25%)/%	70℃×22h	24
促进剂 CZ	0.7		100℃×22h	44
氧化锌	5	老化后硬度(70℃×168h)/度		54
促进剂 NA-22	0.03	热空气加速老化 (70℃×168h)	拉伸强度/MPa	15.0
合计	169.63		拉断伸长率/%	636
			性能变化率/% 拉伸强度	+12
			性能变化率/% 伸长率	−12
		圆盘振荡硫化仪 (153℃)	M_L/N·m	4.97
			M_H/N·m	21.06
			t_{10}	3 分 11 秒
			t_{90}	11 分 04 秒

混炼加料顺序：丁腈胶＋氯丁胶＋ 硫黄 氧化镁 （薄通 3 次）＋ 硬脂酸 防老剂 A ＋4010＋ 炭黑 陶土 ＋ DOS

氧化锌
NA-22 —— 薄通 8 次下片备用
CZ
混炼辊温：45℃以内

表 24-3 NBR/CR 配方（3）

材料名称 \ 基本用量/g \ 配方编号	NBC-3	试验项目		试验结果
丁腈胶 220S（日本）	70	硫化条件（153℃）/min		15
氯丁胶 121	30	邵尔 A 型硬度/度		56
氧化镁	1.2	拉伸强度/MPa		13.6
硫黄	0.7	拉断伸长率/%		533
硬脂酸	1	定伸应力/MPa	100%	1.6
防老剂 A	1		300%	6.1
防老剂 4010	1.5	拉断永久变形/%		8
癸二酸二辛酯（DOS）	23	回弹性/%		19
通用炉黑	15	无割口直角撕裂强度/(kN/m)		34.3
高耐磨炉黑	25	脆性温度（单试样法）/℃		−42
促进剂 CZ	0.7	B 型压缩应力松弛（压缩率 25%，室温×168h)	松弛系数	0.90
氧化锌	5		松弛率/%	10
促进剂 NA-22	0.06	B 型压缩永久变形（压缩率 25%)/%	室温℃×70h	11
合计	174.16		70℃×22h	21

	热空气加速老化（70℃×168h)	拉伸强度/MPa		13.4
		拉断伸长率/%		455
		性能变化率/%	拉伸强度	−1
			伸长率	−15
	圆盘振荡硫化仪（153℃)	M_L/N·m	7.05	
		M_H/N·m	22.54	
		t_{10}	2 分 44 秒	
		t_{90}	13 分 40 秒	

混炼加料顺序：丁腈胶＋氯丁胶＋ 硫黄 氧化镁 （薄通 3 次）＋ 硬脂酸 防老剂 A ＋4010＋ 炭黑 DOS ＋

氧化锌
NA-22 ——薄通 8 次下片备用
CZ
混炼辊温：45℃以内

表 24-4 NBR/CR 配方 (4)

基本用量/g 材料名称 / 配方编号	NBC-4	试验项目		试验结果
丁腈胶 270(1 段)	60	硫化条件(143℃)/min		30
氯丁胶 120(山西)	40	邵尔 A 型硬度/度		67
氧化镁	2	拉伸强度/MPa		12.7
硫黄	0.8	拉断伸长率/%		276
石蜡	0.5	拉断永久变形/%		3
硬脂酸	1	回弹性/%		37
防老剂 A	1	无割口直角撕裂强度/(kN/m)		30.0
防老剂 4010	1	脆性温度(单试样法)/℃		−39
邻苯二甲酸二辛酯(DOP)	10	热空气加速老化 (70℃×96h)	拉伸强度/MPa	13.0
机油 10#	12		拉断伸长率/%	216
高耐磨炉黑	40		性能变化率/% 拉伸强度	+2
半补强炉黑	40		伸长率	−22
氧化锌	5	圆盘振荡硫化仪 (143℃)	M_L/N·m	10.0
促进剂 DM	1		M_H/N·m	56.6
促进剂 M	0.3		t_{10}	5 分 45 秒
合计	214.6		t_{90}	26 分

混炼加料顺序:丁腈胶＋氯丁胶＋ 硫黄 氧化镁 (薄通 3 次) ＋ 硬脂酸 防老剂 A ＋4010＋ 炭黑 机油 DOP

氧化锌
DM ——薄通 8 次下片备用
M

混炼辊温:45℃以内

表 24-5 NBR/CR 配方（5）

材料名称 / 基本用量/g（配方编号）	NBC-5	试验项目		试验结果
丁腈胶 360（薄 15 次）	70	硫化条件（143℃）/min		10
氯丁胶通用（青岛）	30	邵尔 A 型硬度/度		79
氧化镁	1	拉伸强度/MPa		10.0
硫黄	1.5	拉断伸长率/%		412
硬脂酸	1	300%定伸应力/MPa		6.5
乙二醇	1.5	拉断永久变形/%		22
邻苯二甲酸二辛酯（DOP）	3	无割口直角撕裂强度/(kN/m)		31.8
陶土	40	浸油后质量变化率/%	10# 机油（70℃×24h）	0.15
碳酸钙	60		汽油＋苯（75：25,室温×24h）	4.43
沉淀法白炭黑	15	热空气加速老化（100℃×96h）	拉伸强度/MPa	11.7
氧化铁红	6		拉断伸长率/%	220
氧化锌	5		性能变化率/% 拉伸强度	+17
促进剂 DM	1.3		伸长率	−47
促进剂 TT	0.2	圆盘振荡硫化仪（143℃）	M_L/N·m	12.3
合计	235.5		M_H/N·m	102.7
			t_{10}	5 分
			t_{90}	8 分 24 秒

混炼加料顺序：丁腈胶＋氯丁胶＋ 硫黄 氧化镁 （薄通 3 次）＋ 硬脂酸 ＋ 乙二醇 ＋ DOP 氧化铁红

陶土 DM
白炭黑 ＋ TT ——薄通 8 次下片备用
碳酸钙 氧化锌

混炼辊温：45℃以内

表 24-6 NBR/CR 配方（6）

基本用量/g 材料名称	配方编号 NBC-6	试验项目		试验结果
丁腈胶 220S（日本）	70	硫化条件(153℃)/min		25
氯丁胶 121（山西）	30	邵尔 A 型硬度/度		88
氧化镁	1.2	拉伸强度/MPa		13.7
硫黄	0.5	拉断伸长率/%		204
硬脂酸	1	100%定伸应力/MPa		8.4
防老剂 A	1	拉断永久变形/%		6
防老剂 4010	1.5	回弹性/%		12
癸二酸二辛酯（DOS）	12	无割口直角撕裂强度/(kN/m)		37.4
通用炉黑	100	脆性温度（单试样法）/℃		−14
陶土	50	B 型压缩永久变形 （压缩率 25）/%	室温×70h	23
氧化锌	5		70℃×22h	18
促进剂 CZ	0.5	热空气加速老化 （70℃×168h）	拉伸强度/MPa	14.8
促进剂 NA-22	0.05		拉断伸长率/%	173
合计	272.75		性能变化率/% 拉伸强度	+8
			伸长率	−15
		圆盘振荡硫化仪 （153℃）	M_L/N·m	19.41
			M_H/N·m	42.04
			t_{10}	3 分 39 秒
			t_{90}	20 分 09 秒

混炼加料顺序：丁腈胶＋氯丁胶＋ 硫黄 氧化镁 （薄通 3 次）＋ 硬脂酸 防老剂 A ＋4010＋

炭黑 氧化锌
陶土 ＋ NA-22 ——薄通 8 次下片备用
DOS CZ

混炼辊温：45℃以内

24.2 丁腈胶/氯丁胶 (硬度 56~88)

表 24-7 **NBR/CR 配方（7）**

基本用量/g 材料名称	配方编号 NBC-7	试验项目		试验结果
丁腈胶 220S(日本)	70	硫化条件(153℃)/min		15
氯丁胶 121(山西)	30	邵尔 A 型硬度/度		56
氧化镁	1.2	拉伸强度/MPa		15.3
硫黄	0.6	拉断伸长率/%		607
硬脂酸	1	定伸应力/MPa	100%	1.6
防老剂 A	1		300%	5.5
防老剂 4010	1.5	拉断永久变形/%		10
癸二酸二辛酯(DOS)	23	回弹性/%		20
通用炉黑	25	无割口直角撕裂强度/(kN/m)		34.1
高耐磨炉黑	15	脆性温度(单试样法)/℃		−57
氧化锌	5	B 型压缩应力松弛(室温× 168h,压缩率 25%)	松弛系数	0.81
促进剂 CZ	0.6		松弛率/%	14
促进剂 NA-22	0.05	B 型压缩永久变形(压缩率 25%)/%	室温×70h	15
合计	173.95		70℃×22h	26
		热空气加速老化 (70℃×168h)	拉伸强度/MPa	15.4
			拉断伸长率/%	559
		性能变化 率/%	拉伸强度	+1
			伸长率	−8
		圆盘振荡硫化仪 (153℃)	$M_L/N \cdot m$	5.64
			$M_H/N \cdot m$	21.21
			t_{10}	3 分 07 秒
			t_{90}	10 分 13 秒

混炼加料顺序:丁腈胶＋氯丁胶＋ 硫黄 氧化镁 （薄通 3 次)＋ 硬脂酸 防老剂 A ＋4010＋ 炭黑 DOS ＋

氧化锌
NA-22 ——薄通 8 次下片备用
CZ
混炼辊温:45℃以内

表 24-8 NBR/CR 配方 （8）

基本用量/g 材料名称	配方编号 NBC-8	试验项目		试验结果
丁腈胶 220S(日本)	90	硫化条件(143℃)/min		15
氯丁胶 121	10	邵尔 A 型硬度/度		65
硫黄	0.08	拉伸强度/MPa		17.1
氧化镁	3.6	拉断伸长率/%		490
硬脂酸	1	300%定伸应力/MPa		12.7
防老剂 A	1	拉断永久变形/%		9
防老剂 4010	1.5	回弹性/%		35
邻苯二甲酸二辛酯(DOP)	12	无割口直角撕裂强度/(kN/m)		58.8
通用炉黑	50	脆性温度(单试样法)/℃		−37
氧化锌	2.7	屈挠龟裂/万次		51(1,1,无)
促进剂 CZ	0.08			27(无,无,无)
促进剂 NA-22	0.18	B 型压缩永久变形 (压缩率 25%)/%	室温×48h	13
合计	172.14		70℃×48h	39
		热空气加速老化 (70℃×96h)	拉伸强度/MPa	16.1
			拉断伸长率/%	364
		性能变化率/%	拉伸强度	−6
			伸长率	−26
		圆盘振荡硫化仪 (153℃)	M_L/N·m	7.06
			M_H/N·m	31.04
			t_{10}	1 分 43 秒
			t_{90}	4 分 57 秒

混炼加料顺序:丁腈胶+氯丁胶+ 硫黄 氧化镁 （薄通 3 次）+ 硬脂酸 防老剂 A +4010+ 炭黑 DOP +

　　　　　　氧化锌
　　　　　NA-22 ——薄通 8 次下片备用
　　　　　　　CZ
混炼辊温:45℃以内

表 24-9 NBR/CR 配方（9）

材料名称 / 基本用量/g（配方编号）	NBC-9	试验项目		试验结果
丁腈胶 360（薄 15 次）	70	硫化条件（143℃）/min		20
氯丁胶（通用）	30	邵尔 A 型硬度/度		72
氧化镁	1	拉伸强度/MPa		17.5
硫黄	1	拉断伸长率/%		560
硬脂酸	1	300%定伸应力/MPa		7.1
防老剂 4010	1.5	拉断永久变形/%		15
邻苯二甲酸二辛酯（DOP）	16	回弹性/%		21
沉淀法白炭黑	15	阿克隆磨耗/cm³		0.519
碳酸钙	25	无割口直角撕裂强度/(kN/m)		41.7
四川槽法炭黑	30	质量变化率（10#机油,70℃×24h）/%		−1.49
乙二醇	1	轨枕垫测电阻（500V）/Ω		1.4×10^8
氧化锌	5	热空气加速老化（100℃×72h）	拉伸强度/MPa	17.0
促进剂 DM	1.3		拉断伸长率/%	372
促进剂 TT	0.03		性能变化率/% 拉伸强度	−2.9
合计	197.83		伸长率	−34
		圆盘振荡硫化仪（143℃）	M_L/N·m	13.2
			M_H/N·m	68.7
			t_{10}	7 分
			t_{90}	14 分 36 秒

混炼加料顺序：丁腈胶＋氯丁胶＋ 硫黄 氧化镁 （薄通 3 次）＋ 硬脂酸 ＋4010＋ 乙二醇 ＋ 炭黑 白炭黑 碳酸钙 DOP

氧化锌
DM ——薄通 8 次下片备用
M

混炼辊温：45℃以内

表 24-10 NBR/CR 配方（10）

材料名称　基本用量/g　配方编号	NBC-10	试验项目			试验结果
丁腈胶 270	70	硫化条件(153℃)/min			40
氯丁胶 120(通用)	30	邵尔 A 型硬度/度			80
氧化镁	2	拉伸强度/MPa			21.7
硫黄	1.3	拉断伸长率/%			192
硬脂酸	1	100%定伸应力/MPa			10.4
防老剂 4010	1	拉断永久变形/%			5
邻苯二甲酸二辛酯(DOP)	10	回弹性/%			32
半补强炉黑	20	脆性温度(单试样法)/℃			−34
高耐磨炉黑	60	质量变化率(10# 机油,70℃×24h)/%			+1.0
氧化锌	8	质量变化率[汽油+苯(75:25),室温×24h]/%			+15.6
促进剂 DM	1	热空气加速老化 (70℃×96h)	拉伸强度/MPa		21.6
合计	204.3		拉断伸长率/%		180
			性能变化率/%	拉伸强度	−0.5
				伸长率	−6
		圆盘振荡硫化仪 (153℃)	M_L/N・m		27.0
			M_H/N・m		114.45
			t_{10}		3 分
			t_{90}		36 分

混炼加料顺序：丁腈胶＋氯丁胶＋ 硫黄 氧化镁 （薄通 3 次）＋ 硬脂酸 ＋4010＋ 炭黑 DOP ＋

氧化锌 DM ——薄通 8 次下片备用

混炼辊温：45℃以内

表 24-11 NBR/CR 配方（11）

材料名称 / 基本用量/g	配方编号 NBC-11	试验项目		试验结果
丁腈胶 360（薄 15 次）	70	硫化条件（143℃）/min		9
氯丁胶（通用）（山西）	30	邵尔 A 型硬度/度		84
氧化镁	1	拉伸强度/MPa		18.2
硫黄	1.5	拉断伸长率/%		332
硬脂酸	1	300%定伸应力/MPa		16.5
防老剂 4010	1.5	拉断永久变形/%		11
邻苯二甲酸二辛酯（DOP）	6	回弹性/%		11
沉淀法白炭黑	20	阿克隆磨耗/cm^3		0.238
乙二醇	2	无割口直角撕裂强度/(kN/m)		40.1
碳酸钙	40	电阻（250V）/Ω		2.7×10^7
高耐磨炉黑	30	质量变化率（10# 机油，70℃×24h）/%		＋0.042
氧化锌	5	热空气加速老化 （100℃×72h）	拉伸强度/MPa	17.0
促进剂 DM	1.3		拉断伸长率/%	242
促进剂 TT	0.06		性能变化率/% 拉伸强度	－7
合计	209.36		伸长率	－27
		圆盘振荡硫化仪 （143℃）	M_L/N·m	21.7
			M_H/N·m	112.0
			t_{10}	3 分 30 秒
			t_{90}	7 分

混炼加料顺序：丁腈胶＋氯丁胶＋ 硫黄 氧化镁 （薄通 3 次）＋ 硬脂酸 ＋4010＋ 炭黑 白炭黑 乙二醇 ＋ 硫酸钙 DOP

氧化锌
DM ——薄通 8 次下片备用
M

混炼辊温：45℃以内

表 24-12　NBR/CR 配方（12）

基本用量/g 材料名称	配方编号 NBC-12	试验项目		试验结果
丁腈胶 220S(日本)	80	硫化条件(153℃)/min		25
氯丁胶 121(山西)	20	邵尔 A 型硬度/度		88
氧化镁	0.8	拉伸强度/MPa		15.5
硫黄	0.6	拉断伸长率/%		246
硬脂酸	1	100%定伸应力/MPa		7.8
防老剂 A	1	拉断永久变形/%		7
防老剂 4010	1.5	回弹性/%		10
癸二酸二辛酯(DOS)	10	无割口直角撕裂强度/(kN/m)		37.1
通用炉黑	100	脆性温度(单试样法)/℃		−11
陶土	50	B 型压缩永久变形 (压缩率20%)/%	70℃×22h	24
促进剂 CZ	0.6		100℃×22h	34
氧化锌	5	老化后硬度(70℃×168h)/度		91
促进剂 NA-22	0.03	热空气加速老化 (70℃×168h)	拉伸强度/MPa	14.9
合计	270.53		拉断伸长率/%	176
			性能变化率/%　拉伸强度	−6
			伸长率	−27
		圆盘振荡硫化仪 (153℃)	M_L/N·m	23.97
			M_H/N·m	44.18
			t_{10}	2 分 27 秒
			t_{90}	12 分 23 秒

混炼加料顺序：丁腈胶＋氯丁胶＋ 硫黄
氧化镁 （薄通 3 次）＋ 硬脂酸
防老剂 A ＋4010＋ 炭黑
陶土 ＋
DOS

氧化锌
NA-22 ── 薄通 8 次下片备用
CZ

混炼辊温：45℃以内

第 25 章

丁腈胶/丁苯胶（NBR/SBR）

25.1　丁腈胶/丁苯胶(硬度 69~77)

表 25-1　NBR/SBR 配方（1）

配方编号 基本用量/g 材料名称	NBS-1	试验项目		试验结果
丁腈胶 2707(1 段)	80	硫化条件(153℃)/min		15
丁苯胶 1500#	20	邵尔 A 型硬度/度		69
硫黄	1.8	拉伸强度/MPa		14.8
石蜡	0.5	拉断伸长率/%		343
硬脂酸	1.5	定伸应力/MPa	100%	3.2
防老剂 A	1.5		300%	13.3
氧化锌	2	拉断永久变形/%		4
邻苯二甲酸二辛酯(DOP)	16	回弹性/%		30
机油 10#	5	无割口直角撕裂强度/(kN/m)		38.1
通用炉黑	60	脆性温度(单试样法)/℃		−40
碳酸钙	30	B 型压缩永久变形	室温×22h	6
促进剂 DM	1.7	(压缩率 25%)/%	70℃×22h	15
促进剂 TT	0.2	耐 10# 机油	质量变化率/%	+0.76
合计	223.2	(70℃×72h)	体积变化率/%	+2.52
		热空气加速老化 (100℃×96h)	拉伸强度/MPa	15.5
			拉断伸长率/%	213
			性能变化率/% 拉伸强度	+4.7
			伸长率	−38
		圆盘振荡硫化仪 （153℃）	M_L/N·m	10.78
			M_H/N·m	34.11
			t_{10}	3 分 13 秒
			t_{90}	10 分 28 秒

混炼加料顺序:丁腈胶＋丁苯胶＋硫黄(薄通 3 次)＋ 硬脂酸 防老剂 A ＋氧化锌＋ 炭黑 机油 碳酸钙 ＋促 石蜡 DOP

进剂——薄通 8 次下片备用

混炼辊温:45℃±5℃

表 25-2　NBR/SBR 配方（2）

材料名称 基本用量/g （配方编号）	NBS-2	试验项目		试验结果
丁腈胶 220S(日本)	70	硫化条件(153℃)/min		10
丁苯胶 1500#	30	邵尔 A 型硬度/度		71
硫黄	1.9	拉伸强度/MPa		13.9
石蜡	0.5	拉断伸长率/%		360
硬脂酸	1.5	定伸应力/MPa	100%	3.7
防老剂 A	1.5		300%	12.1
氧化锌	5	拉断永久变形/%		11
癸二酸二辛酯(DOS)	16	回弹性/%		14
机油 10#	6	无割口直角撕裂强度/(kN/m)		33.0
通用炉黑	60	B 型压缩永久变形	室温×22h	5
碳酸钙	30	(压缩率 25%)/%	70℃×72h	48
促进剂 CZ	1.7	耐 10# 机油	质量变化率/%	+3.12
促进剂 TT	0.2	(70℃×72h)	体积变化率/%	+6.33
合计	224.3	热空气加速老化 (100℃×96h)	拉伸强度/MPa	13.4
			拉断伸长率/%	179
			性能变化率/% 拉伸强度	−3.6
			伸长率	−50
		圆盘振荡硫化仪 (153℃)	M_L/N·m	8.82
			M_H/N·m	32.76
			t_{10}	4 分 31 秒
			t_{90}	7 分 16 秒

混炼加料顺序:丁腈胶＋丁苯胶＋硫黄（薄通 3 次）＋防老剂 A＋氧化锌＋石蜡＋硬脂酸 DOS 炭黑 碳酸钙 机油＋促进剂

进剂——薄通 8 次下片备用

混炼辊温:45℃±5℃

表 25-3　NBR/SBR 配方（3）

基本用量/g　材料名称	配方编号 NBS-3	试验项目		试验结果
丁腈胶 2707(1 段)	70	硫化条件(153℃)/min		10 分
丁苯胶 1500#	30	邵尔 A 型硬度/度		75
硫黄	2.1	拉伸强度/MPa		14.1
石蜡	0.5	拉断伸长率/%		256
硬脂酸	1.5	100%定伸应力/MPa		5.1
防老剂 A	1.5	拉断永久变形/%		4
氧化锌	5	回弹性/%		23
癸二酸二辛酯(DOS)	15	无割口直角撕裂强度/(kN/m)		38.4
通用炉黑	60	B 型压缩永久变形	室温×22h	4
碳酸钙	30	(压缩率 25%)/%	70℃×22h	19
促进剂 DM	1.7	热空气加速老化 (100℃×96h)	拉伸强度/MPa	11.8
促进剂 TT	0.2		拉断伸长率/%	127
合计	217.5		性能变化率/%　拉伸强度	−16
			伸长率	−50
		圆盘振荡硫化仪 (153℃)	M_L/N·m	13.46
			M_H/N·m	36.15
			t_{10}	2 分 46 秒
			t_{90}	6 分 08 秒

混炼加料顺序:丁腈胶＋丁苯胶＋硫黄（薄通 3 次）＋防老剂 A ＋氧化锌＋碳酸钙＋促

　　　　　　　　　　　　　　　　　　　　　硬脂酸　　　　　　　　　炭黑

　　　　　　　　　　　　　　　　　　　　　石蜡　　　　　　　　　　DOS

　　　　进剂——薄通 8 次下片备用

混炼辊温:45℃±5℃

表 25-4 NBR/SBR 配方（4）

基本用量/g 材料名称	配方编号 NBS-4	试验项目		试验结果
丁腈胶 270 1 段（兰化）	70	硫化条件(143℃)/min		15
丁苯胶 1502#（山东）	30	邵尔 A 型硬度/度		77
硫黄	3.5	拉伸强度/MPa		6.0
硬脂酸	2	拉断伸长率/%		312
氧化锌	5	100%定伸应力/MPa		2.7
乙二醇	4	拉断永久变形/%		18
邻苯二甲酸二丁酯（DBP）	8	圆盘振荡硫化仪（143℃）	$M_L/N \cdot m$	16.5
碳酸钙	100		$M_H/N \cdot m$	98.7
硫酸钡	70		t_{10}	6 分
沉淀法白炭黑	35		t_{90}	9 分 24 秒
促进剂 CZ	0.7			
促进剂 TT	0.1			
促进剂 DM	1.4			
合计	331.7			

混炼加料顺序：丁腈胶＋丁苯胶＋硫黄（薄通 3 次）＋硬脂酸＋氧化锌＋
碳酸钙
硫酸钡
白炭黑＋促进
乙二醇
DBP

剂——薄通 8 次下片备用
混炼辊温：45℃±5℃

25.2 丁腈胶/丁苯胶(硬度 63~89)

表 25-5 NBR/SBR 配方（5）

配方编号 基本用量/g 材料名称	NBS-5	试验项目			试验结果
丁腈胶 40(1 段)	70	硫化条件(148℃)/min			40
丁苯胶 1500# （吉化）	30	邵尔 A 型硬度/度			63
硫黄	0.3	拉伸强度/MPa			21.5
硬脂酸	0.5	拉断伸长率/%			600
防老剂 4010	1.5	定伸应力/MPa	300%		9.8
氧化锌	5		500%		17.5
邻苯二甲酸二丁酯(DBP)	7	拉断永久变形/%			10
中超耐磨炉黑(鞍山)	40	脆性温度(单试样法)/℃			−36
促进剂 DM	1.5	质量变化率[汽油+苯(75：25),室温×24h]/%			+32.9
促进剂 TT	1	质量变化率(10# 机油,70℃×24h)/%			−0.4
合计	156.8	热空气加速老化 (100℃×24h)	拉伸强度/MPa		15.0
			拉断伸长率/%		310
			性能变化率/%	拉伸强度	−30.2
				伸长率	−48.3
		圆盘振荡硫化仪 (148℃)	M_L/N·m		8.3
			M_H/N·m		72.7
			t_{10}		4 分 15 秒
			t_{90}		35 分

混炼加料顺序:丁腈胶+丁苯胶+ 硫黄（薄通 3 次）+ 硬脂酸 + $\dfrac{氧化锌}{4010}$ + $\dfrac{炭黑}{DBP}$ +促进剂——薄通 8 次下片备用

混炼辊温:45℃±5℃

表 25-6 NBR/SBR 配方（6）

基本用量/g 配方编号 材料名称	NBS-6	试验项目			试验结果
丁腈胶 2707(1 段)	85	硫化条件(163℃)/min			10
丁苯胶 1502#	15	邵尔 A 型硬度/度			67
硫黄	1.8	拉伸强度/MPa			15.8
石蜡	0.5	拉断伸长率/%			460
硬脂酸	1.5	定伸应力/MPa	100%		2.9
防老剂 A	1.5		300%		10.6
防老剂 4010	1	拉断永久变形/%			9
氧化锌	5	回弹性/%			37
邻苯二甲酸二辛酯(DOP)	10	无割口直角撕裂强度/(kN/m)			47.5
通用炉黑	60	B 型压缩永久变形(压缩率 25%)/%		室温×22h	7
碳酸钙	25			70℃×22h	23
促进剂 DM	1.5	热空气加速老化 (100℃×96h)	拉伸强度/MPa		18.2
促进剂 TT	0.1		拉断伸长率/%		262
合计	207.9		性能变化率/%	拉伸强度	+15
				伸长率	−43
		圆盘振荡硫化仪 (163℃)	M_L/N·m		7.0
			M_H/N·m		43.2
			t_{10}		4 分 36 秒
			t_{90}		6 分 48 秒

混炼加料顺序：丁腈胶＋丁苯胶＋ 硫黄（薄通 3 次）＋ 防老剂 A ＋ 硬脂酸/石蜡 ＋ 氧化锌 4010 ＋ 炭黑/碳酸钙/DOP

促进剂——薄通 8 次下片备用

混炼辊温:45℃±5℃

表 25-7 **NBR/SBR 配方（7）**

基本用量/g 配方编号 材料名称	NBS-7	试验项目			试验结果
丁腈胶 220S(日本)	45	硫化条件(163℃)/min			10
丁腈胶 2707(兰化)	40	邵尔 A 型硬度/度			79
丁苯胶 1500#(吉化)	15	拉伸强度/MPa			19.5
硫黄	1.8	拉断伸长率/%			296
石蜡	0.5	100%定伸应力/MPa			8.0
硬脂酸	1	拉断永久变形/%			7
防老剂 4010	1.5	撕裂强度/(kN/m)			60.2
氧化锌	5	回弹性/%			12
邻苯二甲酸二辛酯(DOP)	6	脆性温度/℃			21
快压出炭黑 N550	50	热空气加速老化 (100℃×96h)	拉伸强度/MPa		19.8
通用炉黑	15		拉断伸长率/%		196
促进剂 CZ	1.7		性能变化率/%	拉伸强度	+2
促进剂 TT	0.1			伸长率	−34
合计	182.6	压缩永久变形 (B,120℃×22h)/%	压缩率 20%		20
			压缩率 25%		22
		耐 10# 机油 (100℃×96h)	质量变化率/%		+2.10
			体积变化率/%		+3.64
		圆盘振荡硫化仪 (163℃)	M_L/N·m		10.1
			M_H/N·m		83.5
			t_{10}		3 分 56 秒
			t_{90}		7 分

混炼加料顺序:丁腈胶＋丁苯胶＋ 硫黄（薄通 3 次）＋ 石蜡 硬脂酸 ＋ 4010 氧化锌 ＋ 炭黑 DOP ＋

CZ
TT ——薄通 8 次下片备用

混炼辊温:45℃±5℃

表 25-8 NBR/SBR 配方（8）

基本用量/g 材料名称 / 配方编号	NBS-8	试验项目		试验结果
丁腈胶 220S（日本）	40	硫化条件（163℃）/min		10
丁腈胶 2707（兰化）	45	邵尔 A 型硬度/度		82
丁苯胶 1500#	15	拉伸强度/MPa		20.8
硫黄	1.8	拉断伸长率/%		296
石蜡	0.5	100%定伸应力/MPa		8.6
硬脂酸	1	拉断永久变形/%		7
防老剂 4010	1.5	回弹性/%		14
氧化锌	5	无割口直角撕裂强度/（kN/m）		60.2
邻苯二甲酸二辛酯（DOP）	5	脆性温度（单试样法）/℃		−22
快压出炉黑	55	B 型压缩永久变形/%	压缩率 20%（120℃×22h）	22
通用炉黑	15		压缩率 25%（120℃×22h）	20
促进剂 TT	0.1	耐 10# 机油（100℃×96h）	质量变化率/%	+2.73
促进剂 CZ	1.7		体积变化率/%	+4.64
合计	186.6	热空气加速老化（100℃×96h）	拉伸强度/MPa	21.5
			拉断伸长率/%	176
			性能变化率/% 拉伸强度	+3
			性能变化率/% 伸长率	−41
		圆盘振荡硫化仪（163℃）	M_L/N·m	11.4
			M_H/N·m	85.1
			t_{10}	3 分 30 秒
			t_{90}	6 分 36 秒

混炼加料顺序：丁腈胶＋丁苯胶＋ 硫黄（薄通 3 次）＋ 硬脂酸 石蜡 ＋ 氧化锌 4010 ＋ 炭黑 DOP ＋促进剂——薄通 8 次下片备用

混炼辊温：45℃±5℃

表 25-9 NBR/SBR 配方（9）

基本用量/g 配方编号 材料名称	NBS-9	试验项目		试验结果
丁腈胶 220S(日本)	92	硫化条件(163℃)/min		20
丁苯胶 1500#	8	邵尔 A 型硬度/度		85
石蜡	0.5	拉伸强度/MPa		20.8
硬脂酸	1	拉断伸长率/%		228
防老剂 4010	1.5	100%定伸应力/MPa		13.0
氧化锌	5	拉断永久变形/%		3
邻苯二甲酸二辛酯(DOP)	4	回弹性/%		11
快压出炉黑	55	无割口直角撕裂强度/(kN/m)		38.2
通用炉黑	15	脆性温度(单试样法)/℃		−23
硫化剂 DCP	4	B 型压缩永久变形/%	压缩率20%(120℃×22h)	8
合计	186		压缩率25%(120℃×22h)	8
		耐 10# 机油 (100℃×96h)	质量变化率/%	−1.99
			体积变化率/%	−2.32
		圆盘振荡硫化仪 (163℃)	M_L/N·m	6.0
			M_H/N·m	95.6
			t_{10}	3 分 48 秒
			t_{90}	17 分

混炼加料顺序:丁腈胶+丁苯胶+ 硬脂酸 石蜡 + 氧化锌 4010 + 炭黑 DOP +DCP——薄通 8 次下片 备用

混炼辊温:45℃±5℃

表 25-10 NBR/SBR 配方（10）

材料名称 基本用量/g	配方编号 NBS-10	试验项目		试验结果
丁腈胶 220S（日本）	85	硫化条件（163℃）/min		20
丁苯胶 1500#	15	邵尔 A 型硬度/度		89
石蜡	0.5	拉伸强度/MPa		18.4
硬脂酸	1	拉断伸长率/%		140
防老剂 4010	1.5	100%定伸应力/MPa		13.3
氧化锌	5	拉断永久变形/%		3
邻苯二甲酸二辛酯（DOP）	2	回弹性/%		12
快压出炉黑	56	无割口直角撕裂强度/(kN/m)		35.5
通用炉黑	15	脆性温度（单试样法）/℃		−21
硫化剂 DCP	4	B 型压缩永久变形/%	压缩率 20%（120℃×22h）	10
合计	185		压缩率 25%（120℃×22h）	8
		热空气加速老化（100℃×96h）	拉伸强度/MPa	19.6
			拉断伸长率/%	104
		性能变化率/%	拉伸强度	+6.5
			伸长率	−26
		圆盘振荡硫化仪（163℃）	M_L/N·m	8.1
			M_H/N·m	97.5
			t_{10}	3 分 36 秒
			t_{90}	16 分 12 秒

混炼加料顺序：丁腈胶＋丁苯胶＋ 硬脂酸 石蜡 ＋ 氧化锌 4010 ＋ 炭黑 DOP ＋DCP——薄通 8 次下片 备用

混炼辊温：45℃±5℃

第26章

丁腈胶/顺丁胶（NBR/BR）

26.1 丁腈胶/顺丁胶(硬度 57～84)

表 26-1 NBR/BR 配方（1）

基本用量/g 材料名称	配方编号 NBB-1	试验项目		试验结果
丁腈胶 2707(1 段)	70	硫化条件(148℃)/min		7
顺丁胶	30	邵尔 A 型硬度/度		57
硫黄	2.3	拉伸强度/MPa		13.0
硬脂酸	1	拉断伸长率/%		356
防老剂 4010NA	1.5	300% 定伸应力/MPa		10.3
防老剂 4010	1	拉断永久变形/%		5
氧化锌	7.5	圆盘振荡硫化仪 (148℃)	$M_L/N \cdot m$	4.4
邻苯二甲酸二辛酯(DOP)	16		$M_H/N \cdot m$	29.6
半补强炉黑	15		t_{10}	2 分 48 秒
高耐磨炉黑	25		t_{90}	4 分 42 秒
促进剂 DM	1.3			
促进剂 M	0.6			
促进剂 TT	0.2			
合计	171.4			

混炼加料顺序:丁腈胶＋顺丁胶＋硫黄(薄通 3 次)＋硬脂酸 4010NA＋氧化锌 4010＋炭黑 DOP＋促进剂——薄通 8 次下片备用

混炼辊温:45℃以内

表 26-2 **NBR/BR 配方（2）**

基本用量/g 材料名称	配方编号 NBB-2	试验项目			试验结果
丁腈胶 240S(日本)	93	硫化条件(153℃)/min			6
顺丁胶	7	邵尔 A 型硬度/度			68
萜烯树脂	12	拉伸强度/MPa			11.3
防老剂 RD	1.5	拉断伸长率/%			609
硫黄	1.3	定伸应力/MPa	100%		2.7
硬脂酸	1.5		300%		5.0
氧化锌	5	拉断永久变形/%			14
邻苯二甲酸二辛酯(DOP)	6	回弹性/%			74
石墨	45	无割口直角撕裂强度/(kN/m)			41.2
快压出炉黑 N-539	30	B 型压缩永久变形(压缩率 25%)/%	室温×24h		8
促进剂 CZ	1.7		70℃×24h		27
促进剂 TT	0.2	耐 10# 机油 (70℃×24h)	质量变化率/%		+0.8
合计	204.2		体积变化率/%		+1.5
		热空气加速老化 (70℃×72h)	拉伸强度/MPa		10.7
			拉断伸长率/%		524
			性能变化率/%	拉伸强度	−5
				伸长率	−14
		圆盘振荡硫化仪 (153℃)	M_L/N·m		8.98
			M_H/N·m		30.88
			t_{10}		2 分 46 秒
			t_{90}		4 分 51 秒

混炼加料顺序：丁腈胶＋顺丁胶＋ RD／树脂 （80℃±5℃）降温＋硫黄(薄通 3 次)＋ 硬脂酸 ＋

氧化锌＋ 炭黑／石墨／DOP ＋促进剂——薄通 8 次下片备用

混炼辊温:45℃以内

表 26-3 NBR/BR 配方（3）

基本用量/g 材料名称	配方编号 NBB-3	试验项目		试验结果
丁腈胶 240S(日本)	85	硫化条件(153℃)/min		8
顺丁胶	15	邵尔 A 型硬度/度		73
硫黄	1.5	拉伸强度/MPa		8.2
硬脂酸	1.5	拉断伸长率/%		539
氧化锌	8	定伸应力/MPa	100%	3.3
邻苯二甲酸二辛酯(DOP)	12		300%	4.3
中超耐磨炉黑	15	拉断永久变形/%		16
石墨	70	回弹性/%		18
促进剂 CZ	1.5	无割口直角撕裂强度/(kN/m)		44.6
促进剂 TT	0.3	脆性温度(单试样法)/℃		−16
合计	209.8	B 型压缩永久变形(压缩率 25%)/%	室温×24h	6
			70℃×24h	24
		耐液压油 (70℃×24h)	质量变化率/%	−0.5
			体积变化率/%	−0.4
		热空气加速老化 (70℃×72h)	拉伸强度/MPa	8.3
			拉断伸长率/%	423
			性能变化率/% 拉伸强度	+1
			伸长率	−22
		圆盘振荡硫化仪 (153℃)	M_L/N·m	8.05
			M_H/N·m	38.45
			t_{10}	3 分 02 秒
			t_{90}	6 分 01 秒

混炼加料顺序：丁腈胶＋顺丁胶＋硫黄（薄通 3 次）＋ 硬脂酸 ＋ 氧化锌 ＋ 炭黑 石墨 ＋促进 DOP

剂——薄通 8 次下片备用

混炼辊温：45℃以内

表 26-4 NBR/BR 配方（4）

材料名称 / 配方编号 / 基本用量/g	NBB-4	试验项目		试验结果
丁腈胶 2707	92	硫化条件(153℃)/min		7
顺丁胶	8	邵尔 A 型硬度/度		79
防老剂 RD	1.5	拉伸强度/MPa		12.7
硫黄	1.3	拉断伸长率/%		308
硬脂酸	1	定伸应力/MPa	100%	5.2
氧化锌	5		300%	11.8
快压出炉黑 N-539	40	拉断永久变形/%		9
石墨	50	回弹性/%		26
促进剂 CZ	1.7	无割口直角撕裂强度/(kN/m)		49.4
促进剂 TT	0.2	B 型压缩永久变形(压缩率 25%)/%	室温×24h	4
合计	200.7		70℃×24h	19
		耐液压油 (70℃×24h)	质量变化率/%	+1.6
			体积变化率/%	+2.4
		热空气加速老化 (70℃×72h)	拉伸强度/MPa	14.4
			拉断伸长率/%	283
			性能变化率/%	拉伸强度	+13
				伸长率	−8
		圆盘振荡硫化仪 (153℃)	M_L/N·m	17.35
			M_H/N·m	44.86
			t_{10}	2 分 07 秒
			t_{90}	5 分 10 秒

混炼加料顺序:丁腈胶＋顺丁胶＋RD(80℃±5℃)降温＋硫黄(薄通 3 次)＋ 硬脂酸 ＋

氧化锌＋ 炭黑 石墨 ＋促进剂——薄通 8 次下片备用

混炼辊温:45℃以内

表 26-5　NBR/BR 配方（5）

基本用量/g 材料名称	配方编号 NBB-5	试验项目			试验结果
丁腈胶 220S(日本)	76	硫化条件(153℃)/min			7
顺丁胶	24	邵尔 A 型硬度/度			84
防老剂 RD	1.5	拉伸强度/MPa			12.1
硫黄	1.3	拉断伸长率/%			346
硬脂酸	1	定伸应力/MPa	100%		5.8
氧化锌	5		300%		11.0
快压出炉黑 N-539	40	拉断永久变形/%			9
石墨	50	回弹性/%			12
促进剂 CZ	1.7	无割口直角撕裂强度/(kN/m)			48.6
促进剂 TT	0.2	B 型压缩永久变形(压缩率 25%)/%	室温×24h		7
合计	200.7		70℃×24h		26
		耐液压油 (70℃×24h)	质量变化率/%		+4.1
			体积变化率/%		+5.4
		热空气加速老化 (70℃×72h)	拉伸强度/MPa		13.5
			拉断伸长率/%		293
			性能变化率/%	拉伸强度	+12
				伸长率	−15
		圆盘振荡硫化仪 (153℃)	M_L/N·m		12.97
			M_H/N·m		41.52
			t_{10}		2 分 23 秒
			t_{90}		4 分 18 秒

混炼加料顺序:丁腈胶＋顺丁胶＋RD(80℃±5℃)降温＋硫黄(薄通 3 次)＋硬脂酸＋

氧化锌＋ $\dfrac{炭黑}{石墨}$ ＋促进剂——薄通 8 次下片备用

混炼辊温:45℃以内

26.2 丁腈胶/顺丁胶(硬度 68～77)

表 26-6 **NBR/BR 配方 （6）**

基本用量/g 材料名称	配方编号 NBB-6	试验项目			试验结果
丁腈胶 2707	93	硫化条件(153℃)/min			6
顺丁胶	7	邵尔 A 型硬度/度			68
防老剂 RD	1.5	拉伸强度/MPa			18.3
硫黄	1.5	拉断伸长率/%			525
硬脂酸	1.5	定伸应力/MPa	100%		4.0
氧化锌	5		300%		10.3
邻苯二甲酸二辛酯(DOP)	6	拉断永久变形/%			12
快压出炉黑 N539	30	回弹性/%			40
二硫化钼(MF0)	45	无割口直角撕裂强度/(kN/m)			49.2
促进剂 CZ	1.7	B 型压缩永久变形(压缩率 25%)/%		室温×24h	5
促进剂 TT	0.2			70℃×24h	20
合计	192.3	耐液压油 (70℃×24h)	质量变化率/%		+0.6
			体积变化率/%		+1.0
		热空气加速老化 (70℃×72h)	拉伸强度/MPa		14.8
			拉断伸长率/%		404
			性能变化率/%	拉伸强度	−19
				伸长率	−23
		圆盘振荡硫化仪 （153℃）	M_L/N·m		10.30
			M_H/N·m		35.66
			t_{10}		2 分 48 秒
			t_{90}		4 分 38 秒

混炼加料顺序:丁腈胶＋顺丁胶＋RD(80℃±5℃)降温＋硫黄(薄通 3 次)＋ 硬脂酸＋
　　　　　炭黑

　　　氧化锌＋　DOP　＋促进剂——薄通 8 次下片备用
　　　二硫化钼

混炼辊温:45℃以内

表 26-7 **NBR/BR 配方** (7)

基本用量/g 配方编号 材料名称	NBB-7	试验项目			试验结果
丁腈胶 240S(日本)	85	硫化条件(153℃)/min			5
顺丁胶	15	邵尔 A 型硬度/度			77
硫黄	1.5	拉伸强度/MPa			17.6
硬脂酸	1.5	拉断伸长率/%			252
氧化锌	8	100%定伸应力/MPa			5.9
邻苯二甲酸二辛酯(DOP)	12	拉断永久变形/%			4
快压出炉黑 N-550	70	回弹性/%			37
促进剂 CZ	1.7	无割口直角撕裂强度/(kN/m)			80.1
促进剂 TT	0.3	B 型压缩永久变形(压缩率 25%)/%		室温×24h	4
合计	195			70℃×24h	17
		耐液压油 (70℃×24h)	质量变化率/%		+3
			体积变化率/%		+5
		热空气加速老化 (70℃×72h)	拉伸强度/MPa		17.5
			拉断伸长率/%		158
			性能变化率/%	拉伸强度	−0.6
				伸长率	−37
		圆盘振荡硫化仪 (153℃)	M_L/N·m		13.48
			M_H/N·m		39.45
			t_{10}		3 分 26 秒
			t_{90}		4 分 35 秒

混炼加料顺序：丁腈胶＋顺丁胶＋硫黄(薄通 3 次)＋ 硬脂酸 ＋ 氧化锌 ＋ 炭黑 DOP ＋促进剂——薄通 8 次下片备用

混炼辊温：45℃以内

第27章

乙丙胶/丁腈胶（EPDM/NBR）

27.1 乙丙胶/丁腈胶(硬度 49～81)

表 27-1 EPDM/NBR 配方（1）

基本用量/g 配方编号 材料名称	ENB-1	试验项目		试验结果
三元乙丙胶 4045	96	硫化条件(163℃)/min		30
丁腈胶 2707(1 段)	4	邵尔 A 型硬度/度		49
中超耐磨炉黑	20	拉伸强度/MPa		11.0
邻苯二甲酸二辛酯(DOP)	4	拉断伸长率/%		388
白凡士林	6	300％定伸应力/MPa		6.3
硬脂酸	1	拉断永久变形/%		5
氧化锌	5	回弹性/%		53
氧化镁	3	无割口直角撕裂强度/(kN/m)		28.0
促进剂 CZ	0.5	B 型压缩永久变形(压缩率 25％,120℃×22h)/%		13
硫化剂 DCP	3.6	耐 921 制动液 (120℃×70h)	质量变化率/%	−1.71
硫黄	0.3		体积变化率/%	−1.83
合计	143.4	热空气加速老化 (70℃×72h)	拉伸强度/MPa	12.1
			拉断伸长率/%	404
			性能变化率/% 拉伸强度	+12
			伸长率	+4
		圆盘振荡硫化仪 (163℃)	M_L/N·m	5.5
			M_H/N·m	51.5
			t_{10}	3 分 36 秒
			t_{90}	18 分

混炼加料顺序:乙丙胶＋丁腈胶＋ 炭黑 DOP ＋硬脂酸＋ 氧化镁 氧化锌＋ 硫黄 DCP ——薄通 8

　　白凡士林　　　　　　　　　　　　　促进剂

　　　　　次下片备用

混炼辊温:45℃±5℃

表 27-2 EPDM/NBR 配方 (2)

基本用量/g 材料名称	配方编号 ENB-2	试验项目		试验结果
三元乙丙胶 4045	96	硫化条件 (163℃)/min		20
丁腈胶 2707(1 段)	4	邵尔 A 型硬度/度		56
中超耐磨炉黑	38	拉伸强度/MPa		14.1
邻苯二甲酸二辛酯 (DOP)	4	拉断伸长率/%		612
白凡士林	6	定伸应力/MPa	300%	3.9
硬脂酸	1		500%	9.7
氧化锌	5	拉断永久变形/%		34
氧化镁	3	回弹性/%		48
促进剂 CZ	2.5	无割口直角撕裂强度/(kN/m)		30.0
硫化剂 DCP	3.2	脆性温度 (单试样法)/℃		−62 不断
合计	162.7	B 型压缩永久变形/%	压缩率 20% (120℃×22h)	39
			压缩率 25% (120℃×22h)	29
		耐制动液 (120℃×70h)	质量变化率/%	−0.21
			体积变化率/%	−0.29
		热空气加速老化 (120℃×70h)	拉伸强度/MPa	17.4
			拉断伸长率/%	648
			性能变化率/% 拉伸强度	+23
			伸长率	+6
		圆盘振荡硫化仪 (163℃)	$M_L/N \cdot m$	4.0
			$M_H/N \cdot m$	28.0
			t_{10}	4 分
			t_{90}	18 分

混炼加料顺序:乙丙胶＋丁腈胶＋ 炭黑 DOP 白凡士林 ＋ 硬脂酸 ＋ 氧化镁 氧化锌 促进剂 ＋ DCP ——薄通 8 次下片备用

混炼辊温:45℃±5℃

表 27-3 EPDM/NBR 配方 (3)

配方编号 基本用量/g 材料名称	ENB-3	试验项目			试验结果
三元乙丙胶 4045	96	硫化条件(163℃)/min			20
丁腈胶 2707(1 段)	4	邵尔 A 型硬度/度			59
中超耐磨炉黑	20	拉伸强度/MPa			11.2
半补强炉黑	20	拉断伸长率/%			445
石墨 250 目	5	定伸应力/MPa	100%		1.4
癸二酸二辛酯(DOS)	2		200%		5.0
白凡士林	3	拉断永久变形/%			13
乙二醇	2	回弹性/%			52
硬脂酸	1	无割口直角撕裂强度/(kN/m)			32.4
氧化锌	5	脆性温度(单试样法)/℃			−68
氧化镁	3	B 型压缩永久变形/%	压缩率 20%(120℃×22h)		25
促进剂 CZ	2		压缩率 30%(120℃×22h)		28
硫化剂 DCP	3.8	耐天津 921 制动液(120℃×70h)	质量变化率/%		+0.63
合计	166.8		体积变化率/%		+0.66
		热空气加速老化 (120℃×70h)	拉伸强度/MPa		12.7
			拉断伸长率/%		472
			性能变化率/%	拉伸强度	+13
				伸长率	+6
		圆盘振荡硫化仪 (163℃)	M_L/N·m		7.0
			M_H/N·m		39.4
			t_{10}		3 分 36 秒
			t_{90}		15 分 59 秒

混炼加料顺序:乙丙胶＋丁腈胶＋ DOP 炭黑 石墨 乙二醇 白凡士林 ＋ 硬脂酸 ＋ 氧化镁 氧化锌 促进剂 ＋ DCP ——薄通 8

次下片备用

混炼辊温:45℃±5℃

表 27-4 EPDM/NBR 配方（4）

基本用量/g 材料名称	配方编号 ENB-4	试验项目		试验结果
三元乙丙胶 4045	96	硫化条件(163℃)/min		30
丁腈胶 2707(1 段)	4	邵尔 A 型硬度/度		63
四川槽法炭黑	20	拉伸强度/MPa		8.5
喷雾炭黑	25	拉断伸长率/%		540
癸二酸二辛酯(DOS)	1	定伸应力/MPa	100%	1.4
硬脂酸	1		300%	4.1
促进剂 CZ	2	拉断永久变形/%		29
氧化锌	5	回弹性/%		50
氧化镁	3	无割口直角撕裂强度/(kN/m)		30.3
硫化剂 DCP	2.6	脆性温度(单试样法)/℃		−71 不断
合计	159.6	B 型压缩永久变形/%	压缩率 15%(120℃×22h)	39
			压缩率 25%(120℃×22h)	38
		耐顺义制动液 (120℃×70h)	质量变化率/%	+2.19
			体积变化率/%	+2.74
		热空气加速老化 (120℃×70h)	拉伸强度/MPa	9.6
			拉断伸长率/%	524
			性能变化率/% 拉伸强度	+13
			伸长率	−3
		圆盘振荡硫化仪 (163℃)	M_L/N·m	4.0
			M_H/N·m	40.7
			t_{10}	5 分 36 秒
			t_{90}	25 分 12 秒

混炼加料顺序:乙丙胶＋丁腈胶＋ 炭黑 ＋ 硬脂酸 ＋ 氧化锌 ＋ 氧化镁 DCP ——薄通 8
DOS 促进剂

次下片备用

混炼辊温:45℃±5℃

表 27-5　EPDM/NBR 配方（5）

基本用量/g　配方编号　材料名称	ENB-5	试验项目		试验结果
三元乙丙胶 4045	96	硫化条件(163℃)/min		30
丁腈胶 2707(1 段)	4	邵尔 A 型硬度/度		68
高耐磨炉黑	23	拉伸强度/MPa		12.0
通用炉黑	35	拉断伸长率/%		432
癸二酸二辛酯(DOS)	1	定伸应力/MPa	100%	1.8
硬脂酸	1		300%	6.6
促进剂 CZ	2	拉断永久变形/%		20
氧化锌	5	回弹性/%		47
氧化镁	3	无割口直角撕裂强度/(kN/m)		32.6
硫化剂 DCP	2.6	脆性温度(单试样法)/℃		−70 不断
合计	172.2	B 型压缩永久变形/%	压缩率 15%(120℃×22h)	33
			压缩率 25%(120℃×22h)	23
		耐顺义制动液 (120℃×70h)	质量变化率/%	+2.37
			体积变化率/%	+2.78
		热空气加速老化 (120℃×70h)	拉伸强度/MPa	14.0
			拉断伸长率/%	454
			性能变化率/%　拉伸强度	+23
			伸长率	+9
		圆盘振荡硫化仪 (163℃)	M_L/N·m	5.0
			M_H/N·m	45.7
			t_{10}	5 分 12 秒
			t_{90}	24 分 48 秒

混炼加料顺序：乙丙胶＋丁腈胶＋ 炭黑 DOS ＋ 硬脂酸＋ 氧化镁 氧化锌 促进剂 ＋ DCP ——薄通 8 次

下片备用

混炼辊温：45℃±5℃

表 27-6 EPDM/NBR 配方（6）

基本用量/g　材料名称	配方编号 ENB-6	试验项目		试验结果
三元乙丙胶 4045	96	硫化条件(163℃)/min		25
丁腈胶 2707(1 段)	4	邵尔 A 型硬度/度		72
喷雾炭黑	35	拉伸强度/MPa		13.2
中超耐磨炉黑	15	拉断伸长率/%		180
癸二酸二辛酯（DOS）	1	100%定伸应力/MPa		5.5
硬脂酸	1	拉断永久变形/%		2
氧化锌	5	回弹性/%		56
氧化镁	3	无割口直角撕裂强度/(kN/m)		32.4
促进剂 CZ	1	B 型压缩永久变形/%	压缩率 15%(120℃×22h)	11
硫化剂 DCP	4		压缩率 20%(120℃×22h)	8
合计	165	耐制动液 (120℃×70h)	质量变化率/%	+1.18
			体积变化率/%	+1.08
		热空气加速老化 (120℃×70h)	拉伸强度/MPa	13.2
			拉断伸长率/%	184
			性能变化率/% 拉伸强度	0
			伸长率	+2
		圆盘振荡硫化仪 (163℃)	M_L/N·m	5.5
			M_H/N·m	90.7
			t_{10}	3 分 12 秒
			t_{90}	20 分 12 秒

混炼加料顺序:乙丙胶＋丁腈胶＋ 炭黑 DOS ＋ 硬脂酸＋ 氧化镁 氧化锌＋ 促进剂 DCP ——薄通 8 次

下片备用

混炼辊温:45℃±5℃

第 27 章 乙丙胶/丁腈胶（EPDM/NBR）　　**331**

表 27-7 EPDM/NBR 配方（7）

基本用量/g　配方编号 材料名称	ENB-7	试验项目		试验结果
三元乙丙胶 4045	70	硫化条件(163℃)/min		25
丁腈胶 2707(1 段)	30	邵尔 A 型硬度/度		79
中超耐磨炉黑	15	拉伸强度/MPa		11.3
喷雾炭黑	45	拉断伸长率/%		132
癸二酸二辛酯(DOS)	4	拉断永久变形/%		2
硬脂酸	1	回弹性/%		45
促进剂 CZ	1	无割口直角撕裂强度/(kN/m)		27.4
氧化锌	5	脆性温度(单试样法)/℃		−70 不断
氧化镁	3	质量变化率(耐制动液,120℃×70h)/%		+1.91
硫化剂 DCP	4	B 型压缩永久变形/%	压缩率 20%(120℃×22h)	14
合计	178		压缩率 25%(120℃×22h)	20
		热空气加速老化 (120℃×70h)	拉伸强度/MPa	10.3
			拉断伸长率/%	132
		性能变化率/%	拉伸强度	−9
			伸长率	0
		圆盘振荡硫化仪 (163℃)	M_L/N·m	7.8
			M_H/N·m	86.4
			t_{10}	3 分 48 秒
			t_{90}	17 分 48 秒

混炼加料顺序:乙丙胶＋丁腈胶＋ 炭黑 DOS ＋ 硬脂酸 ＋ 氧化锌 ＋ 氧化镁 促进剂 ＋ DCP ——薄通 8 次

　　　　　　　下片备用

混炼辊温:45℃±5℃

表 27-8 EPDM/NBR 配方（8）

基本用量/g 配方编号 材料名称	ENB-8	试验项目		试验结果
三元乙丙胶 4045	50	硫化条件(163℃)/min		20
丁腈胶 270#(1 段)	50	邵尔 A 型硬度/度		81
喷雾炭黑	45	拉伸强度/MPa		10.7
中超耐磨炉黑	15	拉断伸长率/%		84
癸二酸二辛酯(DOS)	4	拉断永久变形/%		2
硬脂酸	1	回弹性/%		45
促进剂 CZ	1	无割口直角撕裂强度/(kN/m)		17.8
氧化锌	5	脆性温度(单试样法)/℃		−60
氧化镁	3	质量变化率(耐制动液,120℃×70h)/%		+4
硫化剂 DCP	4	B 型压缩永久变形/%	压缩率 20%(120℃×22h)	17
合计	168		压缩率 25%(120℃×22h)	16
		热空气加速老化 (120℃×70h)	拉伸强度/MPa	10.0
			拉断伸长率/%	96
		性能变化率/%	拉伸强度	−7
			伸长率	+14
		圆盘振荡硫化仪 (163℃)	M_L/N·m	8.3
			M_H/N·m	96.6
			t_{10}	3 分 12 秒
			t_{90}	16 分

混炼加料顺序:乙丙胶＋丁腈胶＋ 炭黑 ＋ 硬脂酸 ＋ 氧化镁 ＋ DCP ——薄通 8
DOS 氧化锌
促进剂

次下片备用

混炼辊温:45℃±5℃

27.2 乙丙胶/丁腈胶(硬度 56~84)

表 27-9 EPDM/NBR 配方 (9)

基本用量/g 材料名称	配方编号 ENB-9	试验项目			试验结果
三元乙丙胶 4045	96	硫化条件(163℃)/min			30
丁腈胶 2707(1 段)	4	邵尔 A 型硬度/度			56
中超耐磨炉黑	30	拉伸强度/MPa			15.4
邻苯二甲酸二辛酯(DOP)	4	拉断伸长率/%			388
硬脂酸	1	300%定伸应力/MPa			9.2
促进剂 CZ	0.5	拉断永久变形/%			4
氧化锌	5	回弹性/%			50
氧化镁	3	无割口直角撕裂强度/(kN/m)			35.6
白凡士林	6	B 型压缩永久变形(压缩率 25%,120℃×22h)/%			19
硫化剂 DCP	3.6	耐制动液 (120℃×70h)	质量变化率/%		−1.63
硫黄	0.3		体积变化率/%		−1.87
合计	153.4	热空气加速老化 (120℃×70h)	拉伸强度/MPa		17.9
			拉断伸长率/%		420
			性能变化率/%	拉伸强度	+16
				伸长率	+8
		圆盘振荡硫化仪 (163℃)	$M_L/N \cdot m$		5.1
			$M_H/N \cdot m$		58.7
			t_{10}		3 分 24 秒
			t_{90}		18 分

混炼加料顺序:乙丙胶+丁腈胶+ 炭黑 DOP 白凡士林 +硬脂酸+ 氧化镁 氧化锌+ 促进剂 硫黄 DCP ——薄通 8

次下片备用

混炼辊温:45℃±5℃

表 27-10 EPDM/NBR 配方（10）

基本用量/g 配方编号 材料名称	ENB-10	试验项目			试验结果
三元乙丙胶 4045	96	硫化条件(163℃)/min			15
丁腈胶 2707(薄通 10 次)	4	邵尔 A 型硬度/度			60
中超耐磨炉黑	38	拉伸强度/MPa			19.2
邻苯二甲酸二辛酯(DOP)	4	拉断伸长率/%			392
白凡士林	6	300%定伸应力/MPa			11.8
硬脂酸	1	拉断永久变形/%			10
促进剂 CZ	0.5	回弹性/%			51
氧化锌	5	无割口直角撕裂强度/(kN/m)			39.0
氧化镁	3	脆性温度(单试样法)/℃			−62 不断
硫化剂 DCP	4	B 型压缩永久变形/%	压缩率 20%(120℃×22h)		19
硫黄	0.3		压缩率 25%(120℃×22h)		24
合计	161.8	耐日本(沸点 205℃)制动液(120℃×70h)	质量变化率/%		−0.51
			体积变化率/%		−0.25
		热空气加速老化(120℃×70h)	拉伸强度/MPa		21.9
			拉断伸长率/%		424
			性能变化率/%	拉伸强度	+14
				伸长率	+8
		圆盘振荡硫化仪(163℃)	M_L/N·m		5.4
			M_H/N·m		53.5
			t_{10}		2 分 36 秒
			t_{90}		13 分 24 秒

混炼加料顺序:乙丙胶＋丁腈胶＋ 炭黑 DOP 白凡士林 ＋ 硬脂酸 ＋ 氧化镁 氧化锌 促进剂 ＋ 硫黄 DCP ——薄通 8 次下片备用

混炼辊温:45℃±5℃

表 27-11　EPDM/NBR 配方（11）

材料名称　基本用量/g	配方编号 ENB-11	试验项目		试验结果
三元乙丙胶 4045	96	硫化条件(163℃)/min		25
丁腈胶 2707(薄 10 次)	4	邵尔 A 型硬度/度		63
中超耐磨炉黑	25	拉伸强度/MPa		15.2
半补强炉黑	15	拉断伸长率/%		360
石墨	5	定伸应力/MPa	300%	2.2
白凡士林	3		500%	11.3
硬脂酸	1	拉断永久变形/%		14
促进剂 CZ	2	回弹性/%		50
氧化锌	5	无割口直角撕裂强度/(kN/m)		35.7
氧化镁	3	脆性温度(单试样法)/℃		-67 不断
硫化剂 DCP	3.8	B 型压缩永久变形/%	压缩率 20%(100℃×22h)	23
合计	162.5		压缩率 25%(100℃×22h)	20
		耐 921 制动液 (120℃×70h)	质量变化率/%	+1.51
			体积变化率/%	+1.85
		热空气加速老化 (120℃×70h)	拉伸强度/MPa	15.5
			拉断伸长率/%	372
			性能变化率/%　拉伸强度	+2
			伸长率	+3
		圆盘振荡硫化仪 (163℃)	M_L/N·m	4.5
			M_H/N·m	54.3
			t_{10}	3 分 48 秒
			t_{90}	16 分 12 秒

混炼加料顺序：乙丙胶＋丁腈胶＋ 炭黑 石墨 ＋硬脂酸＋ 氧化镁 氧化锌＋ DCP ——薄通 8 次
凡士林 促进剂

　　　　　　　下片备用

混炼辊温：45℃±5℃

表 27-12　EPDM/NBR 配方（12）

材料名称 / 基本用量/g	配方编号 ENB-12	试验项目		试验结果
三元乙丙胶 4045	96	硫化条件(163℃)/min		20
氢化丁腈胶(兰化)	4	邵尔 A 型硬度/度		69
中超耐磨炉黑	47	拉伸强度/MPa		20.1
环烷油	6	拉断伸长率/%		287
硬脂酸	1	定伸应力/MPa	100%	2.9
促进剂 CZ	0.5		200%	7.9
氧化锌	5	拉断永久变形/%		5
氧化镁	3	回弹性/%		46
硫化剂 DCP	3.9	无割口直角撕裂强度/(kN/m)		38.4
合计	166.4	脆性温度(单试样法)/℃		−70
		B 型压缩永久变形(压缩率 25%)/%	室温×24h	8
			120℃×24h	21
		耐制动液 (120℃×70h)	质量变化率/%	−0.05
			体积变化率/%	+0.15
		热空气加速老化 (150℃×70h)	拉伸强度/MPa	14.7
			拉断伸长率/%	221
			性能变化率/% 拉伸强度	−27
			伸长率	−26
		圆盘振荡硫化仪 (163℃)	M_L/N·m	13.59
			M_H/N·m	39.48
			t_{10}	45 秒
			t_{90}	14 分 12 秒

混炼加料顺序:乙丙胶＋丁腈胶＋ 炭黑 环烷油 ＋ 硬脂酸 氧化镁 氧化锌 ＋ DCP ——薄通 8 促进剂

次下片备用

混炼辊温:45℃±5℃

表 27-13　EPDM/NBR 配方（13）

基本用量/g 材料名称	配方编号 ENB-13	试验项目			试验结果
三元乙丙胶 4045	96	硫化条件(163℃)/min			30
丁腈胶 2707(薄 15 次)	4	邵尔 A 型硬度/度			72
中超耐磨炉黑	43	拉伸强度/MPa			17.3
半补强炉黑	10	拉断伸长率/%			244
癸二酸二辛酯(DOS)	1	100%定伸应力/MPa			4.2
白凡士林	3	拉断永久变形/%			4
硬脂酸	1	回弹性/%			46
促进剂 CZ	0.6	试样密度/(g/cm³)			1.096
氧化锌	5	无割口直角撕裂强度/(kN/m)			36.4
氧化镁	3	脆性温度(单试样法)/℃			−70 不断
硫化剂 DCP	3.5	B 型压缩永久变形(压缩率 25%,120℃×22h)/%			14
合计	170.1	耐日本(沸点 130℃)制动液(120℃×70h)		质量变化率/%	+2.26
				体积变化率/%	+3.07
		老化后硬度(120℃×70h)/度			70
		热空气加速老化 (120℃×70h)	拉伸强度/MPa		17.8
			拉断伸长率/%		252
			性能变化率/%	拉伸强度	+2.9
				伸长率	+3.3
		圆盘振荡硫化仪 (163℃)	M_L/N·m		7.7
			M_H/N·m		79.5
			t_{10}		4 分
			t_{90}		20 分 48 秒

混炼加料顺序:乙丙胶＋丁腈胶＋ 炭黑 DOS 白凡士林 ＋ 硬脂酸＋氧化锌＋ 氧化镁 促进剂 DCP ——薄通 8 次下片备用

混炼辊温:45℃±5℃

表 27-14 EPDM/NBR 配方（14）

基本用量/g 配方编号 材料名称	ENB-14	试验项目		试验结果
三元乙丙胶 4045	96	硫化条件(163℃)/min		20
丁腈胶 2707(1 段)	4	邵尔 A 型硬度/度		76
中超耐磨炉黑	43	拉伸强度/MPa		17.0
半补强炉黑	10	拉断伸长率/%		160
癸二酸二辛酯(DOS)	1	100%定伸应力/MPa		7.3
白凡士林	3	拉断永久变形/%		2
硬脂酸	1	回弹性/%		51
氧化锌	5	试样密度/(g/cm³)		1.097
氧化镁	3	无割口直角撕裂强度/(kN/m)		32.2
硫化剂 DCP	4	脆性温度(单试样法)/℃		−70 不断
合计	170	B 型压缩永久变形(压缩率 25%,120℃×22h)/%		8
		耐日本(沸点 130℃) 制动液(120℃×70h)	质量变化率/%	+2.26
			体积变化率/%	+2.99
		老化后硬度(120℃×70h)/度		74
		热空气加速老化 (120℃×70h)	拉伸强度/MPa	15.7
			拉断伸长率/%	164
			性能变化率/% 拉伸强度	−7.6
			伸长率	+2.5
		圆盘振荡硫化仪 (163℃)	M_L/N·m	7.7
			M_H/N·m	107.6
			t_{10}	3 分 12 秒
			t_{90}	18 分

混炼加料顺序:乙丙胶＋丁腈胶＋ 炭黑
DOS ＋硬脂酸＋ 氧化镁
白凡士林 氧化锌 ＋ DCP ——薄通 8

次下片备用

混炼辊温:45℃±5℃

表 27-15 EPDM/NBR 配方 (15)

基本用量/g 配方编号 材料名称	ENB-15	试验项目			试验结果
三元乙丙胶 4045	96	硫化条件(163℃)/min			20
丁腈胶 220S(日本)	4	邵尔 A 型硬度/度			80
中超耐磨炉黑	50	拉伸强度/MPa			22.3
癸二酸二辛酯(DOS)	3	拉断伸长率/%			454
白凡士林	2	定伸应力/MPa	100%		4.3
硬脂酸	1		200%		8.1
促进剂 CZ	0.8	拉断永久变形/%			23
氧化锌	5	回弹性/%			36
氧化镁	3	试样密度/(g/cm³)			1.099
二硫代二吗啉(DTDM)	2.5	无割口直角撕裂强度/(kN/m)			61.3
硫黄	1.5	脆性温度(单试样法)/℃			−70
合计	168.8	B 型压缩永久变形(压缩率25%)/%		室温×24h	20
				120℃×24h	82
		老化后撕裂强度(175℃×22h)/(kN/m)			34.1
		老化后硬度(175℃×22h)/度			90
		热空气加速老化 (175℃×22h)	拉伸强度/MPa		11.5
			拉断伸长率/%		88
			性能变化率/%	拉伸强度	−46
				伸长率	−81
		圆盘振荡硫化仪 (163℃)	M_L/N·m		13.48
			M_H/N·m		40.42
			t_{10}		6 分 17 秒
			t_{90}		15 分 05 秒

混炼加料顺序:乙丙胶＋丁腈胶＋ 炭黑
DOS ＋硬脂酸＋ 氧化镁
氧化锌＋ 硫黄
DTDM ——薄通8
白凡士林 促进剂

　　　　　　次下片备用

混炼辊温:45℃±5℃

表 27-16 EPDM/NBR 配方（16）

材料名称 \ 配方编号 基本用量/g	ENB-16	试验项目		试验结果
三元乙丙胶 4045	96	硫化条件(163℃)/min		25
丁腈胶 2707(1 段)	4	邵尔 A 型硬度/度		84
中超耐磨炉黑	50	拉伸强度/MPa		22.3
癸二酸二辛酯(DOS)	2	拉断伸长率/%		452
白凡士林	1	定伸应力/MPa	100%	5.0
硬脂酸	1		200%	9.5
促进剂 CZ	1.5	拉断永久变形/%		28
氧化锌	5	回弹性/%		35
氧化镁	3	无割口直角撕裂强度/(kN/m)		61.0
硫黄	3	B 型压缩永久变形/%	压缩率 20%(120℃×22h)	67
合计	166.5		压缩率 25%(120℃×22h)	70
		耐 921 制动液 (120℃×70h)	质量变化率/%	+1.13
			体积变化率/%	+1.40
		热空气加速老化 (120℃×70h)	拉伸强度/MPa	19.9
			拉断伸长率/%	254
			性能变化率/% 拉伸强度	−10.8
			伸长率	−43.8
		圆盘振荡硫化仪 (163℃)	$M_L/N \cdot m$	8.3
			$M_H/N \cdot m$	58.5
			t_{10}	5 分
			t_{90}	23 分 12 秒

混炼加料顺序:乙丙胶＋丁腈胶＋ 炭黑 DOS 白凡士林 ＋ 硬脂酸 ＋ 氧化镁 氧化锌＋ 硫黄 促进剂 ——薄通 8 次下片备用

混炼辊温:45℃±5℃

第28章

丁基胶/乙丙胶（IIR/EPDM）

28.1 丁基胶/乙丙胶(硬度 52~83)

表 28-1 **IIR/EPDM 配方（1）**

基本用量/g 配方编号 材料名称	IE-1	试验项目		试验结果
丁基胶 301	85	硫化条件(163℃)/min		13
三元乙丙胶 4045	15	邵尔 A 型硬度/度		52
快压出炉黑	25	拉伸强度/MPa		12.1
通用炉黑	40	拉断伸长率/%		662
操作油(上海)	24	定伸应力/MPa	300%	5.1
硬脂酸	1		500%	9.2
促进剂 M	0.5	拉断永久变形/%		25
促进剂 TT	1	热空气加速老化 (140℃×72h)	拉伸强度/MPa	4.5
氧化锌	5		拉断伸长率/%	590
促进剂 ZDC	0.5		性能变化率/% 拉伸强度	−62.8
硫黄	1.75		伸长率	−10.9
合计	198.75	门尼焦烧(120℃)	t_5	23 分
			t_{35}	33 分 40 秒
		圆盘振荡硫化仪 (163℃)	t_{10}	4 分
			t_{90}	23 分 20 秒

混炼加料顺序：丁基胶＋乙丙胶＋ 炭黑油 ＋硬脂酸＋ 氧化锌促进剂 ＋ 硫黄ZDC ——薄通 8 次下片备用

混炼辊温：50℃±5℃

表 28-2　IIR/EPDM 配方（2）

基本用量/g　配方编号　材料名称	IE-2	试验项目		试验结果
丁基胶 268（日本）	30	硫化条件（153℃）/min		35
三元乙丙胶 4045	70	邵尔 A 型硬度/度		58
中超耐磨炉黑	35	拉伸强度/MPa		9.5
陶土	20	拉断伸长率/%		320
机油 10#	8	300%定伸应力/MPa		7.9
硬脂酸	1	拉断永久变形/%		7
促进剂 M	1	回弹性/%		43
氧化锌	5	无割口直角撕裂强度/（kN/m）		24.5
硫化剂 DCP	4	热空气加速老化（130℃×96h）	拉伸强度/MPa	13.1
硫黄	0.3		拉断伸长率/%	360
合计	174.3		性能变化率/% 拉伸强度	+37.9
			伸长率	+12.5
		圆盘振荡硫化仪（153℃）	M_L/N·m	5.5
			M_H/N·m	38.8
			t_{10}	5 分
			t_{90}	35 分 12 秒

混炼加料顺序：丁基胶＋乙丙胶＋ 炭黑 陶土 ＋硬脂酸＋ 机油 ＋ 氧化锌 促进剂 ＋ 硫黄 DCP ——薄通 8 次下片备用

混炼辊温：50℃±5℃

表 28-3 IIR/EPDM 配方（3）

基本用量/g 材料名称	配方编号 IE-3	试验项目		试验结果
丁基胶 268（日本）	30	硫化条件（153℃）/min		45
三元乙丙胶 4045	70	邵尔 A 型硬度/度		62
中超耐磨炉黑	46	拉伸强度/MPa		13.1
机油 10#	8	拉断伸长率/%		344
硬脂酸	1	300%定伸应力/MPa		12.3
促进剂 M	1	拉断永久变形/%		7
氧化锌	5	回弹性/%		41
硫化剂 DCP	2.8	无割口直角撕裂强度/(kN/m)		36.8
硫黄	0.6	热空气加速老化 （100℃×96h）	拉伸强度/MPa	15.8
合计	164.4		拉断伸长率/%	348
			性能变化率/% 拉伸强度	+22.5
			伸长率	+1.2
		圆盘振荡硫化仪 （153℃）	M_L/N·m	6.3
			M_H/N·m	43.0
			t_{10}	6 分
			t_{90}	44 分 48 秒

混炼加料顺序：丁基胶＋乙丙胶＋ 炭黑 机油 ＋硬脂酸＋ 氧化锌 促进剂 ＋ 硫黄 DCP ——薄通 8 次下片备用

混炼辊温：50℃±5℃

表 28-4 IIR/EPDM 配方（4）

材料名称 \ 基本用量/g \ 配方编号	IE-4	试验项目		试验结果
丁基胶 268	70	硫化条件(153℃)/min		30
三元乙丙胶 4045	30	邵尔 A 型硬度/度		69
中超耐磨炉黑	50	拉伸强度/MPa		12.8
机油 10#	3	拉断伸长率/%		342
硬脂酸	1	300%定伸应力/MPa		11.8
防老剂 4010	1.5	拉断永久变形/%		16
促进剂 M	1.2	回弹性/%		23
促进剂 TT	0.5	无割口直角撕裂强度/(kN/m)		48.0
氧化锌	5	热空气加速老化 (100℃×96h)	拉伸强度/MPa	12.3
硫化剂 DCP	1.2		拉断伸长率/%	247
硫黄	1.3		性能变化率/% 拉伸强度	−3.9
合计	164.7		伸长率	−30
		圆盘振荡硫化仪 (153℃)	M_L/N·m	10.2
			M_H/N·m	45.2
			t_{10}	3 分 30 秒
			t_{90}	26 分

混炼加料顺序：丁基胶＋乙丙胶＋ 炭黑 机油 ＋硬脂酸＋ 氧化锌 促进剂 4010 ＋ 硫黄 DCP ——薄通 8 次下片备用

混炼辊温：50℃±5℃

表 28-5 IIR/EPDM 配方（5）

材料名称　　基本用量/g　　配方编号	IE-5	试验项目			试验结果
丁基胶 268（日本）	70	硫化条件(153℃)/min			35
三元乙丙胶 4045	30	邵尔 A 型硬度/度			73
中超耐磨炉黑	50	拉伸强度/MPa			14.8
机油 20#	5	拉断伸长率/%			308
硬脂酸	1	300%定伸应力/MPa			14.5
促进剂 TT	2.5	拉断永久变形/%			12
氧化锌	5	回弹性/%			23
硫黄	1.3	无割口直角撕裂强度/(kN/m)			44.4
合计	164.8	热空气加速老化 (100℃×96h)	拉伸强度/MPa		14.0
			拉断伸长率/%		248
			性能变化率/%	拉伸强度	−5.4
				伸长率	−19.5
		圆盘振荡硫化仪 (153℃)	$M_L/N\cdot m$		9.7
			$M_H/N\cdot m$		51.5
			t_{10}		4 分 45 秒
			t_{90}		29 分

混炼加料顺序：丁基胶＋乙丙胶＋ 炭黑 ＋硬脂酸＋ 氧化锌 ＋ 硫黄 ——薄通 8 次下
　　　　　　　　　　　　　　　　机油　　　　　　　 促进剂
　　　　　　　　片备用
混炼辊温：50℃±5℃

表 28-6 **IIR/EPDM 配方（6）**

基本用量/g 配方编号 材料名称	IE-6	试验项目		试验结果
三元乙丙胶 4045	50	硫化条件(153℃)/min		25
丁基胶 268	50	邵尔 A 型硬度/度		83
中超耐磨炉黑	65	拉伸强度/MPa		14.6
硬脂酸	1	拉断伸长率/%		240
促进剂 DM	0.5	300%定伸应力/MPa		6.5
促进剂 TT	1.5	拉断永久变形/%		10
氧化锌	5	撕裂强度/(kN/m)		43
白凡士林	4	回弹性/%		28
硫黄	1.3	热空气加速老化 (100℃×96h)	拉伸强度/MPa	14.8
合计	178.8		拉断伸长率/%	180
			性能变化率/% 拉伸强度	+1
			伸长率	−25
		圆盘振荡硫化仪 (153℃)	M_L/N·m	10.5
			M_H/N·m	74.1
			t_{10}	4 分 20 秒
			t_{90}	19 分 30 秒

混炼加料顺序：胶(混匀落 3 次)＋ 炭黑 凡士林 ＋硬脂酸＋ 促进剂 氧化锌 ＋ 硫黄 ——薄通 8 次

　　　　　下片备用

混炼辊温：55℃±5℃

28.2 丁基胶/乙丙胶(硬度 62~84)

表 28-7 IIR/EPDM 配方（7）

材料名称 \ 基本用量/g \ 配方编号	IE-7	试验项目		试验结果
丁基胶 268（日本）	85	硫化条件(163℃)/min		10
三元乙丙胶 4045	15	邵尔 A 型硬度/度		62
中超耐磨炉黑	50	拉伸强度/MPa		16.6
机油 10#	6	拉断伸长率/%		612
硬脂酸	1	定伸应力/MPa	300%	6.1
氧化锌	5		500%	12.3
促进剂 TT	3	拉断永久变形/%		37
硫黄	0.5	回弹性/%		15
合计	165.5	无割口直角撕裂强度/(kN/m)		47.7
		热空气加速老化 (100℃×96h)	拉伸强度/MPa	14.8
			拉断伸长率/%	484
			性能变化率/% 拉伸强度	−10.8
			伸长率	−21.0
		圆盘振荡硫化仪 (163℃)	M_L/N·m	9.7
			M_H/N·m	39.0
			t_{10}	4 分
			t_{90}	8 分 50 秒

混炼加料顺序：丁基胶＋乙丙胶＋炭黑 机油＋硬脂酸＋氧化锌＋硫黄 TT ——薄通 8 次下片 备用

混炼辊温：50℃±5℃

表 28-8 IIR/EPDM 配方（8）

基本用量/g 配方编号 材料名称	IE-8	试验项目		试验结果
丁基胶 268（日本）	85	硫化条件(153℃)/min		30
三元乙丙胶 4045	15	邵尔 A 型硬度/度		68
中超耐磨炉黑	50	拉伸强度/MPa		17.1
机油 10#	6	拉断伸长率/%		548
硬脂酸	1	定伸应力/MPa	300%	8.0
氧化锌	5		500%	15.4
促进剂 TT	3	拉断永久变形/%		36
硫黄	1.3	回弹性/%		16
合计	166.3	无割口直角撕裂强度/(kN/m)		48.1
		热空气加速老化 (130℃×96h)	拉伸强度/MPa	7.2
			拉断伸长率/%	268
			性能变化率/% 拉伸强度	−57.9
			伸长率	−51.1
		圆盘振荡硫化仪 (153℃)	M_L/N·m	10.1
			M_H/N·m	49.2
			t_{10}	5 分 24 秒
			t_{90}	26 分

混炼加料顺序：丁基胶＋乙丙胶＋炭黑 机油＋硬脂酸＋氧化锌＋硫黄 TT ——薄通 8 次下片 备用

混炼辊温：50℃±5℃

表 28-9　IIR/EPDM 配方（9）

材料名称 \ 基本用量/g \ 配方编号	IE-9	试验项目			试验结果
丁基胶 268（日本）	70	硫化条件(153℃)/min			25
三元乙丙胶 4045	30	邵尔 A 型硬度/度			71
中超耐磨炉黑	50	拉伸强度/MPa			15.1
机油 10#	4	拉断伸长率/%			456
硬脂酸	1	300%定伸应力/MPa			9.0
防老剂 4010	1.5	拉断永久变形/%			26
氧化锌	5	回弹性/%			23
促进剂 TT	3	无割口直角撕裂强度/(kN/m)			44.8
硫黄	1.3	热空气加速老化（130℃×96h）	拉伸强度/MPa		10.1
合计	165.8		拉断伸长率/%		143
			性能变化率/%	拉伸强度	−35
				伸长率	−69
		圆盘振荡硫化仪（153℃）	M_L/N·m		9.4
			M_H/N·m		49.0
			t_{10}		3 分 36 秒
			t_{90}		22 分 48 秒

混炼加料顺序：丁基胶＋乙丙胶＋炭黑 机油＋硬脂酸＋氧化锌 4010＋硫黄 TT——薄通 8 次下片备用

混炼辊温：50℃±5℃

表 28-10 **IIR/EPDM 配方** (10)

基本用量/g 配方编号 材料名称	IE-10	试验项目		试验结果
丁基胶 268（日本）	80	硫化条件(153℃)/min		40
三元乙丙胶 4045	20	邵尔 A 型硬度/度		76
中超耐磨炉黑	53	拉伸强度/MPa		16.4
机油 10#	2	拉断伸长率/%		316
硬脂酸	1	300%定伸应力/MPa		14.3
氧化锌	5	拉断永久变形/%		16
促进剂 TT	2.5	回弹性/%		23
硫黄	1.3	无割口直角撕裂强度/(kN/m)		48.0
合计	164.8	热空气加速老化 （100℃×96h）	拉伸强度/MPa	16.3
			拉断伸长率/%	298
			性能变化率/% 拉伸强度	−0.7
			伸长率	−6.3
		圆盘振荡硫化仪 （153℃）	M_L/N·m	9.7
			M_H/N·m	49.0
			t_{10}	5 分
			t_{90}	33 分 45 秒

混炼加料顺序：丁基胶＋乙丙胶＋炭黑 机油 ＋硬脂酸＋ 氧化锌 ＋ 硫黄 TT ——薄通 8 次下片备用

混炼辊温：50℃±5℃

表 28-11　IIR/EPDM 配方（11）

基本用量/g　　配方编号 材料名称	IE-11	试验项目		试验结果
丁基胶 268（日本）	85	硫化条件（153℃）/min		20
三元乙丙胶 4045	15	邵尔 A 型硬度/度		84
低结构高耐磨炉黑	35	拉伸强度/MPa		16.1
中超耐磨炉黑	50	拉断伸长率/%		320
机油 10#	4	定伸应力/MPa	100%	6.5
石蜡	0.5		300%	15.5
硬脂酸	1.5	拉断永久变形/%		26
氧化锌	5	回弹性/%		12
促进剂 TT	2.5	无割口直角撕裂强度/(kN/m)		43.2
硫黄	1.5	热空气加速老化 （70℃×70h）	拉伸强度/MPa	16.1
合计	200		拉断伸长率/%	266
			性能变化率/%　拉伸强度	0
			伸长率	−16.9
		圆盘振荡硫化仪 （153℃）	M_L/N·m	16.6
			M_H/N·m	66.5
			t_{10}	3 分 12 秒
			t_{90}	12 分 48 秒

混炼加料顺序：丁基胶＋乙丙胶＋　炭黑
　　　　　　　　　　　　　　　　机油　＋　硬脂酸
　　　　　　　　　　　　　　　　　　　　石蜡　＋氧化锌＋　硫黄
　　　　　　　　　　　　　　　　　　　　　　　　　　　　　TT　——薄通 8 次下
　　　　　　　　片备用

混炼辊温：50℃±5℃

第29章

丁腈胶/高苯乙烯（NBR/HIPS）

29.1　丁腈胶/高苯乙烯（硬度 76~94）

表 29-1　NBR/高苯乙烯配方（1）

基本用量/g　　配方编号 材料名称	NB8-1	试验项目			试验结果
丁腈胶 220S(日本)	93	硫化条件(153℃)/min			15
高苯乙烯 860(日本)	7	邵尔 A 型硬度/度			76
硬脂酸	1	拉伸强度/MPa			14.9
防老剂 4010NA	1	拉断伸长率/%			765
防老剂 4010	1.5	定伸应力/MPa	100%		2.3
促进剂 CZ	2.5		300%		6.6
促进剂 TT	0.2	拉断永久变形/%			44
氧化锌	5	撕裂强度/(kN/m)			66
邻苯二甲酸二辛酯(DOP)	12	回弹性/%			12
中超耐磨炉黑	35	脆性温度/℃			−21
通用炉黑	25	热空气加速老化 (70℃×96h)	拉伸强度/MPa		15.3
硫黄	0.5		拉断伸长率/%		730
合计	183.7		性能变化率/%	拉伸强度	+3
				伸长率	−5
		B 型压缩永久变形 (压缩率 25%)/%	室温×22h		35
			70℃×22h		50
		耐 10# 机油 (70℃×72h)	质量变化率/%		−2.40
			体积变化率/%		−2.89
		圆盘振荡硫化仪 (153℃)	M_L/N·m		10.26
			M_H/N·m		24.21
			t_{10}		3 分 06 秒
			t_{90}		13 分 13 秒

混炼加料顺序:辊温 80℃±5℃,小辊距＋高苯乙烯压至透明＋胶混匀(薄通 3 次)降温＋

$$\begin{matrix} \text{硬脂酸} \\ \text{4010NA} \end{matrix} + \begin{matrix} 4010 \\ \text{促进剂} \\ \text{氧化锌} \end{matrix} + \begin{matrix} \text{炭黑} \\ \text{DOP} \end{matrix} + \text{硫黄——薄通 8 次下片备用}$$

混炼辊温:45℃±5℃

表 29-2　NBR/高苯乙烯配方（2）

基本用量/g　配方编号 材料名称	NB8-2	试验项目		试验结果
丁腈胶 3604（兰化）	93	硫化条件(153℃)/min		15
高苯乙烯 860（日本）	7	邵尔 A 型硬度/度		77
硫黄	0.9	拉伸强度/MPa		14.8
硬脂酸	1	拉断伸长率/%		256
防老剂 A	1	100%定伸应力/MPa		4.7
防老剂 4010	1.5	拉断永久变形/%		8
氧化锌	7.5	撕裂强度/(kN/m)		48
邻苯二甲酸二辛酯（DOP）	5	回弹性/%		20
混气炭黑	35	脆性温度/℃		−16
通用炉黑	20	热空气加速老化 （100℃×96h）	拉伸强度/MPa	16.8
促进剂 CZ	0.1		拉断伸长率/%	200
促进剂 TT	2		性能变化率/%　拉伸强度	+14
合计	174		伸长率	−22
		B 型压缩永久变形 （100℃×22h）/%	压缩率 20%	16
			压缩率 25%	17
		耐液压油 （100℃×96h）	质量变化率/%	−1.57
			体积变化率/%	−0.97
		圆盘振荡硫化仪 （153℃）	M_L/N·m	6.5
			M_H/N·m	84.0
			t_{10}	4 分 12 秒
			t_{90}	13 分 48 秒

混炼加料顺序：辊温 80℃±5℃，小辊距＋高苯乙烯压至透明＋胶混匀（薄通 3 次）降温＋

　　　　硫黄（薄通 3 次）＋ 硬脂酸
防老剂 A ＋ 4010
氧化锌 ＋ DOP
炭黑 ＋ CZ
TT ——薄通 8

　　　　次下片备用

混炼辊温：45℃±5℃

表 29-3 NBR/高苯乙烯配方（3）

基本用量/g 材料名称	配方编号 NB8-3	试验项目			试验结果
丁腈胶 270S(日本)	93	硫化条件(153℃)/min			20
高苯乙烯 860(日本)	7	邵尔 A 型硬度/度			79
硬脂酸	1	拉伸强度/MPa			13.9
防老剂 4010NA	1	拉断伸长率/%			794
防老剂 4010	1.5	定伸应力/MPa	100%		2.4
促进剂 DM	3.5		300%		6.4
促进剂 TT	0.2	拉断永久变形/%			63
氧化锌	5	撕裂强度/(kN/m)			66.4
邻苯二甲酸二辛酯(DOP)	10	回弹性/%			12
中超耐磨炉黑	35	脆性温度/℃			−19
通用炉黑	25	热空气加速老化 (70℃×96h)	拉伸强度/MPa		14.1
硫黄	0.5		拉断伸长率/%		797
合计	182.7		性能变化率/%	拉伸强度	+1
				伸长率	−3
		B 型压缩永久变形 (压缩率25%)/%	室温×22h		44
			70℃×22h		56
		耐液压油 (70℃×72h)	质量变化率/%		−1.80
			体积变化率/%		−2.33
		圆盘振荡硫化仪 (153℃)	M_L/N·m		12.44
			M_H/N·m		26.82
			t_{10}		4 分 09 秒
			t_{90}		19 分 05 秒

混炼加料顺序:辊温 80℃±5℃＋高苯乙烯压至透明(小辊距)＋220S 混匀(薄通 3 次)降

温＋ 硬脂酸/4010NA ＋ 促进剂/4010/氧化锌 ＋ 炭黑/DOP ＋硫黄——薄通 8 次下片备用

混炼辊温:45℃±5℃

表 29-4 **NBR/高苯乙烯配方**（4）

基本用量/g 配方编号 材料名称	NB8-4	试验项目		试验结果
丁腈胶 2707(兰化)	50	硫化条件(153℃)/min		12
丁腈胶 3604(兰化)	43	邵尔 A 型硬度/度		86
高苯乙烯 860(日本)	7	拉伸强度/MPa		14.6
硫黄	1.5	拉断伸长率/%		135
硬脂酸	1	100%定伸应力/MPa		11.0
防老剂 A	1	拉断永久变形/%		4
防老剂 4010	1.5	撕裂强度/(kN/m)		32.6
石蜡	0.5	回弹性/%		18
氧化锌	8	脆性温度/℃		−22
邻苯二甲酸二辛酯(DOP)	13	热空气加速老化 (70℃×96h)	拉伸强度/MPa	14.9
快压出炭黑 N550	40		拉断伸长率/%	111
通用炉黑	90		性能变化率/% 拉伸强度	+2
促进剂 DM	1.5		伸长率	−18
促进剂 TT	0.25	耐 15# 机油 (70℃×96h)	质量变化率/%	−3.1
合计	258.25		体积变化率/%	−4.6
		圆盘振荡硫化仪 (153℃)	M_L/N・m	33.2
			M_H/N・m	115.1
			t_{10}	2 分 48 秒
			t_{90}	12 分

混炼加料顺序:辊温 80℃±5℃,小辊距＋高苯乙烯压至透明＋胶混匀(薄通 3 次)降温＋
　　　　　硬脂酸

硫黄(薄通 3 次)＋防老剂 A＋ $\dfrac{4010}{氧化锌}$ ＋ $\dfrac{炭黑}{DOP}$ ＋ $\dfrac{DM}{TT}$ ——薄通 8

次下片备用

混炼辊温:45℃±5℃

表 29-5 NBR/高苯乙烯配方（5）

基本用量/g 材料名称	配方编号 NB8-5	试验项目			试验结果
丁腈胶 2707(兰化)	43	硫化条件(153℃)/min			15
丁腈胶 3604(兰化)	50	邵尔 A 型硬度/度			94
高苯乙烯 860(日本)	7	拉伸强度/MPa			13.7
硫黄	1.5	拉断伸长率/%			128
硬脂酸	1	100%定伸应力/MPa			12.6
防老剂 A	1	拉断永久变形/%			4
防老剂 4010	1.5	撕裂强度/(kN/m)			35
石蜡	0.5	回弹性/%			16
氧化锌	8	脆性温度/℃			−20
邻苯二甲酸二辛酯(DOP)	10	热空气加速老化 (70℃×96h)	拉伸强度/MPa		14.1
快压出炭黑 N550	40		拉断伸长率/%		100
通用炉黑	110		性能变化率/%	拉伸强度	−3
促进剂 DM	1.5			伸长率	−22
促进剂 TT	0.25	耐 15# 机油 (70℃×96h)	质量变化率/%		−2.60
合计	275.25		体积变化率/%		−2.96
		圆盘振荡硫化仪 (153℃)	M_L/N·m		37.5
			M_H/N·m		123.6
			t_{10}		3 分
			t_{90}		13 分 10 秒

混炼加料顺序:辊温 80℃±5℃,小辊距＋高苯乙烯压至透明＋胶混匀(薄通 3 次)降温＋硬脂酸

硫黄(薄通 3 次)＋防老剂 A＋$\dfrac{4010}{氧化锌}$＋$\dfrac{炭黑}{DOP}$＋$\dfrac{DM}{TT}$——薄通 8

次下片备用

混炼辊温:45℃±5℃

29.2 丁腈胶/高苯乙烯（硬度 68~90）

表 29-6 NBR/高苯乙烯配方（6）

基本用量/g 材料名称	配方编号 NB8-6	试验项目		试验结果
丁腈胶 220S（日本）	93	硫化条件(153℃)/min		9
高苯乙烯 860（日本）	7	邵尔 A 型硬度/度		68
硫黄	0.9	拉伸强度/MPa		20.0
硬脂酸	1	拉断伸长率/%		499
防老剂 A	1	定伸应力/MPa	100%	3.0
防老剂 4010	1.5		300%	10.0
氧化锌	5	拉断永久变形/%		12
混气炭黑	30	回弹性/%		21
半补强炉黑	15	无割口直角撕裂强度/(kN/m)		46.0
邻苯二甲酸二辛酯（DOP）	3	脆性温度（单试样法）/℃		—21
促进剂 CZ	0.1	圆盘振荡硫化仪 （163℃）	M_L/N·m	6.2
促进剂 TT	2		M_H/N·m	58.4
合计	159.5		t_{10}	2 分 48 秒
			t_{90}	4 分 40 秒

混炼加料顺序：高苯乙烯(辊温 80℃±5℃)，小辊距压至透明＋胶混匀(薄通 3 次)降温＋

$$硫黄＋\begin{array}{c}硬脂酸\\防老剂 A\end{array}＋\begin{array}{c}氧化锌\\4010\end{array}＋\begin{array}{c}炭黑\\DOP\end{array}＋促进剂——薄通 8 次下片备用$$

混炼辊温：45℃±5℃

表 29-7 **NBR/高苯乙烯配方（7）**

基本用量/g　　　　配方编号 材料名称	NB8-7	试验项目			试验结果
丁腈胶 240S(日本)	93	硫化条件(143℃)/min			15
高苯乙烯 860(日本)	7	邵尔 A 型硬度/度			73
硫黄	1.5	拉伸强度/MPa			20.0
硬脂酸	1.5	拉断伸长率/%			422
防老剂 A	1	定伸应力/MPa	100%		4.4
防老剂 4010	1.5		300%		15.2
氧化锌	7	拉断永久变形/%			10
癸二酸二辛酯(DOS)	7	回弹性/%			33
中超耐磨炉黑	35	无割口直角撕裂强度/(kN/m)			52.3
通用炉黑	30	脆性温度(单试样法)/℃			-39
促进剂 DM	3.5	B 型压缩永久变形	室温×22h		9
合计	188	(压缩率 25%)/%	70℃×22h		22
		耐 10# 机油 (70℃×72h)	质量变化率/%		+5.01
			体积变化率/%		+7.41
		老化后硬度(70℃×96h)/度			75
		热空气加速老化 (70℃×96h)	拉伸强度/MPa		21.3
			拉断伸长率/%		331
			性能变化率/%	拉伸强度	+7
				伸长率	-22
		圆盘振荡硫化仪 (143℃)	M_L/N·m		21.56
			M_H/N·m		37.76
			t_{10}		4 分 22 秒
			t_{90}		12 分 35 秒

混炼加料顺序:高苯乙烯(辊温 80℃±5℃),小辊距压至透明＋胶混匀(薄通 3 次)降温＋

硫黄＋ 硬脂酸 ＋ 氧化锌 ＋ 炭黑 ＋促进剂——薄通 8 次下片备用
　　　 防老剂 A　　 4010　　 DOS

混炼辊温:45℃±5℃

表 29-8 NBR/高苯乙烯配方（8）

基本用量/g 材料名称	配方编号 NB8-8	试验项目		试验结果
丁腈胶 240S(日本)	92	硫化条件(153℃)/min		25
高苯乙烯 860(日本)	8	邵尔 A 型硬度/度		78
硫黄	1	拉伸强度/MPa		22.7
硬脂酸	1	拉断伸长率/%		262
防老剂 4010NA	1	100%定伸应力/MPa		6.1
防老剂 4010	1.5	拉断永久变形/%		7
氧化锌	7	回弹性/%		27
邻苯二甲酸二辛酯(DOP)	7	无割口直角撕裂强度/(kN/m)		51.4
中超耐磨炉黑	65	B 型压缩永久变形 (压缩率 25%)/%	室温×22h	11
促进剂 DM	3.5		70℃×22h	14
硫化剂 DCP	1.5	耐 10# 机油 (70℃×72h)	质量变化率/%	+5.38
合计	188.5		体积变化率/%	+8.38
		热空气加速老化 (70℃×96h)	拉伸强度/MPa	24.7
			拉断伸长率/%	318
		性能变化率/%	拉伸强度	+9
			伸长率	+21
		圆盘振荡硫化仪 (153℃)	M_L/N·m	18.30
			M_H/N·m	41.39
			t_{10}	2 分 16 秒
			t_{90}	20 分 19 秒

混炼加料顺序:高苯乙烯(辊温 80℃±5℃),小辊距压至透明+胶混匀(薄通 3 次)降温+

硫黄+ 硬脂酸 4010NA + 氧化锌 4010 + 炭黑 DOP + 促进剂 DCP ——薄通 8 次下片备用

混炼辊温:45℃±5℃

表 29-9 NBR/高苯乙烯配方（9）

材料名称 / 基本用量/g	配方编号 NB8-9	试验项目		试验结果
丁腈胶 240S(日本)	92	硫化条件(153℃)/min		10
高苯乙烯 860(日本)	8	邵尔 A 型硬度/度		82
硫黄	2.5	拉伸强度/MPa		22.2
硬脂酸	1	拉断伸长率/%		252
防老剂 4010NA	1	100%定伸应力/MPa		7.0
防老剂 4010	1.5	拉断永久变形/%		9
氧化锌	7	回弹性/%		26
邻苯二甲酸二辛酯(DOP)	7	无割口直角撕裂强度/(kN/m)		53.7
中超耐磨炉黑	65	B 型压缩永久变形 (压缩率 25%)/%	室温×22h	9
促进剂 DM	3		70℃×22h	16
合计	188	耐 10# 机油 (70℃×72h)	质量变化率/%	+5.06
			体积变化率/%	+7.49
		热空气加速老化 (70℃×96h)	拉伸强度/MPa	21.7
			拉断伸长率/%	228
		性能变化率/%	拉伸强度	−2
			伸长率	−10
		圆盘振荡硫化仪 (153℃)	M_L/N·m	20.07
			M_H/N·m	43.24
			t_{10}	1 分 45 秒
			t_{90}	7 分 42 秒

混炼加料顺序:高苯乙烯(辊温 80℃±5℃),小辊距压至透明＋胶混匀(薄通 3 次)降温＋

硫黄＋ 硬脂酸/4010NA ＋ 氧化锌/4010 ＋ 炭黑/DOP ＋ 促进剂——薄通 8 次下片备用

混炼辊温:45℃±5℃

表 29-10 **NBR/高苯乙烯配方** (10)

材料名称 基本用量/g	配方编号 NB8-10	试验项目			试验结果
丁腈胶 220S(薄 8 次)(日本)	94	硫化条件(153℃)/min			15
高苯乙烯 860(日本)	6	邵尔 A 型硬度/度			86
硫黄	2.1	拉伸强度/MPa			23.5
硬脂酸	1	拉断伸长率/%			416
防老剂 A	1	定伸应力/MPa	100%		5.9
防老剂 4010	1.5		300%		18.4
氧化锌	7.5	拉断永久变形/%			17
邻苯二甲酸二辛酯(DOP)	8	回弹性/%			13
通用炉黑	15	无割口直角撕裂强度/(kN/m)			58.7
中超耐磨炉黑	40	耐 10# 机油 (100℃×96h)	质量变化率/%		−3.01
促进剂 TT	0.05		体积变化率/%		−2.95
促进剂 DM	1.3	热空气加速老化 (100℃×96h)	拉伸强度/MPa		22.5
促进剂 M	0.2		拉断伸长率/%		228
合计	177.65		性能变化率/%	拉伸强度	−4
				伸长率	−45
		圆盘振荡硫化仪 (153℃)	M_L/N·m	7.2	
			M_H/N·m	79.5	
			t_{10}	4 分	
			t_{90}	14 分	

混炼加料顺序:高苯乙烯(辊温 80℃±5℃),小辊距压至透明＋胶混匀(薄通 3 次)降温＋

硫黄＋ 硬脂酸 防老剂 A ＋ 氧化锌 4010 ＋ 炭黑 DOP ＋促进剂——薄通 8 次下片备用

混炼辊温:45℃±5℃

表 29-11　**NBR/高苯乙烯配方（11）**

配方编号 基本用量/g 材料名称	NB8-11	试验项目		试验结果
丁腈胶 220S(日本)	82	硫化条件(153℃)/min		7
高苯乙烯 860(日本)	18	邵尔 A 型硬度/度		90
硫黄	1.2	拉伸强度/MPa		18.5
硬脂酸	1	拉断伸长率/%		220
防老剂 A	1	100%定伸应力/MPa		11.5
防老剂 4010	1.5	拉断永久变形/%		10
氧化锌	5	回弹性/%		13
邻苯二甲酸二辛酯(DOP)	5	无割口直角撕裂强度/(kN/m)		46.4
碳酸钙	15	B 型压缩永久变形/%	压缩率 15%(100℃×24h)	48
中超耐磨炉黑	42		压缩率 25%(100℃×24h)	47
通用炉黑	30	耐液压油(100℃×24h)	质量变化率/%	−0.7
促进剂 CZ	3.5		体积变化率/%	−0.3
促进剂 TT	0.5	热空气加速老化(70℃×96h)	拉伸强度/MPa	18.7
合计	205.7		拉断伸长率/%	170
			性能变化率/%　拉伸强度	+1
			伸长率	−23
		圆盘振荡硫化仪(153℃)	M_L/N·m	14.09
			M_H/N·m	45.16
			t_{10}	2 分 13 秒
			t_{90}	5 分 07 秒

混炼加料顺序:高苯乙烯(辊温 80℃±5℃),小辊距压至透明＋胶混匀(薄通 3 次)降温＋

硫黄＋ 硬脂酸
防老剂 A ＋ 氧化锌
4010 ＋ 炭黑
DOP
碳酸钙 ＋促进剂——薄通 8 次下片备用

混炼辊温:45℃±5℃

29.3 丁腈胶/高苯乙烯（硬度 75~85）

表 29-12 **NBR/高苯乙烯配方（12）**

基本用量/g 材料名称	配方编号 NB8-12	试验项目		试验结果
丁腈胶 220S（日本）	93	硫化条件（153℃）/min		9
高苯乙烯 860（日本）	7	邵尔 A 型硬度/度		75
硫黄	0.9	拉伸强度/MPa		26.3
硬脂酸	1	拉断伸长率/%		525
防老剂 A	1	定伸应力/MPa	100%	2.7
防老剂 4010	1.5		300%	9.9
氧化锌	5	拉断永久变形/%		12
邻苯二甲酸二辛酯（DOP）	5	回弹性/%		20
四川槽法炭黑	40	无割口直角撕裂强度/（kN/m）		47.5
促进剂 CZ	0.1	脆性温度（单试样法）/℃		−22
促进剂 TT	2	B 型压缩永久变形/%	压缩率 15%（100℃×96h）	44
合计	156.5		压缩率 20%（100℃×96h）	39
		热空气加速老化 （100℃×96h）	拉伸强度/MPa	24.9
			拉断伸长率/%	236
			性能变化率/% 拉伸强度	−8
			伸长率	−55
		圆盘振荡硫化仪 （163℃）	$M_L/N \cdot m$	6.2
			$M_H/N \cdot m$	58.1
			t_{10}	3 分 12 秒
			t_{90}	5 分

混炼加料顺序：高苯乙烯（辊温 80℃±5℃），小辊距压至透明＋胶混匀（薄通 3 次）降温＋
硫黄＋ 硬脂酸 防老剂 A ＋ 氧化锌 4010 ＋ 炭黑 DOP ＋促进剂——薄通 8 次下片备用

混炼辊温：45℃±5℃

表 29-13　NBR/高苯乙烯配方（13）

基本用量/g　材料名称　配方编号	NB8-13	试验项目		试验结果
丁腈胶 220S(日本)	33	硫化条件(163℃)/min		15
丁腈胶 2707 1 段(兰化)	58	邵尔 A 型硬度/度		79
高苯乙烯 860(日本)	9	拉伸强度/MPa		25.5
石蜡	0.5	拉断伸长率/%		251
硬脂酸	1	100%定伸应力/MPa		6.1
防老剂 4010	1.5	拉断永久变形/%		8
促进剂 CZ	1.5	无割口直角撕裂强度/(kN/m)		48.6
促进剂 TT	1	B 型压缩永久变形	100℃×24h	14
氧化锌	5	(压缩率 25%)/%	120℃×70h	38
癸二酸二辛酯(DOS)	4	热空气加速老化 (100℃×96h)	拉伸强度/MPa	25.6
中超耐磨炉黑	56		拉断伸长率/%	266
通用炉黑	12		性能变化率/% 拉伸强度	+0.1
硫化剂 DCP	2.5		伸长率	+7
合计	185	圆盘振荡硫化仪 (163℃)	M_L/N·m	13.0
			M_H/N·m	58.5
			t_{10}	2 分 48 秒
			t_{90}	12 分 36 秒

混炼加料顺序:辊温 80℃±5℃,小辊距＋高苯乙烯压至透明＋胶混匀(薄通 3 次)降温＋

$$\begin{matrix} \text{硬脂酸} \\ \text{石蜡} \end{matrix} + \begin{matrix} \text{氧化锌} \\ 4010 \\ \text{促进剂} \end{matrix} + \begin{matrix} \text{炭黑} \\ \text{DOS} \end{matrix} + \text{DCP}——\text{薄通 8 次下片备用}$$

混炼辊温:45℃±5℃

表 29-14 NBR/高苯乙烯配方 (14)

材料名称 \ 基本用量/g \ 配方编号	NB8-14	试验项目		试验结果
丁腈胶 2707(薄通 15 次)	88	硫化条件(153℃)/min		15
高苯乙烯 860(日本)	12	邵尔 A 型硬度/度		85
硫黄	1.8	拉伸强度/MPa		26.0
硬脂酸	1	拉断伸长率/%		260
防老剂 4010NA	1	100%定伸应力/MPa		9.0
防老剂 4010	1.5	拉断永久变形/%		10
氧化锌	6	撕裂强度/(kN/m)		52
中超耐磨炉黑	40	回弹性/%		17
通用炉黑	30	脆性温度/℃		−33
癸二酸二辛酯(DOS)	3	B 型压缩永久变形/%	室温×22h	14
促进剂 CZ	1.6		70℃×22h	21
促进剂 TT	0.02	热空气加速老化 (70℃×96h)	拉伸强度/MPa	26.3
合计	184.92		拉断伸长率/%	260
			性能变化率/% 拉伸强度	+1
			伸长率	0
		圆盘振荡硫化仪 (153℃)	$M_L/N \cdot m$	16.68
			$M_H/N \cdot m$	43.14
			t_{10}	2 分
			t_{90}	11 分

混炼加料顺序:辊温 80℃±5℃,小辊距＋高苯乙烯压至透明＋胶混匀(薄通 3 次)降温＋

硫黄(薄通 3 次)＋ 硬脂酸 4010NA ＋ 4010 氧化锌 ＋ 炭黑 DOS ＋ CZ TT ——薄通 8

次下片备用

混炼辊温:45℃±5℃

第30章

氯化聚乙烯/橡胶

30.1 CPE/NR/BR（硬度 48~87）

表 30-1 CPE/NR/BR 配方（1）

基本用量/g 材料名称	配方编号 NSBC-1	试验项目			试验结果
氯化聚乙烯 135A	30	硫化条件(153℃)/min			15
烟片胶 1#(1 段)	40	邵尔 A 型硬度/度			48
顺丁胶（北京）	30	拉伸强度/MPa			7.6
硬脂酸	3	拉断伸长率/%			620
防老剂 4010NA	1.5	定伸应力/MPa	300%		3.2
防老剂 4010	1.5		500%		5.7
促进剂 CZ	2	拉断永久变形/%			33
促进剂 TT	0.05	回弹性/%			46
氧化锌	15	无割口直角撕裂强度/(kN/m)			37.0
邻苯二甲酸二辛酯（DOP）	20	体积变化率(蒸馏水,70℃×168h)/%			+4.07
机油 10#	36	应力松弛系数 K(室温×168h,压缩率 25%)			0.78
高耐磨炉黑	30	B 型压缩永久变形		室温×168h	19
通用炉黑	15	(压缩率 25%)/%		70℃×22h	24
喷雾炭黑	15	热空气加速老化 (70℃×168h)	拉伸强度/MPa		7.4
碳酸钙	15		拉断伸长率/%		471
硫化剂 DCP	1.2		性能变化率/%	拉伸强度	−3
硫黄	1			伸长率	−24
合计	256.25	圆盘振荡硫化仪 (153℃)	M_L/N·m		1.4
			M_H/N·m		29.8
			t_{10}		6 分 12 秒
			t_{90}		7 分 48 秒

混炼加料顺序：辊温 80℃±5℃,氯化聚乙烯压至透明＋胶(薄 3 次)降温＋硬脂酸 4010NA＋

4010 促进剂 ＋ DOP 炭黑 机油 碳酸钙 氧化锌 ＋ 硫黄 DCP ——薄通 8 次下片备用

混炼辊温:55℃±5℃

表 30-2　CPE/NR/BR 配方（2）

材料名称　　　　配方编号 基本用量/g	NSBC-2	试验项目		试验结果
氯化聚乙烯 135A(山东)	30	硫化条件(153℃)/min		15
烟片胶 1#(1 段)	40	邵尔 A 型硬度/度		54
顺丁胶(北京)	30	拉伸强度/MPa		8.5
硬脂酸	3	拉断伸长率/%		478
防老剂 A	1.5	300%定伸应力/MPa		5.4
防老剂 4010	1.5	拉断永久变形/%		28
促进剂 CZ	1.5	回弹性/%		38
促进剂 TT	0.03	无割口直角撕裂强度/(kN/m)		36.0
氧化锌	15	脆性温度(单试样法)/℃		−69 不断
邻苯二甲酸二辛酯(DOP)	12	体积变化率(蒸馏水,70℃×168h)/%		+3.55
机油 10#	38	应力松弛系数 K(23℃×168h,压缩率 25%)		0.75
高耐磨炉黑	35	B 型压缩永久变形 (压缩率 25%)/%	室温×168h	15
通用炉黑	15		70℃×22h	34
喷雾炭黑	20	热空气加速老化 (70℃×168h)	拉伸强度/MPa	9.1
硫化剂 DCP	1.3		拉断伸长率/%	512
硫黄	1.2		性能变化率/% 拉伸强度	+7
合计	245.03		伸长率	+7
		圆盘振荡硫化仪 (153℃)	$M_L/N\cdot m$	3.3
			$M_H/N\cdot m$	36.5
			t_{10}	7 分 36 秒
			t_{90}	11 分 24 秒

混炼加料顺序:辊温 80℃±5℃,氯化聚乙烯压至透明＋胶(薄 3 次)降温＋ 硬脂酸 防老剂 A ＋

$\begin{matrix} 4010 \\ 促进剂 \\ 氧化锌 \end{matrix}$ ＋ $\begin{matrix} DOP \\ 炭黑 \\ 机油 \end{matrix}$ ＋ $\begin{matrix} 硫黄 \\ DCP \end{matrix}$ ——薄通 8 次下片备用

混炼辊温:55℃±5℃

表 30-3 CPE/NR/BR 配方（3）

基本用量/g 配方编号 材料名称	NSBC-3	试验项目			试验结果
氯化聚乙烯 135A(山东)	30	硫化条件(153℃)/min			15
烟片胶 3#(1 段)	40	邵尔 A 型硬度/度			72
顺丁胶	30	拉伸强度/MPa			9.9
石蜡	1	拉断伸长率/%			548
硬脂酸	3	定伸应力/MPa	100%		2.5
防老剂 4010NA	1.5		300%		6.4
防老剂 4010	1.5	拉断永久变形/%			32
促进剂 CZ	1.5	回弹性/%			
促进剂 TT	0.05	无割口直角撕裂强度/(kN/m)			35.0
机油 10#	16	脆性温度(单试样法)/℃			-69
氧化锌	15	体积变化率(蒸馏水,70℃×168h)/%			+3.04
高耐磨炉黑	15	B 型压缩永久变形 (压缩率 25%)/%	室温×22h		17
通用炉黑	50		室温×70h		45
碳酸钙	30	热空气加速老化 (70℃×168h)	拉伸强度/MPa		10.0
硫黄	1		拉断伸长率/%		448
合计	235.55		性能变化率/%	拉伸强度	+1
				伸长率	-15
		圆盘振荡硫化仪 (153℃)	M_L/N·m		6.0
			M_H/N·m		52.7
			t_{10}		6 分 24 秒
			t_{90}		8 分

混炼加料顺序:辊温 80℃±5℃,氯化聚乙烯压至透明＋胶(薄 3 次)降温＋ 4010NA ＋ 硬脂酸 石蜡

4010 促进剂 ＋ 机油 炭黑 氧化锌 碳酸钙 ＋硫黄——薄通 8 次下片备用

混炼辊温:55℃±5℃

表 30-4　CPE/NR/BR 配方（4）

基本用量/g　　配方编号 材料名称	NSBC-4	试验项目			试验结果
氯化聚乙烯（Ci 含量 35%）	30	硫化条件（153℃）/min			15
烟片胶 1#（1 段）	40	邵尔 A 型硬度/度			87
顺丁胶	30	拉伸强度/MPa			14.0
硬脂酸	3	拉断伸长率/%			225
防老剂 A	1.5	100%定伸应力/MPa			7.9
防老剂 4010	1.5	拉断永久变形/%			6
促进剂 CZ	1	回弹性/%			26
氧化锌	8	无割口直角撕裂强度/(kN/m)			32.0
邻苯二甲酸二辛酯（DOP）	2	脆性温度（单试样法）/℃			−66 不断
高耐磨炉黑	65	体积变化率（蒸馏水,70℃×168h）/%			+2.24
通用炉黑	15	B 型压缩永久变形 （压缩率 25%）/%	室温×168h		26
喷雾炭黑	30		70℃×22h		30
硫化剂 DCP	1.2	热空气加速老化 （70℃×168h）	拉伸强度/MPa		13.5
硫黄	0.8		拉断伸长率/%		192
合计	229		性能变化率/%	拉伸强度	−4
				伸长率	−15
		圆盘振荡硫化仪 （153℃）	M_L/N·m		29.3
			M_H/N·m		96.3
			t_{10}		4 分 12 秒
			t_{90}		12 分 30 秒

混炼加料顺序：辊温 80℃±5℃，氯化聚乙烯压至透明＋胶（薄 3 次）降温＋　硬脂酸
防老剂 A　＋

促进剂
氧化锌　＋　4010
DOP
炭黑　＋　硫黄
DCP　——薄通 8 次下片备用

混炼辊温：55℃±5℃

30.2 CPE/NR/SBR（硬度 81）

表 30-5 CPE/NR/SBR 配方

基本用量/g　　配方编号 材料名称	NSBC-5	试验项目			试验结果
氯化聚乙烯(Ci 含量 35%)	30	硫化条件(153℃)/min			15
烟片胶 1#(1 段)	20	邵尔 A 型硬度/度			81
丁苯胶 1500#	50	拉伸强度/MPa			8.1
石蜡	1	拉断伸长率/%			320
硬脂酸	3	定伸应力/MPa	100%		4.0
防老剂 A	1		300%		7.6
防老剂 4010	1.5	拉断永久变形/%			34
促进剂 DM	1.5	回弹性/%			20
促进剂 TT	0.3	无割口直角撕裂强度/(kN/m)			28.5
氧化锌	5	脆性温度(单试样法)/℃			−42
机油 30#	15	体积变化率(蒸馏水,70℃×168h)/%			+2.66
邻苯二甲酸二辛酯(DOP)	15	B 型压缩永久变形/%	压缩率 15%(70℃×22h)		54
高耐磨炉黑	45		压缩率 25%(室温×70h)		41
通用炉黑	40	热空气加速老化 (70℃×168h)	拉伸强度/MPa		7.1
陶土	50		拉断伸长率/%		212
碳酸钙	65		性能变化率/%	拉伸强度	−12
硫黄	1.5			伸长率	−34
合计	344.8	圆盘振荡硫化仪 (153℃)	M_L/N·m		12.3
			M_H/N·m		52.8
			t_{10}		3 分 48 秒
			t_{90}		9 分 24 秒

混炼加料顺序:辊温(80℃±5℃),氯化聚乙烯压至透明＋胶(薄 3 次)降温＋ 防老剂 A ＋ 硬脂酸 石蜡

4010　　　　　DOP
促进剂 ＋ 机油 炭黑 ＋ 硫黄 ——薄通 8 次下片备用
氧化锌 陶土
碳酸钙

混炼辊温:55℃±5℃

30.3 CPE/NR（硬度 57~60）

表 30-6　CPE/NR 配方（1）

材料名称 / 基本用量/g（配方编号）	NSBC-6	试验项目		试验结果
氯化聚乙烯 135A（山东）	10	硫化条件（148℃）/min		10
颗粒胶 1#（薄 6 次）	100	邵尔 A 型硬度/度 .		57
硬脂酸	2	拉伸强度/MPa		18.2
防老剂 SP	1	拉断伸长率/%		610
促进剂 CZ	1.5	定伸应力/MPa	300%	4.4
促进剂 TT	0.3		500%	12.0
氧化锌	12	拉断永久变形/%		32
白凡士林	2	回弹性/%		56
机油 10#	6	无割口直角撕裂强度/（kN/m）		34.7
碳酸钙	70	屈挠龟裂/万次		1.5(6,6,6)
沉淀法白炭黑	20	B 型压缩永久变形（压缩率 25%）/%	室温×22h	9
钛白粉	5		70℃×22h	40
乙二醇	1	热空气加速老化（70℃×96h）	拉伸强度/MPa	16.8
酞菁蓝	0.1		拉断伸长率/%	542
硫黄	1.6	性能变化率/%	拉伸强度	−8
合计	232.5		伸长率	−11
		圆盘振荡硫化仪（148℃）	M_L/N·m	3.9
			M_H/N·m	47.9
			t_{10}	7 分
			t_{90}	8 分 24 秒

混炼加料顺序：辊温 80℃±5℃，氯化聚乙烯压至透明＋胶（薄 3 次）降温＋硬脂酸 防老剂 SP ＋

促进剂 氧化锌 ＋ 机油 乙二醇 碳酸钙 白炭黑 钛白粉 白凡士林 ＋酞菁蓝＋硫黄——薄通 8 次下片备用

混炼辊温：55℃±5℃

表 30-7 CPE/NR 配方（2）

基本用量/g 材料名称	配方编号 NSBC-7	试验项目		试验结果
氯化聚乙烯 135A（山东）	10	硫化条件（153℃）/min		9
颗粒胶 1#（薄 5 次）	90	邵尔 A 型硬度/度		60
硬脂酸	2	拉伸强度/MPa		14.0
氧化锌	8	拉断伸长率/%		617
促进剂 CZ	0.9	定伸应力/MPa	300%	3.2
促进剂 TT	0.2		500%	8.1
白凡士林	2	拉断永久变形/%		34
碳酸钙	90	回弹性/%		54
钛白粉	6	无割口直角撕裂强度/(kN/m)		27.1
酞菁蓝	0.6	屈挠龟裂/万次		1.5(6,6,6)
硫黄	1.6	B 型压缩永久变形 （压缩率 25%）/%	室温×22h	11
合计	211.3		70℃×22h	39
		热空气加速老化 （70℃×96h）	拉伸强度/MPa	13.0
			拉断伸长率/%	576
		性能变化率/%	拉伸强度	—7
			伸长率	—7
		圆盘振荡硫化仪 （153℃）	M_L/N·m	2.4
			M_H/N·m	50.5
			t_{10}	5 分
			t_{90}	6 分 12 秒

混炼加料顺序:辊温（80℃±5℃），氯化聚乙烯压至透明＋胶（薄 3 次）降温＋硬脂酸＋

$\left.\begin{array}{l}\text{氧化锌}\\\text{促进剂}\end{array}\right\}+$ 白凡士林
$\left.\begin{array}{l}\text{碳酸钙}\\\text{钛白粉}\end{array}\right\}$ ＋酞菁蓝＋硫黄——薄通 8 次下片备用

混炼辊温:55℃±5℃

第31章

再生胶/烟片胶

表 31-1 再生胶/NR 配方（1）

材料名称 / 基本用量/g	配方编号 NA-1	试验项目		试验结果
胎面再生胶	80	硫化条件(153℃)/min		5
烟片胶 3#(1段)	20	邵尔 A 型硬度/度.		50
硬脂酸	2.5	拉伸强度/MPa		5.9
促进剂 DM	1	拉断伸长率/%		375
促进剂 TT	0.3	定伸应力/MPa	100%	1.6
氧化锌	3		300%	4.5
芳烃油	36	拉断永久变形/%		18
碳酸钙	10	回弹性/%		38
通用炉黑	20	无割口直角撕裂强度/(kN/m)		20.3
硫黄	1.3	脆性温度(单试样法)/℃		−44
合计	174.1	B 型压缩永久变形(压缩率 25%)/%	室温×22h	10
			70℃×22h	33
		热空气加速老化 (70℃×96h)	拉伸强度/MPa	5.6
			拉断伸长率/%	304
		性能变化率/%	拉伸强度	−5
			伸长率	−19
		圆盘振荡硫化仪 (153℃)	M_L/N·m	5.58
			M_H/N·m	21.41
			t_{10}	2 分 12 秒
			t_{90}	3 分 12 秒

混炼加料顺序：再生胶（薄通 5 次，压炼 3min）＋天然胶＋硬脂酸＋ 氧化锌 ＋ 促进剂

　　　　　　炭黑
　　　　碳酸钙 ＋硫黄——薄通 4 次下片备用
　　　　芳烃油

混炼辊温：50℃±5℃

表 31-2　再生胶/NR 配方（2）

基本用量/g　配方编号 材料名称	NA-2	试验项目			试验结果
胎面再生胶	80	硫化条件(148℃)/min			8
烟片胶 3#（1 段）	20	邵尔 A 型硬度/度.			60
石蜡	1	拉伸强度/MPa			10.2
硬脂酸	2	拉断伸长率/%			472
促进剂 DM	0.8	300%定伸应力/MPa			5.6
促进剂 M	0.5	拉断永久变形/%			32
促进剂 TT	0.07	回弹性/%			31
氧化锌	12	无割口直角撕裂强度/(kN/m)			29.7
松焦油	8	屈挠龟裂/万次			3(6,6,6)
碳酸钙	10	热空气加速老化 （70℃×96h）	拉伸强度/MPa		10.5
半补强炉黑	1.5		拉断伸长率/%		555
硫黄	3		性能变化率/%	拉伸强度	+2.9
合计	138.87			伸长率	+17.6
		圆盘振荡硫化仪 （148℃）	M_L/N·m		3.4
			M_H/N·m		32.4
			t_{10}		4 分
			t_{90}		7 分

混炼加料顺序：再生胶（薄通 5 次，压炼 3min）+烟片胶+ 硬脂酸
石蜡 + 促进剂 +

　　　　　炭黑
　　　　　碳酸钙
　　　　　松焦油 +硫黄——薄通 4 次下片备用
　　　　　氧化锌

混炼辊温：50℃±5℃

表 31-3　再生胶/NR 配方（3）

材料名称　　配方编号　基本用量/g	NA-3	试验项目		试验结果
胎面再生胶	50	硫化条件(153℃)/min		5
烟片胶 3#(1 段)	50	邵尔 A 型硬度/度.		70
硬脂酸	3	拉伸强度/MPa		6.0
防老剂 A	1	拉断伸长率/%		276
防老剂 4010	1	100％定伸应力/MPa		3.1
促进剂 DM	1	拉断永久变形/%		22
促进剂 TT	0.2	回弹性/%		23
氧化锌	3	无割口直角撕裂强度/(kN/m)		27.1
通用炉黑	60	脆性温度(单试样法)/℃		−42
碳酸钙	90	B 型压缩永久变形(压缩率 25％)/%	室温×22h	14
芳烃油	45		70℃×22h	35
硫黄	1.5	热空气加速老化 (70℃×96h)	拉伸强度/MPa	6.0
合计	305.7		拉断伸长率/%	255
			性能变化率/% 拉伸强度	0
			伸长率	−8
		圆盘振荡硫化仪 (153℃)	M_L/N·m	8.06
			M_H/N·m	29.62
			t_{10}	2 分
			t_{90}	3 分 50 秒

混炼加料顺序:再生胶(薄通 5 次,压炼 3min)＋烟片胶＋ 硬脂酸 防老剂 A ＋ 促进剂 氧化锌 4010 ＋

炭黑
碳酸钙 ＋硫黄——薄通 4 次下片备用
芳烃油

混炼辊温:50℃±5℃

表 31-4 再生胶/NR 配方 (4)

基本用量/g 配方编号 材料名称	NA-4	试验项目		试验结果
胎面再生胶	30	硫化条件(148℃)/min		20
烟片胶 3#(1 段)	70	邵尔 A 型硬度/度.		80
石蜡	0.5	拉伸强度/MPa		11.5
硬脂酸	3	拉断伸长率/%		196
防老剂 A	1.5	拉断永久变形/%		14
防老剂 4010	1	回弹性/%		26
促进剂 DM	1.2	阿克隆磨耗/cm³		0.247
促进剂 TT	0.08	试样密度/(g/cm³)		1.234
氧化锌	5	无割口直角撕裂强度/(kN/m)		29.0
机油 10#	14	热空气加速老化 (70℃×96h)	拉伸强度/MPa	11.4
高耐磨炉黑	50		拉断伸长率/%	204
通用炉黑	40		性能变化率/% 拉伸强度	-1
硫黄	0.8		性能变化率/% 伸长率	+4.1
合计	217.08	圆盘振荡硫化仪 (148℃)	$M_L/N \cdot m$	16.0
			$M_H/N \cdot m$	53.0
			t_{10}	5 分 12 秒
			t_{90}	12 分

混炼加料顺序:再生胶(薄通 5 次,压炼 3min)+天然胶+ 石蜡 硬脂酸 + 促进剂 氧化锌 + 防老剂 A 4010

炭黑 机油 +硫黄——薄通 4 次下片备用

混炼辊温:50℃±5℃